高职高专计算机教学改革 新体系 教材

Windows Server

系统配置与管理项目教程

（2019版·微课版）

谭方勇 许璐蕾 郭翠珍 陈小英 朱莹莹 编著

清华大学出版社
北京

内 容 简 介

本书围绕 Windows Server 2019 服务器操作系统的安装、配置和管理进行设计。全书通过项目任务的形式完成 Windows Server 2019 服务器操作系统的安装、服务器操作系统的环境配置、NTFS 文件系统管理、共享文件夹配置、打印机的安装与配置、域网络的安装与配置、用户工作环境的配置、域 DFS 的配置与管理、组策略的配置与管理等项目的编写。

本书可作为高等院校计算机、网络管理等专业的教材和参考书，也可作为网络系统管理员、网络工程技术人员以及广大计算机网络技术爱好者的参考书目。

图书在版编目（CIP）数据

Windows Server 系统配置与管理项目教程：2019 版：微课版 / 谭方勇等编著.
北京：清华大学出版社，2025.5. --（高职高专计算机教学改革新体系教材）.
ISBN 978-7-302-69406-9

Ⅰ. TP316.86

中国国家版本馆 CIP 数据核字第 2025L45G86 号

责任编辑：颜廷芳
封面设计：常雪影
责任校对：李　梅
责任印制：刘　菲

出版发行：清华大学出版社

网　　　址：https://www.tup.com.cn，https://www.wqxuetang.com
地　　　址：北京清华大学学研大厦 A 座　　　　　邮　　编：100084
社　总　机：010-83470000　　　　　　　　　　　邮　　购：010-62786544
投稿与读者服务：010-62776969，c-service@tup.tsinghua.edu.cn
质量反馈：010-62772015，zhiliang@tup.tsinghua.edu.cn
课件下载：https://www.tup.com.cn，010-83470410

印　装　者：大厂回族自治县彩虹印刷有限公司
经　　　销：全国新华书店
开　　　本：185mm×260mm　　　　印　　张：21　　　　字　　数：481 千字
版　　　次：2025 年 7 月第 1 版　　　　　　　　　印　　次：2025 年 7 月第 1 次印刷
定　　　价：59.80 元

产品编号：113102-01

前　言

随着新一代信息技术的不断发展,不同的行业都需要通过大数据、人工智能、云计算等技术的赋能来推动企业的"智改数转"。服务器操作系统作为新一代信息技术的基石,其技术也在不断地升级和进步,以适应产业转型升级的需求。本书编写团队经过市场调研,决定采用当前市场占有率及场景应用均较高的 Windows Server 2019 来介绍服务器操作系统配置与管理,将云计算、服务器系统安全等新技术融入本书内容体系。

党的二十大报告指出,要加强现代化职业教育体系建设,推动数字化、智能化发展,提升职业教育的服务能力和质量。因此,本书在内容设计上强调了立德树人、德技并修的理念,旨在为国家培养更多符合时代需求的高技能人才。

本书围绕 Windows Server 2019 服务器操作系统的安装、配置和管理进行设计,通过项目任务的形式来完成 Windows Server 2019 服务器操作系统的安装、服务器操作系统的环境配置、NTFS 文件系统管理、共享文件夹配置、打印机的安装与配置、域网络的安装与配置、用户工作环境的配置、域 DFS 的配置与管理、组策略的配置与管理九个项目。本书以项目任务的形式设计内容,每一个项目均有项目情境分析、项目知识准备、项目实施、项目验收总结、项目巩固及拓展训练以及课后习题等环节。在每个项目开始前教师根据项目需求布置项目任务及完成目标,并根据学生情况,对项目所涉及的知识做相应讲解。学生根据项目任务及需求分析制定项目实施方案,项目实施完成后,项目组完成工作记录及总结,最终由师生一起完成项目评价。

本书在编写过程中同步完成了相关信息化配套资源,如 PPT 课件、课后练习及答案、案例演示视频等,本书的微课等相关资源也部署在超星泛雅的在线教学学习平台。

本书的特色和创新点主要有以下几方面。

(1) 本书以"立德树人、德技并修"为编写理念,在知识与技能学习的过程中培养良好的职业素养。

(2) 本书根据职业技术领域对应的典型工作任务进行知识和技能的分解,更适合高职高专的物联网应用技术专业的教学,符合现代职业教育体系，具有层、浅、新、广的特色，能满足高职学生认知水平和特点。

（3）本书的项目案例采用虚实结合的方式，方便学生自主练习，也便于实验室的维护。

（4）本书采用"项目引领，任务实施"的模式，项目内容均根据实际场景进行需求分析，引出项目需求，完成项目的相关知识准备并进行项目实施，然后再进行巩固训练及课后练习测试对该项目的掌握程度。

本书由苏州市职业大学谭方勇、许璐蕾、郭翠珍、陈小英、朱莹莹共同编著，许璐蕾负责项目 1、项目 6、项目 9 的编写，郭翠珍负责项目 3～项目 5 的编写，陈小英负责项目 2、项目 7、项目 8 的编写，朱莹莹负责企业新技术融入。全书由谭方勇负责整体框架设计，并最后统稿和审定。另外，中国电信股份有限公司、江苏思朋信息技术股份有限公司等公司的具有丰富实践经验的技术专家还为本书提供了真实项目案例素材的支持。

本书可以作为高等院校有关专业专科、本科生的教材和参考书，也适合网络系统管理员、网络工程技术人员以及广大计算机网络技术爱好者阅读和参考。

由于编著者的技术水平有限，书中难免存在不妥之处，敬请各位读者批评指正。

编著者

2025 年 4 月

目 录

概　　述

网络操作系统(Network Operating System,NOS)是网络的心脏和灵魂,它一般安装在网络服务器设备上,也称之为服务器操作系统,它在网络中有着重要作用,可以承担多种不同的角色。它可以是网络的管理者,也可以是网络服务的提供者,因此有了网络操作系统的存在,网络的功能也变得更丰富。同样,正确地安装、配置和使用网络操作系统也可以让网络运行更加稳定和可靠。

网络操作系统的种类繁多,不同的网络操作系统在不同领域和应用场景下都有各自的优势和特色。目前,市场上较为常见的网络操作系统有 Linux 系列、Windows Server 系列、UNIX、BSD、Solaris 等。近年来,我国也在不断加强国产自主可控网络操作系统的研发,目前比较有代表性的操作系统有麒麟 Kylin、红旗 Linux、统信 UOS 等。

Windows Server 系列网络操作系统因其功能强大、系统运行稳定、安全性高及用户界面友好等特点,一直是企事业单位架设网络服务器的首选操作系统之一。Windows Server 是一个平台,可以用于构建连接的应用程序、网络和 Web 服务的基础结构,包括从工作组到数据中心。它还可以将本地的环境与 Azure 云连接起来,增加额外的安全层,实现应用程序和基础结构的现代化。

随着我国经济数字化转型的快速发展,企业对数字化转型的需求也日益迫切,云计算技术作为数字化转型的核心技术之一,其需求也随之增长。而网络操作系统是云计算技术的基础之一,它对云计算技术的发展有重要作用。

Windows Server 系列网络操作系统也是云服务器租赁中比较受欢迎的云主机之一,如 Windows Azure 云、中国电信的翼云、阿里云、华为云、腾讯云等云服务提供商提供的云服务中,都有 Windows Server 服务器主机部署的服务。由此可见,Windows Server 系列网络操作系统在当前的服务器操作系统市场中有着不可或缺的地位。

一　项目案例需求分析

Windows Server 2019 操作系统是 Microsoft 公司在 2018 年 10 月 25 日正式商用的面向服务器端的网络操作系统,它不仅继承了 Windows Server 之前版本系统的优点,能够向企业和服务提供商提供可伸缩、动态、支持多租户以及通过云计算得到优化的基础结构,包含了虚拟化技术、Hyper-V、云计算、构建私有云等功能;Windows Server 2019 版本操作系统还主要围绕混合云、安全性、应用程序平台、超融合基础设施等四个关键主题实现了很多新的创新功能,在安全性、易用性等方面也进行了显著提升,能为企业提供一个稳定可靠的运行环境,满足企业当前和未来一段时间内的需求。

　　当前,在"智改数转"需求的背景下,企业对信息化服务能力提升的需求也在日益提升,企业期望企业内部能够有一个稳定、可靠的数字化网络生产环境,也需要有能够对外提供安全、可靠的展现企业产品展示和信息化服务输出的能力。虽然,Windows Server 2019 操作系统本身拥有强大的功能以及安全稳定的特性,但是,也需要有一个科学合理的安装、配置和管理的方案,才能更好地发挥其功能。因此,本书介绍了如何采用项目案例在服务器上正确安装 Windows Server 2019 系统并对其进行配置与部署,并最终使该服务器能够为企业提供安全可靠的网络服务的能力。

> **小贴士**
>
> 　　在《战国策·燕策一》中有一个典故:古代一位侍臣为君王买千里马,却只买了一副死马的骨头回来,君王大怒而不解,侍臣解释说,如果大家看见君王连千里马的骨头都肯用重金买回来,就会认为君王是真正想要高价买千里马,肯定有人会把千里马送上门来的。后来果真如侍臣所言,不到一年就有几匹千里马被呈送上来。
>
> 　　这个典故告诉我们,即使面对的是看似无用的"死马骨头",只要使用得当,也能产生巨大的价值。它强调了合理的方法和策略对于实现目标的重要性。美好的事物(如千里马)固然难得,但更重要的是如何合理地去发现、利用和展示它们的价值。
>
> 　　所以,我们在工作和生活中,应合理配置各种资源,让它们发挥出最大的优点和价值。

　　正确安装与配置服务器操作系统之前,首先要确认服务器硬件设备与 Windows Server 2019 操作系统的兼容性。因为操作系统与服务器硬件设备的兼容是服务器稳定运行的重要保障,不兼容可能会导致服务器运行过程中的异常情况发生,如蓝屏、死机等,会严重影响服务器操作系统的运行。

　　系统初步安装完成后,对系统的优化和加固也是一件非常重要的工作,因此,系统安装完成之后需要及时通过打补丁去修补系统已发现的漏洞,这也是保障系统安全性的一个重要措施。

　　完成上述两个环节的配置后,还需要根据企业网络的需求来科学合理地配置 Windows Server 2019 操作系统的各项功能,从而满足企业网络管理和服务的需求。具体包括以下几个方面。

　　(1) 系统网络配置。将安装 Windows Server 2019 操作系统的服务器加入工作组或域网络中。

　　(2) 配置系统或域网络的用户和组。用户管理对企业网络及其安全的管理至关重要,这需要设置用户的权限,利用组实现对用户的分类管理。

　　(3) 配置系统的文件系统以及文件系统的权限。文件系统的安全性在信息技术领域有着非常重要的地位,它直接关系到数据的完整性、保密性和可用性,因此提高文件系统的安全性在操作系统配置中极为重要。

　　(4) 配置共享文件或分布式文件系统。通过共享文件和分布式文件系统的配置可以统一对分散的共享资源管理,从而提高用户访问共享资源的快捷性和便利性。

　　(5) 配置共享打印机。安装与配置网络共享打印机可以提高企业的打印机利用效率,节省办公成本。

(6)配置用户工作环境。用户工作环境的配置可以让企业员工在网络的不同主机上漫游自己的用户工作环境等。

(7)配置组策略。可以通过组策略的设置优化企业网络管理的效率,并可以进一步保障系统和域网络的安全。

二　面向的产业领域

服务器操作系统面向的产业领域较为广泛,涵盖了多个不同的行业领域和应用场景,主要包括如下几个。

(1)企业应用服务。Windows Server 操作系统是企业级服务器操作系统的首选操作系统之一,能为企业提供稳定、安全、高效的解决方案,满足企业在域控制、应用程序支持、用户管理、文件共享以及打印服务等方面的需求。

(2)智能制造行业。当前,各行业企业正处于"智改数转"的大背景下,我国传统的制造业也迎来了巨大的机遇和挑战。制造业的数字化和智能化转型升级需要通过物联网、人工智能等先进的信息技术手段来实现生产过程的自动化、智能化和高效化。智能制造通过实时数据采集、分析和应用,可以提高企业生产效率和生产质量,降低生产成本和资源的消耗。Windows Server 操作系统具有良好的开放性和兼容性,可以无缝继承各种硬件设备和软件系统。因此,可以采用 Windows Server 构建智能制造的解决方案,实现设备之间的互联互通、数据共享和协同工作。

(3)教育行业应用。Windows Server 操作系统在教育领域也有着广泛的应用,它既能支持教科研中的大规模数据分析和协作研究项目,还可以利用其强大的网络管理和用户管理权限来提高研究效率,加强数据的安全性。

(4)医疗行业应用。在医疗领域,Windows Server 操作系统可用于患者的信息管理、医院信息化系统等方面,可以保障医疗数据的安全性和可靠性。

(5)云计算与虚拟化。近年来随着企业业务上云的需求,越来越多的企业正逐步将传统的 IT 基础设施向云端迁移,而 Windows Server 操作系统在适应虚拟化和云计算技术方面也在不断地演进,能为企业提供相应的虚拟化解决方案。

三　设计思路

1. 总体结构设计

本书围绕 Windows Server 2019 服务器系统的安装、配置和管理进行设计,通过项目任务的形式完成服务器操作系统的安装、服务器操作系统的环境配置、NTFS 文件系统管理、共享文件夹配置、打印机的安装与配置、域网络的安装与配置、用户工作环境的配置、域 DFS 的配置与管理、组策略的配置与管理九个项目。总体结构如图 1 所示。

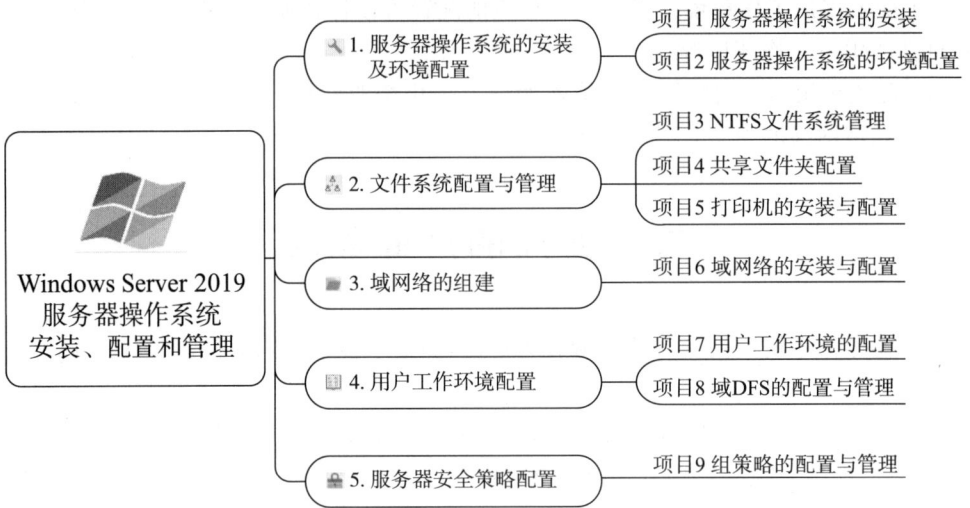

图 1　总体结构图

2. 单元内容设计

每一个项目包括项目情境分析、项目知识准备、项目实施、项目验收总结、项目巩固及拓展训练以及课后习题，如图 2 所示。在项目情境分析中，主要介绍该项目的实施背景和相关技术要点；项目知识准备是完成本项目所必需的相关知识与技术原理的介绍；项目实施是根据项目的任务目标，分解成若干个任务实施；项目验收总结是完成项目后对项目完成情况的一个总结，评价则是根据相关评价指标来衡量该项目的完成质量；项目巩固及拓展训练是在完成该项目后对同类型项目的一个拓展训练，从而巩固此类项目的实施能力；在最后的课后习题中，通过相关知识点的测试，来测试学习者对本项目知识点的掌握情况。

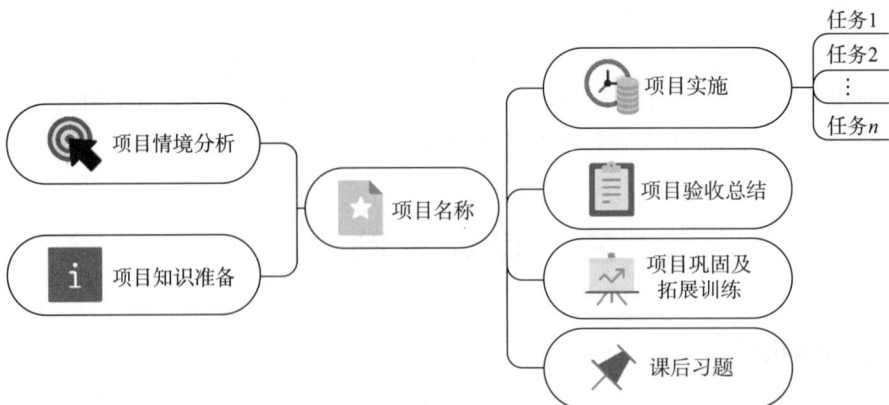

图 2　单元设计

此外,在每个项目内容中融入了对应的素质目标元素,如表 1 所示。

表 1　项目内容融入的素质目标元素及其融入方式

序号	项目名称	素质目标元素	融入方式
1	项目 1　服务器操作系统的安装	正确的职业道德意识、良好的职业习惯、良好的工匠精神	通过互联网中网络服务器曾经发生的安全事件导致的公司数据重大泄露或造成经济损失等内容,展示服务器安装的重要性,并引入对服务器安装人员的职业素养要求
2	项目 2　服务器操作系统的环境配置	培养良好的职业习惯、工匠精神	通过工匠精神引入,服务器操作系统环境配置的细节
3	项目 3　NTFS文件系统管理	保持网络、服务器安全意识	通过介绍"保密法"引入网络安全主题讨论,进而介绍 NTFS 文件系统中对权限的设置方法
4	项目 4　共享文件夹配置	遵守法律、学校及公司规章制度,用网、建网时应保持网络安全意识	通过国家信息中心某首席工程师就国家公共数据开放共享的演讲引入,进而介绍共享的设置,以及共享和 NTFS 文件权限共同设置保证文件的安全等
5	项目 5　打印机的安装与配置	增强"四个意识",坚定"四个自信",有服务意识,有团队合作精神	通过实例"风险四伏的办公自动化设备"(如主机交互中设置的后门)引入打印服务器的特点介绍,从而进一步介绍如何安装及设置打印以保证安全等
6	项目 6　域网络的安装与配置	爱党爱国,做到"两个维护";文化自信和团队合作精神	域控制器是整个网络的核心,通过核心意识引入域的概念,并展开介绍域控制器、域网络的安装等内容;引用《论语》中的"工欲善其事,必先利其器"引入 DNS 服务器的重要作用
7	项目 7　用户工作环境的配置	有爱国精神、良好的职业习惯	通过不同的设置导致个人隐私泄露案例引入国家信息安全的概念
8	项目 8　域 DFS的配置与管理	团队协作精神	通过域中各计算机的协同工作引入工作的团队协作精神
9	项目 9　组策略的配置与管理	网络安全的防范意识,保护个人、企业、国家网络信息安全的意识	通过《法制日报》"数万条公民个人信息被贩卖"的新闻引出网络安全服务器安全的重要性,进而介绍"密码策略",如设置复杂性密码等;介绍"账户锁定策略",如多次输入错误密码后锁定保护服务器

四　项目实施教学设计

本书以项目任务的形式来进行教学设计,每个项目的实施均模拟实际项目场景中的工作内容,在每个项目开始前进行教师根据项目需求布置项目任务及完成目标,并根据学生情况,对项目所涉及的知识做相应讲解。学生根据项目任务及需求分析制定项目实施方案。项目实施完成后,项目组完成工作记录及总结,最终由师生一起完成项目评价。具体项目教学实施流程如图 3 所示。

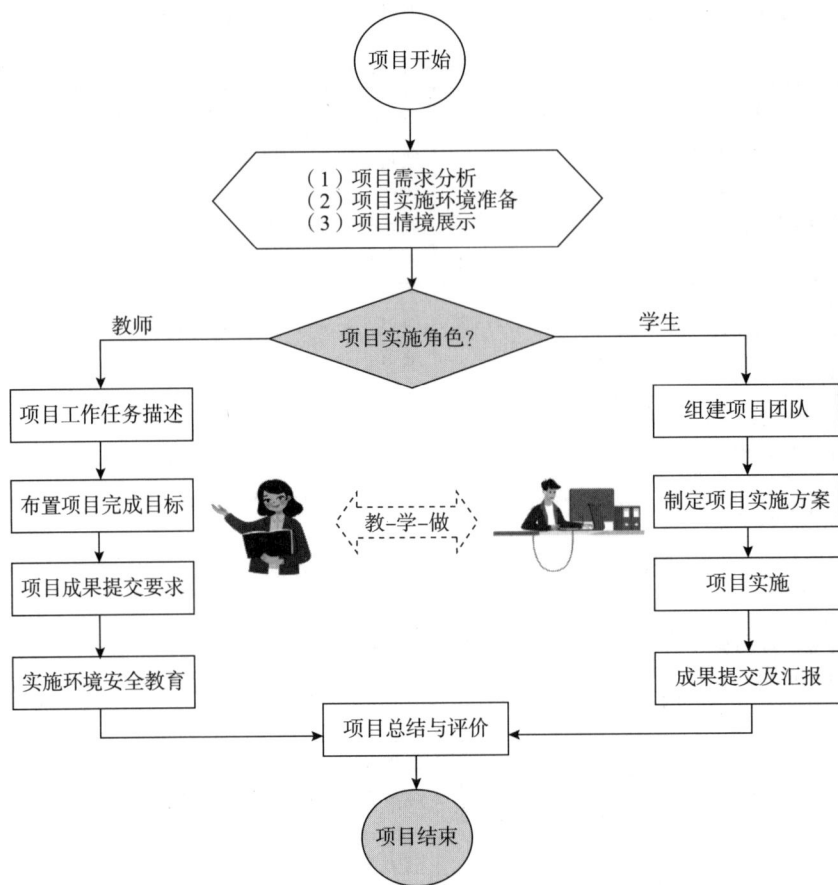

图 3　项目教学实施流程

五　融入的企业四新内容

根据当前云计算、大数据以及人工智能技术、网络安全等领域发展的需求，将本书内容与产业发展相适应，并融入产业中的新知识、新技术、新工艺以及新规范。具体包括以下三方面。

（1）混合式云端技术，Windows Server 2019 中 Windows Admin Center 应用，管理服务器、群集、超融合基础设施和 Windows 10 计算机的功能。

（2）安全技术，Windows Defender ATP 攻击防护功能，增强服务器操作系统的安全性。

（3）应用程序平台，Docker 守护程序在同一容器主机上运行基于 Windows 和 Linux 的容器。实现让运行 Windows Server 2019 服务器上使用异构容器主机环境，同时应用程序开发人员也有一定的灵活性。

六　其他说明

本书项目的实施环境是 Microsoft 公司的 Windows Server 2019 操作系统,其安装环境可以是真实物理设备环境,也可以是本地虚拟主机环境或云端虚拟主机环境,不同的实施环境,实施的方式也略有不同。

1. 真实物理设备环境

要在真实物理设备环境下完成本书项目,可以在局域网环境下,将安装了 Windows Server 2019 服务器操作系统的物理主机与其他安装了 Windows 7/10/11 或 Windows Server 2019 等操作系统的物理主机一起搭建项目的实施环境,如图 4 所示。

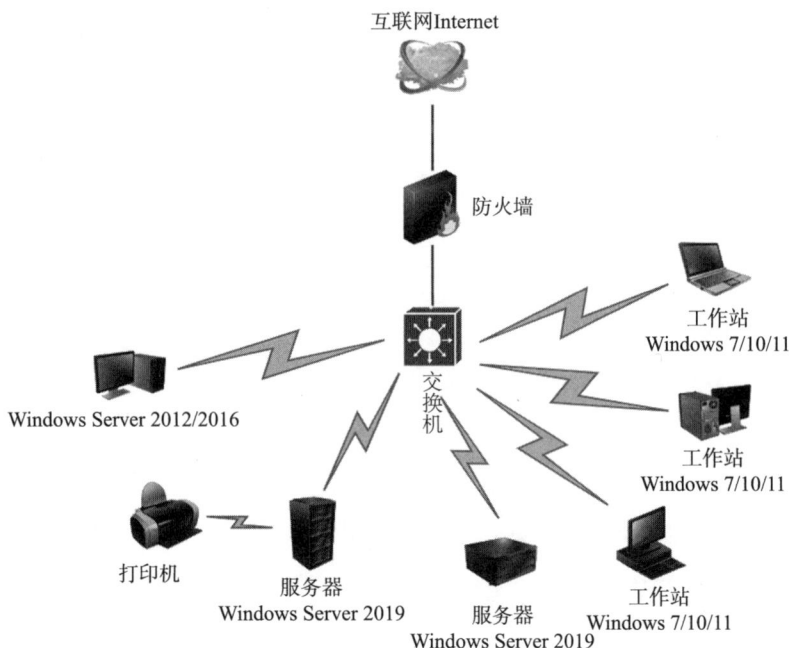

图 4　真实物理设备环境

2. 虚拟主机环境

物理设备环境的需求相对较高,它比较适合团队分组的形式展开训练,但对学生单独训练有一定的制约,特别是个人需要多台主机进行实验的时候。因此,通过在物理主机上安装 VMware(或 Virtual Box)虚拟主机是一种不错的选择,在虚拟主机安装所需的 Windows 或 Linux 操作系统作为服务器或客户机,虚拟主机之间可以在单台计算机上组建网络,也可以通过桥接方式连接到物理主机,即物理主机与虚拟主机之间也可以形成一个网络进行通信。甚至可以在不同物理主机之间实现虚拟主机的通信,如图 5 所示。这既解决了单个学生训练的问题,又可以实现团队合作来完成项目。

这种基于虚拟化的解决方案，在有效降低实验硬件门槛的同时，极大地提升了实验环境构建的灵活性和可扩展性，完美适配了不同规模（单人至团队）和复杂度（单机至跨物理机网络）的训练需求。

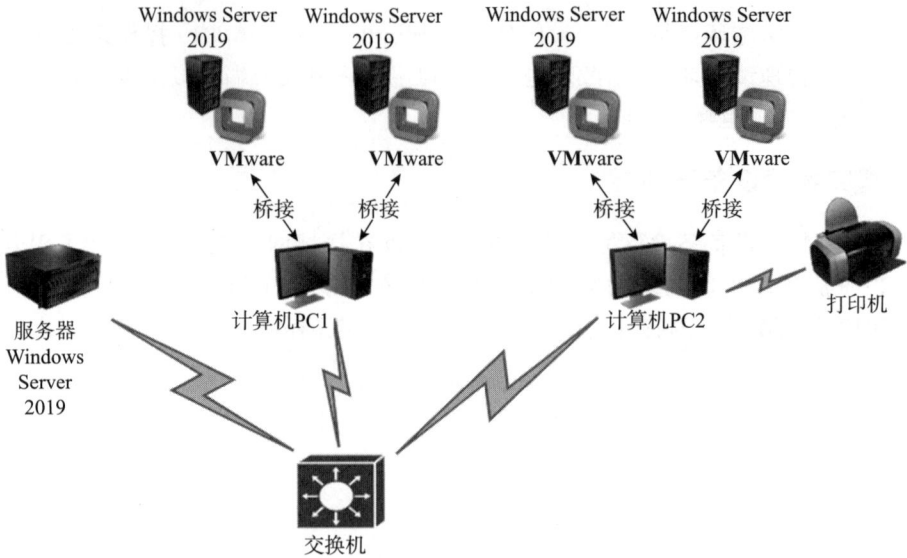

图 5　虚拟主机环境

项目 1　服务器操作系统的安装

◆ 内容结构图

服务器操作系统的安装包括操作系统安装的准备工作、操作系统的安装、操作系统登录测试、操作系统安全补丁的安装等工作。

服务器操作系统安装的理论知识和实施步骤如图 1-1 所示。

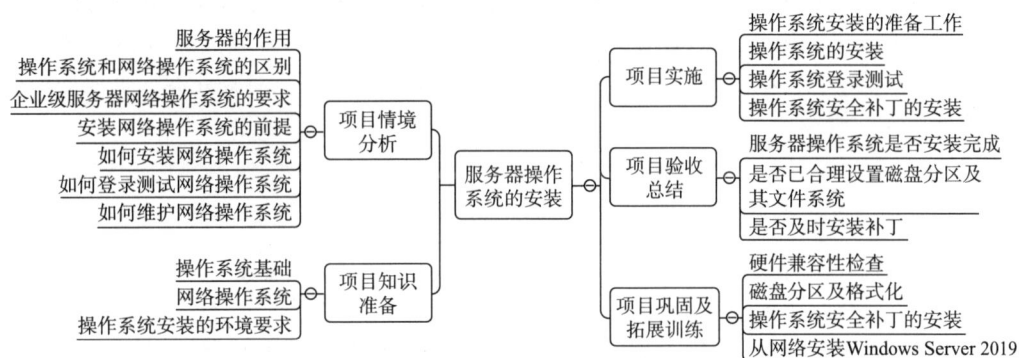

图 1-1　服务器操作系统安装的理论知识和实施步骤

1.1　项目情境分析

随着信息化技术在企业的不断普及和应用,越来越多的企业需要将自己的业务系统移植到数字化平台上,通过网络提升企业的办公效率。在这样的需求背景下,JSSVC 公司为方便企业内部办公,需要建立一个企业局域网,通过自己架设或租用服务器部署业务系统,且要让业务系统能够安全稳定地运行。因此,JSSVC 公司需要在企业网络环境下安装并部署一个服务器。

在 JSSVC 公司局域网内,将有若干网络服务器提供网络服务。网络服务器是局域网的重要组成部分,它可以作为网络的管理者,如 Windows Server 2019 的域控制器;也可以作为网络服务的提供者,如该公司的 Web 服务器、FTP 服务器、邮件服务器、打印服务器等。局域网和网络服务器为企业用户和企业客户提供服务,而服务器安全、可靠的底层操作系统环境是局域网建设的前提。服务器的操作系统安装是架设一个运行稳定、服务安全、性能良好的服务器的第一步。

现 JSSVC 公司将此任务交给你来实施,要求为服务器安装 Windows Server 2019 服务器操作系统,要求服务器能够安全、稳定、可靠地运行公司的业务系统。

◇ 项目目标

　　Windows Server 2019 服务器在网络中有两种不同的角色,即域控制器和成员服务器,因此安装过程中需要有选择地进行安装。其中,域控制器在网络中主要起到管理者的角色,而成员服务器一般承担网络服务提供者的角色。本项目主要完成:系统安装前的准备;Windows Server 2019 作为成员服务器操作系统的安装;系统登录测试。

1. 企业局域网拓扑图

　　企业需要建立一个为公司服务的局域网,内部需要架设服务器。通常加入局域网的服务器都可以称为成员服务器。这些服务器在安装和配置后可以在局域网内担任不同的角色。例如,安装邮件服务的成员服务器可以担任邮件服务器,安装 FTP 服务的成员服务器可以担任 FTP 服务器等,还可以给主机名为 DC、DC2 的两台成员服务器安装活动目录服务,它们将担任域控制器的角色,是域环境内非常重要的一类服务器。企业局域网拓扑图如图 1-2 所示。

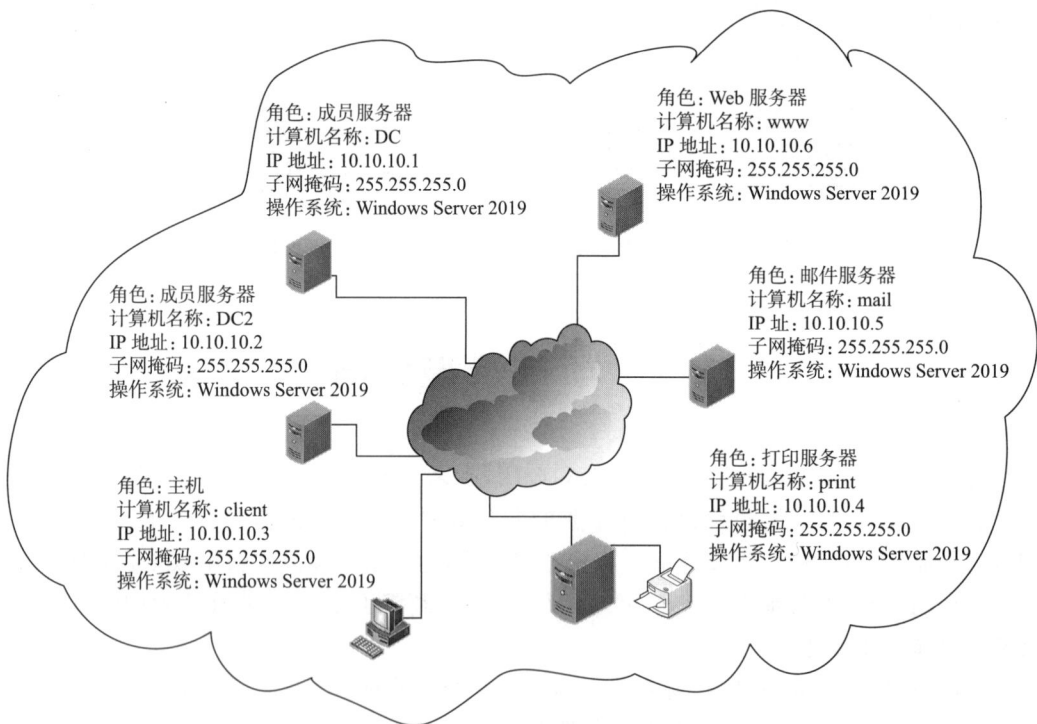

图 1-2　企业局域网拓扑图

2. 安装前的准备

　　在安装 Windows Server 2019 之前,需要做好以下准备工作。

　　(1) 兼容性检查:在安装操作系统之前需要了解要安装 Windows Server 2019 系统

的服务器的硬件设备是否与系统兼容,并符合最低的硬件配置要求。

（2）BIOS 设置:服务器操作系统的安装一般建议是全新的安装模式,即需要从 Windows Server 2019 的 CD-ROM 安装光盘中启动安装程序,因此需要在 BIOS 中设置计算机从 CD-ROM 启动。

3. Windows Server 2019 操作系统的安装

在 Windows Server 2019 操作系统安装过程中主要完成系统的磁盘分区设置、磁盘的文件系统选择(如 NTFS 文件系统)、区域设置、系统管理员账号及其密码设置、网络参数设置等主要内容,这也是本项目要完成的主要任务。

4. 系统登录测试

Windows Server 2019 安装结束后,可以重新启动计算机,引导操作系统进入系统的登录界面,通过在安装过程中设置的系统管理员账号和密码进行登录,测试其是否安装成功。

5. 补丁安装

系统登录成功后需要完成对系统补丁的安装,包括 Service Pack 补丁及 Hotfix 补丁。

本项目的实施流程如图 1-3 所示。

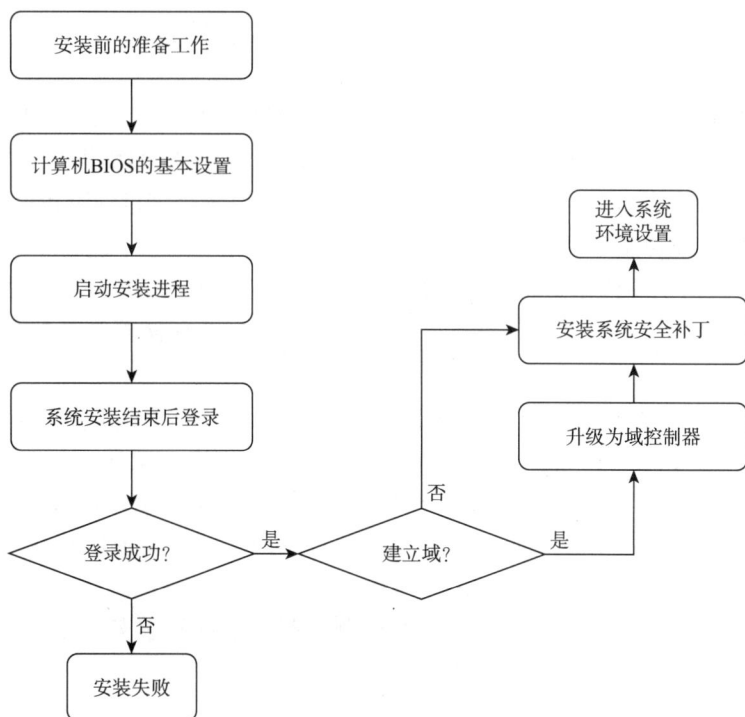

图 1-3　安装流程

1.2 项目知识准备

1.2.1 操作系统基础

1. 操作系统的基本概念

操作系统(Operating System)是用户和计算机进行交互的界面，它配置在计算机硬件之上，是计算机系统中最重要的系统软件。操作系统主要用于控制和管理计算机系统中的各种软件和硬件资源，能够合理有效地组织协调计算机系统的工作流程，并能提供友好的用户界面以方便用户使用计算机。

2. 操作系统的功能

计算机系统的资源主要包括中央处理器(CPU)、存储器、输入/输出(I/O)设备以及在外存储器上的文件等。因此，从资源管理角度上看，操作系统作为资源的管理者，主要包括以下几个主要功能。

1) 处理机管理功能

处理机管理的主要任务是对处理机进行分配并对其运行进行有效的管理。处理机的管理还可以归结为对进程的管理。进程管理的主要功能包括以下几点。

(1) 进程控制：负责创建、撤销、挂起和改变优先级等。

(2) 进程同步：负责协调并发进程之间的推进步骤，以便协调资源共享。

(3) 进程通信：负责进程之间的数据传送，以便协调进程间的协作。

(4) 进程调度：负责作业和进程的运行切换，以充分利用处理机资源和提高系统性能。

2) 存储器管理功能

存储器管理的主要任务是为并发运行的应用程序提供良好的环境、方便用户使用存储器、提高存储器的效率以及从逻辑上扩充内存的空间等。存储器管理的主要功能包括以下几点。

(1) 内存分配：为每个应用程序分配内容空间，分配可采用静态和动态分配方式两种。

(2) 内存保护：主要保证各个应用程序都能在自己的内存空间中运行而互不干扰，所以要求每个应用程序在执行时能随时检查对内容的所有访问是否合法。

(3) 地址映射：操作系统需要将应用程序地址空间中的逻辑地址转换为内存空间的物理地址。

(4) 内存扩充：物理内容的大小可能会限制某些大的作业或多个并发的作业同时执行，所以对内存加以扩充以改善系统性能非常有必要。

3) I/O设备管理功能

I/O设备管理的主要任务是完成用户提出的I/O请求、为用户分配I/O设备、提高CPU和I/O设备的利用率、提高I/O设备的速度以及方便用户使用I/O设备。I/O设备管理的主要功能包括以下几点。

（1）缓冲管理：计算机系统的外围设备在与处理机进行信息交换时都需要利用缓冲区缓和 CPU 和 I/O 设备间的速度不匹配问题，减少对 CPU 的中断频率，放宽对 CPU 中断响应的限制，提高 CPU 和 I/O 设备的并行性和利用率。

（2）设备分配：按照设备的类型（如独占、共享和虚拟设备）和所采用的分配算法对设备进行分配，如果某个进程未分配到它所需的设备，它将进入相应设备的等待队列。

（3）设备处理：主要实现 CPU 和设备控制器之间的通信，即启动指定的 I/O 设备，完成规定的 I/O 操作，并对由设备发来的中断请求做出及时响应，并根据中断类型进行相应的处理。

（4）虚拟设备：计算机系统可通过某种技术使该设备可以为多个用户所共享，以提高设备的利用率，提高程序的运行速度。对用户而言，好像自己在独占此设备。

4）文件管理功能

文件管理的主要任务是如何在外存储器介质上为创建文件分配空间，为删除文件回收空间以及对空闲空间的管理。

文件管理的主要功能包括以下几点。

（1）文件存储空间的管理。

（2）目录管理。

（3）文件的读写管理。

（4）文件的共享与保护。

1.2.2 网络操作系统

1. 网络操作系统的概念

网络操作系统（Network Operating System，NOS）是计算机网络的核心，它是利用局域网底层提供的数据传输功能，为高层网络用户提供资源共享等网络服务的系统软件。换句话说，网络操作系统就是管理网络资源、为网络用户提供服务的操作系统。因为网络操作系统一般都是运行在服务器上，所以也称为服务器操作系统。

网络操作系统是用户与计算机网络之间的接口。它不仅具有单机操作系统所具备的上述功能，还具有对整个网络资源进行协调管理，实现计算机之间的高效可靠通信，提供各种网络服务和为网络上的用户提供便利的操作与管理平台等功能。

网络操作系统需要为网络协议的实现创造条件和提供支持，是网络各层协议得以实现的“宿主”。它还着重优化与网络相关的特性，如打印机共享，数据共享等。另外，网络的安全保密和容错能力也是网络操作系统需要考虑的内容。

因此，网络操作系统在计算机网络系统中有着极其重要的地位，它使计算机变成了一个控制中心，处理客户端计算机在使用网络资源时发出的请求。

2. 网络操作系统分类

目前，主流的网络操作系统主要有以下三类。

（1）Windows。比较流行的有 Windows Server 2012 和 Windows Server 2019。这类操作系统便于操作、部署和管理。

（2）UNIX。版本较多，有 HP-UX、IBM AIX 等产品。HP-UX 操作系统是惠普（Hewlett-Packard）公司的 UNIX 系统，其设计目标是根据 POSIX 标准为 HP 公司的网络提供可靠而稳定地运行，是能进行严格管理的 UNIX 系统。它以良好的开放性、互操作性和出色的软件功能在金融等领域得到广泛应用。HP-UX 的版本有 1992 年的第 9 版、1995 年的第 10 版以及 1997 年的第 11 版，第 11 版有 11iV1、11iV2、11iV3 等版本。

（3）Linux。Linux 具有开放性和高性价比等特点，知名的 Linux 发行版本有 Red Hat、CentOS、Debian、Ubuntu 等。Linux 是一套免费使用和自由传播的类 UNIX 操作系统，是一个基于 POSIX 和 UNIX 的多用户、多任务，支持多线程和多 CPU 的操作系统。它能运行主要的 UNIX 工具软件、应用程序和网络协议。Linux 继承了 UNIX 以网络为核心的设计思想，是一个性能稳定的多用户网络操作系统。

3. Windows Server 2019 网络操作系统

Windows Server 2019 是微软公司于 2018 年 10 月发布的服务器系统。Windows Server 2019 是一个企业级的网络操作系统或服务器操作系统，它可以为不同规模的网络提供一个高性能、高效率、高稳定性、高扩展性、低成本和易于管理的企业网络解决方案。Windows Server 2019 包含了大量的更新以及新功能，如混合云、安全性、应用程序平台、超融合基础设施（HCI）等。

Windows Server 2019 是一个多任务操作系统，它可以根据具体的应用场合，以集中或者分布的方式扮演所需的服务器角色，如目录服务器（域控制器）、文件服务器、打印服务器、Web 服务器、FTP 服务器、邮件服务器、终端服务器、路由和远程访问服务器、VPN 服务器、DNS 服务器、DHCP 服务器、虚拟化与容器服务器、网络与安全服务器、边缘计算与 IoT 服务器等。

1）Windows 特性

（1）Active Direcory。Windows Server 2019 的 Active Directory 功能进行了多项改进和优化，旨在提升管理效率、安全性和混合云集成能力。Windows Server 2019 的 Active Direcory 在混合云支持、自动化管理、安全性方面显著增强，尤其适合需要整合本地资源与 Azure 生态的中型企业。混合身份验证允许用户在本地 AD 和 Azure AD 之间统一认证，减少密码重复管理的负担。

（2）Hyper-V。Windows Server 2019 支持 Hyper-V，并且在该版本中进一步增强了虚拟化功能。企业版（Enterprise）和数据中心版（Datacenter）支持完整的 Hyper-V 功能，包括嵌套虚拟化、存储质量服务、实时迁移等。其中嵌套虚拟化支持在 Hyper-V 虚拟机中运行另一层 Hyper-V。网络虚拟化合成网络适配器，提升虚拟机网络性能，支持 SR-IOV，可将物理网卡资源分配给虚拟机。

（3）安全增强。Windows Defender 高级威胁检测可发现和解决安全漏洞，防止主机被入侵，锁定设备以避免被攻击，并阻止恶意软件攻击中常用的行为。Windows Defender ATP 攻击防护检测攻击和零日漏洞利用，访问深层内核和内存传感器，提高性能和防止篡改。

（4）容器改进。Windows Server 2019 提供更小的 Server Core 容器镜像，加快下载速度，并为 Kubernetes 集群和 Red Hat OpenShift 容器平台的计算、存储和网络连接提供增强支持。

2）Windows Server 2019 操作系统的主要版本

（1）数据中心版（Windows Server 2019 Datacenter Edition）。适用于高虚拟化数据中心和云环境，支持无限制的虚拟机数量，每个许可证允许运行无限台虚拟机及 1 台 Hyper-V 主机。

（2）标准版（Windows Server 2019 Standard Edition）。适用于物理或最低限度虚拟化环境，每个许可证允许运行 2 台虚拟机以及 1 台 Hyper-V 主机。

（3）基本版（Windows Server 2019 Essentials Edition）。专为小型企业设计，最多支持 25 个用户和 50 台设备。提供基本的服务器功能，适合小型企业和组织。

1.2.3　操作系统安装的环境需求

在安装操作系统之前，首先需要确认此计算机硬件是否满足相应操作系统的最低要求，如果不满足，操作系统无法成功安装。上述不同版本的 Windows Server 2019 对硬件设备的要求如表 1-1 所示。

表 1-1　Windows Server 2019 硬件设备的要求

版　本	Windows Server 2019 Essentials	Windows Server 2019 Standard	Windows Server 2019 Datacenter
适用场景	小型企业/工作组	一般企业	特大型企业
虚拟化支持	支持	支持	支持
处理器内核数量	最多 2 个	最多 64 个	最多 640 个
RAM 容量	最多 128GB	最多 4TB	最多 4TB

1.3　项　目　实　施

1.3.1　Windows Server 2019 的安装方式

根据不同的情况，Windows Server 2019 有多种安装方式，最常见的方式是全新安装。设置服务器从光驱启动，并根据提示插入安装光盘。对于已经存在低版本操作系统的服务器，从提高效率的角度出发，可以采用升级安装的方式。采用升级安装 Windows Server 2019 要注意原来的服务器是否是 32 位服务器，因为 Windows Server 2019 无法在 32 位服务器上安装，当前服务器必须升级到 64 位系统后才能升级安装 Windows Server 2019。

在进行实验室教学时，还有一种方法是通过 VMware 虚拟机进行安装。

1.3.2 操作系统安装前的准备工作

1. 软件、硬件要求

安装服务器需要符合硬件要求的主机一台，其中安装操作系统的分区至少为 32GB，文件系统为 NTFS。同时准备好 Windows Server 2019 的安装光盘和产品密钥（安装序列号）。在运行安装程序前，用磁盘扫描程序扫描硬盘，检查是否存在硬盘错误并修复。

2. BIOS 启动设置

在 BIOS（Basic Input Output System）中设置系统从光驱启动。因为不同主板的 BIOS 不同，所以进入 BIOS 设置的方法也不同。本项目需要从光盘启动安装 Windows Server 2019 操作系统，在设置启动优先级时，需要将 CD-ROM 光驱设置为优先启动，即在 Boot 菜单中列出的启动顺序中选择 CD-ROM Driver 为优先启动。在使用光盘完成系统安装后，需将这一项重新修改为从硬盘启动，即 Hard Drive。

1.3.3 使用光盘安装 Windows Server 2019

（1）将 Windows Server 2019 的 CD-ROM 安装光盘放入光驱内重新启动计算机，若硬盘上没有安装其他任何操作系统，则马上进入 Windows Server 2019 的安装过程，否则屏幕上会出现提示信息 Press any key to boot from CD，此时按任意键即可进入系统的安装过程。

安装 Windows
Server 2019
系统向导

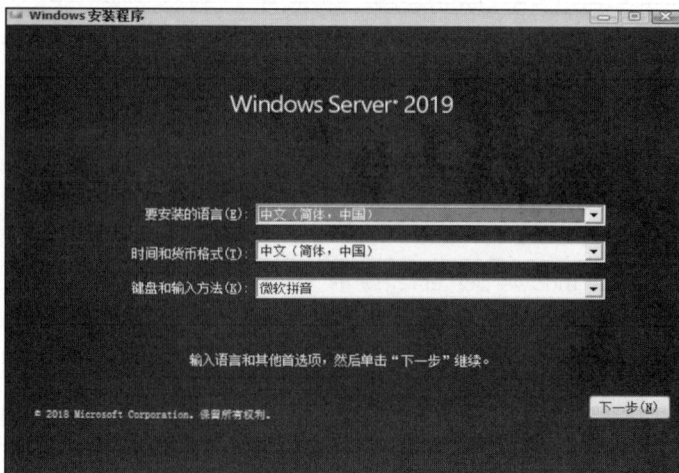

（2）Windows Server 2019 安装程序启动后，出现"Windows 安装程序"界面，在这个界面里，选择"要安装的语言"为"中文（简体，中国）"，其次还可以选择"键盘和输入方法"，这里选择了"微软拼音"。完成设置后，单击"下一步"按钮，出现"现在安装"按钮，如图 1-4 和图 1-5 所示。

图 1-4 "Windows 安装程序"窗口

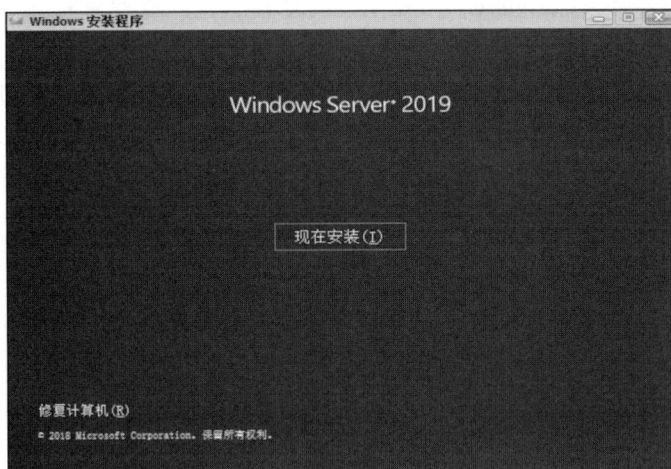

图 1-5 "现在安装"窗口

（3）单击"现在安装"按钮，在"选择要安装的操作系统"界面，操作系统列表显示了："Windows Server 2019 Standard""Windows Server 2019 Standard（桌面体验）""Windows Server 2019 Datacenter""Windows Server 2019 Datacenter（桌面体验）"四个选项。服务器核心安装是 Windows Server 2008 开始推出的功能，是不具备图形界面的纯命令行服务器操作系统。这里选择第二个标准版安装。然后单击"下一步"按钮，如图 1-6 所示。

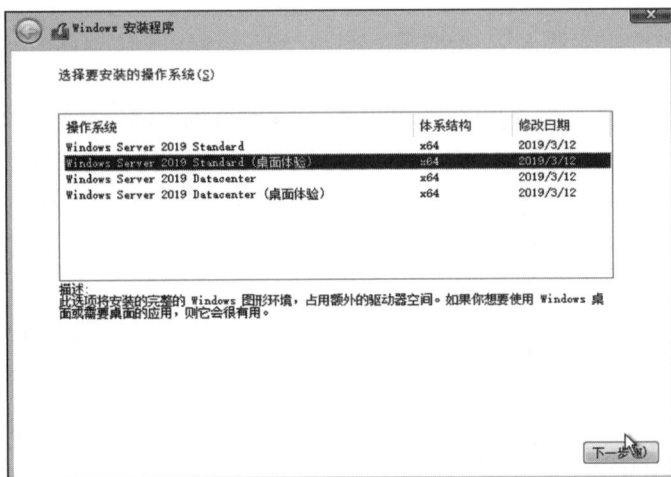

图 1-6 "选择要安装的操作系统"界面

说明：当安装 Windows Server 2019 时，可以在"Windows Server 2019 Standard"和"Windows Server 2019 Standard（桌面体验）"之间任选其一。"Windows Server 2019 Standard（桌面体验）"选项等效于 Windows Server 2019 中的完全安装选项。而"Windows Server 2019 Standard"选项，安装完成后系统仅提供最小化环境，没有图形用

户界面，只能通过命令或 Windows PowerShell 管理系统。这样可以减少所需的磁盘空间，提高安全性。

（4）在"许可条款"界面中选择"我接受许可条款"，单击"下一步"按钮，出现"你想执行哪种类型的安装"界面。其中，"升级"选项通常是用于将低版本的 Windows 系列升级到 Windows Server 2019，如果当前没有安装操作系统，则这个选项不可用；"自定义"选项则用于全新安装。

（5）单击"自定义"选项，进入如图 1-7 所示"你想将 Windows 安装在哪里"界面，这里显示了当前计算机上的硬盘分区信息。接下来需要设置磁盘分区，并选择要安装 Windows Server 2019 的磁盘分区。

图 1-7　"你想将 Windows 安装在哪里"界面

新建：如果磁盘尚未划分分区，则可以选择"未划分的空间"，然后单击"新建"按钮进行分区的划分，在"大小"文本框内输入分区大小。单击"应用"按钮，完成分区的建立。

格式化：选择相应文件系统格式化分区。安装操作系统前必须格式化磁盘分区，并选择对应的文件系统类型和格式化方式。Windows Server 2019 作为服务器操作系统，使用 NTFS 文件系统，如图 1-8 所示。

删除：如果要重新划分分区，则可以按"删除"按钮将分区删除后，再使用"新建"按钮重新划分分区。

分区完成后的界面如图 1-8 所示。如果不分区，系统将默认以整个磁盘作为一个分区，然后继续安装系统。如果磁盘已划分分区，则可以直接选择相应分区后，单击"下一步"按钮进行安装。

注意：上述划分磁盘分区和格式化两个操作都会删除磁盘上的数据，因此，若磁盘上有重要数据，安装前需先做好备份工作。

在安装操作系统前，需要给硬盘创建 1 个或多个磁盘分区，合理地设置硬盘分区及其大小，特别是安装操作系统分区的大小非常重要，它既是系统性能稳定的一个前提，也是进行资源分类存储的一个主要手段。

图 1-8　完成分区、格式化后的界面

　　安装时,如果磁盘没有分区,则需要创建一个新的分区;如果已经存在分区,则可以选择有足够磁盘空间的分区安装 Windows Server 2019。如果每个已有的分区都不能满足要求,则可先删除若干个无用的分区,然后再在空出的未分配的空间中创建新的分区。

　　(6) 分区格式化完成后,安装程序会将安装文件的数据复制到该磁盘分区的 Windows 文件夹中,在"正在安装 Windows"界面复制文件并安装 Windows。安装过程中,系统会根据情况重启几次。并要求用户设置 Administrator 的密码,如图 1-9 所示。

　　在 Windows Server 2019 中,系统要求用户必须设置强密码,具体要求如下。

① 至少 6 个字符。

② 不包含 Administrator 和 Admin。

③ 包含大写字母(如 A、B、C 等)。

④ 包含小写字母(如 a、b、c 等)。

⑤ 包含数字(如 0、1、2 等)。

⑥ 包含非字母非数字的字符(如 ♯、&、～等)。

　　(7) 系统启动界面如图 1-10 所示。在系统加载完成后即可登录完成安装。

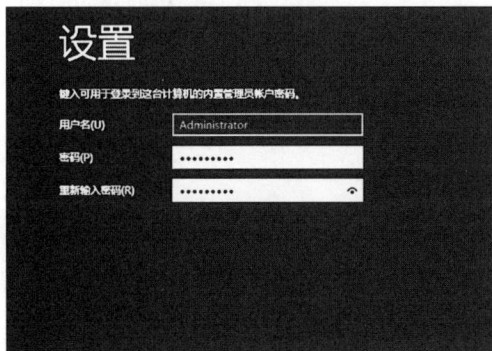

图 1-9　提示设置密码

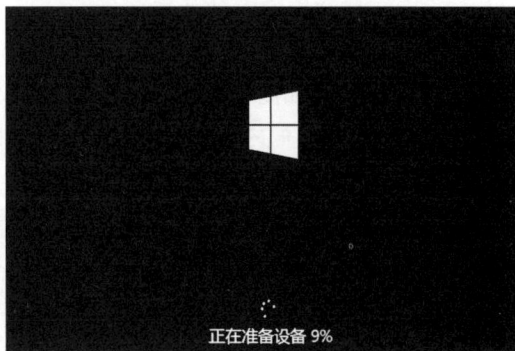

图 1-10　系统启动界面

19

1.3.4 系统登录测试

完成 Windows Server 2019 的基本系统安装后，启动计算机，按 Ctrl＋Alt＋Del 组合键，登录界面如图 1-11 所示。使用系统内置的管理员账户和安装过程中设置的密码即可进入操作系统。这里输入 Administrator 的密码，进入 Windows Server 2019 操作系统，如图 1-12 所示。

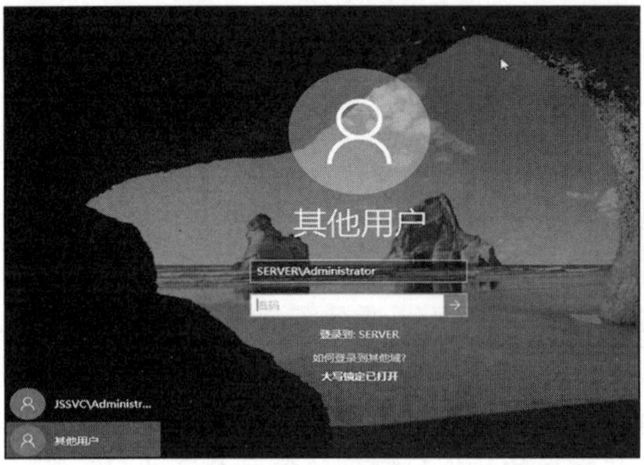

图 1-11　登录界面

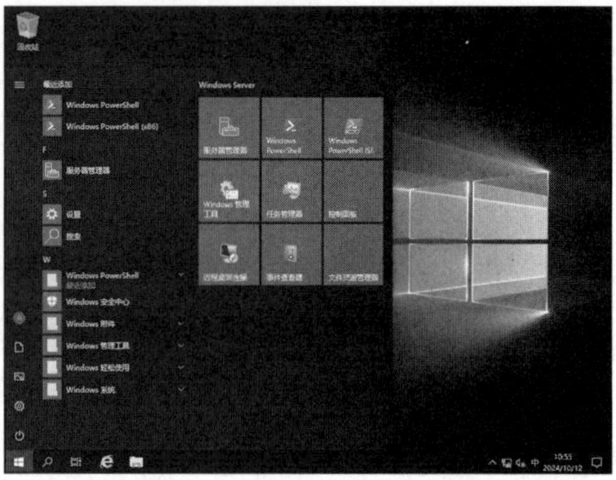

图 1-12　系统桌面

1.3.5 使用 VMware 虚拟机安装 Windows Server 2019

除了从光盘启动安装操作系统，还可以在 VMware 虚拟机内进行安装。

1）准备工作

（1）首先在现有的支持 VMware 的操作系统内安装 VMware 软件（全称为 VMware Workstation）。

（2）准备好扩展名为 iso 的 Windows Server 2019 操作系统的镜像文件，并且将它保存到计算机中。

（3）准备好该镜像文件的序列号。

使用 VMware 虚拟机安装 Windows Server 2019

2）安装步骤

步骤一　单击如图 1-13 所示软件窗口“文件”菜单，选择“创建新的虚拟机”。在“新建虚拟机向导”对话框内有“典型(推荐)”和“自定义(高级)”两个选项，选择“典型(推荐)”安装，单击“下一步”按钮。

步骤二　在如图 1-14 所示“新建虚拟机向导”的安装来源窗口有三个选项，分别是“安装程序光盘”“安装程序光盘镜像文件(iso)”“稍后安装操作系统”。第一个选项和前面介绍的从光盘安装相同，此处不作介绍。第二个选项是指使用扩展名为 iso 的镜像文件进行安装。这里可以直接单击第二个选项“安装程序光盘镜像文件(iso)”的单选按钮，单击“浏览”按钮，找到保存的镜像文件，并单击“下一步”按钮完成安装。第三个选项暂时不做选择，后面再进行修改。

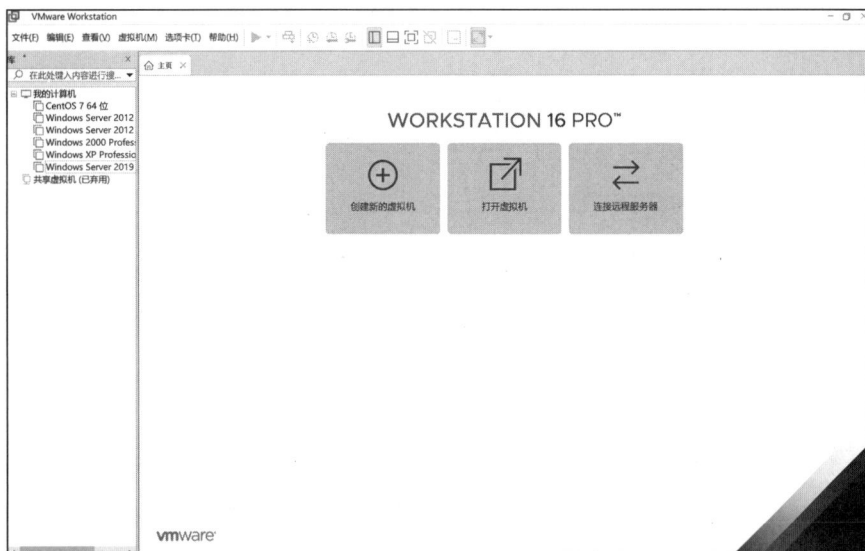

图 1-13　VMware Workstation 软件界面

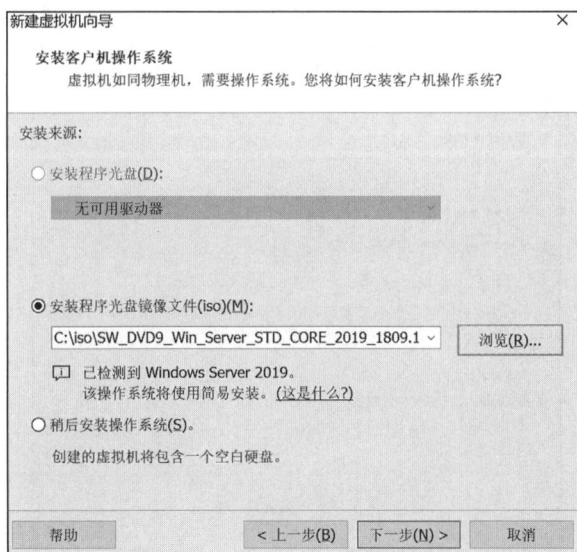

图 1-14　安装程序光盘镜像文件

　　步骤三　如果前面选择第三个选项"稍后安装操作系统",由于软件不知道需要安装哪一个版本的操作系统,会出现如图 1-15 所示"新建虚拟机向导"选择客户机操作系统的界面。在对话框内选择 Microsoft Windows 前面的单选按钮后,单击下拉列表,选择 Windows Server 2019 的版本,单击"下一步"按钮。

　　步骤四　在"新建虚拟机向导"的虚拟机名称对话框内,可以为此虚拟机进行命名,同时在这个对话框内显示了虚拟机文件保存在硬盘上的默认路径,通过"浏览"按钮可以修改此路径。然后单击"下一步"按钮。

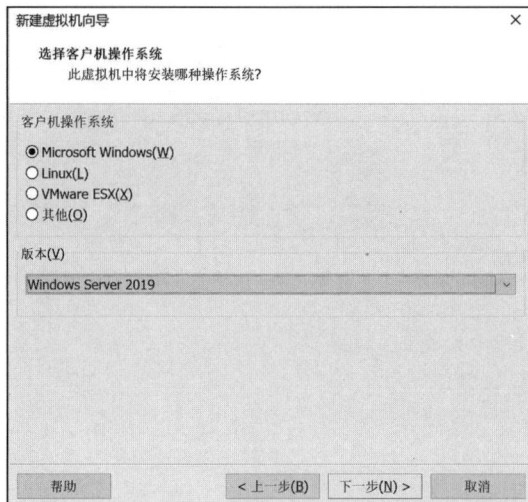

图 1-15　"新建虚拟机向导"选择操作系统的界面

步骤五　在如图 1-16 所示的"新建虚拟机向导"窗口内指定硬盘容量对话框内，填写虚拟机使用的容量大小，默认值为 60GB。单击"下一步"按钮，进入准备安装虚拟机的对话框，对话框内显示前面步骤设置的所有参数，如无问题，单击"完成"按钮。

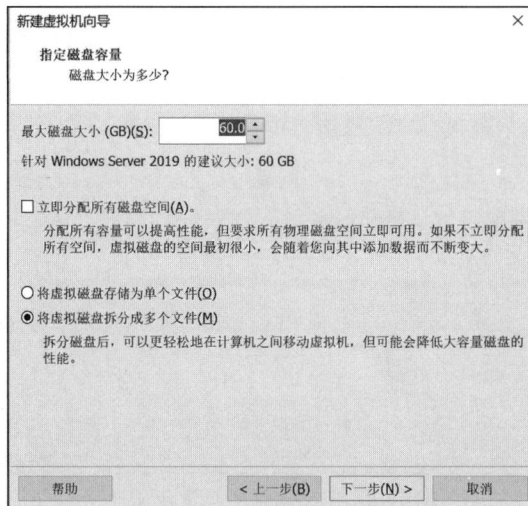

图 1-16　设置硬盘容量

步骤六　此时，在 VMware 窗口左侧列表中，将出现刚才创建的虚拟机名称，右侧窗口中显示的是该虚拟机的设置。由于前面并没有指定镜像文件，需要在图 1-17 所示的"虚拟机设置"窗口中选择 CD/DVD(SATA)选项，进一步为其指定镜像文件。由于虚拟机可以模拟计算机操作系统的运行，所以同样应该有网络的相关功能。在图 1-18 中，Network Adapter 选项可以为虚拟机的网络适配器指定不同的网络连接模式，通常选择桥接模式。

图 1-17　虚拟机设置硬件选项——安装来源设置

图 1-18　虚拟机设置硬件选项——网络设置

步骤七　完成设置后，单击 VMware 窗口中的 ▶Power on this virtual machine 按钮，即可开始系统的安装。该过程和前面介绍的光盘启动安装的过程相同，不再重复介绍。

Windows Server
2019 完成安装后
系统的基本设置

1.3.6　系统配置

完成系统安装，登录计算机系统后，"开始"菜单包括"控制面板""服务器管理器""管理工具"等，如图 1-19 和图 1-20 所示。

图 1-19　"控制面板"窗口

图 1-20　"服务器管理器"窗口

控制面板：控制面板允许用户查看并操作基本的系统设置，如添加/删除程序、控制用户账户、更改外观、配置硬件、系统安全设置选项等。

服务器管理器：服务器管理器用于管理服务器的标识及系统信息、显示服务器状态、标识服务器角色配置问题，以及管理服务器上已安装的所有角色。

1. 系统属性

(1) 更改计算机名。安装 Windows Server 2019，系统默认的计算机名不易辨识，计算机名称也比较长。为了方便管理，清楚区分不同的服务器，可以修改计算机的名称。单击"开始"|"服务器管理器"|"本地服务器"，就可以看到如图 1-20 所示的窗口，在显示的服务器属性内，可以看到计算机名。直接双击计算机名打开如图 1-21 所示的"系统属性"对话框，该对话框包括"计算机名""硬件""高级""远程"四个选项卡。单击"计算机名"选项卡的"更改"按钮，出现如图 1-22 所示"计算机名/域更改"的对话框，在"计算机名"下方的文本框内输入新的计算机名称，单击"确定"按钮，系统会提示重启，重启计算机后新的计算机名生效。

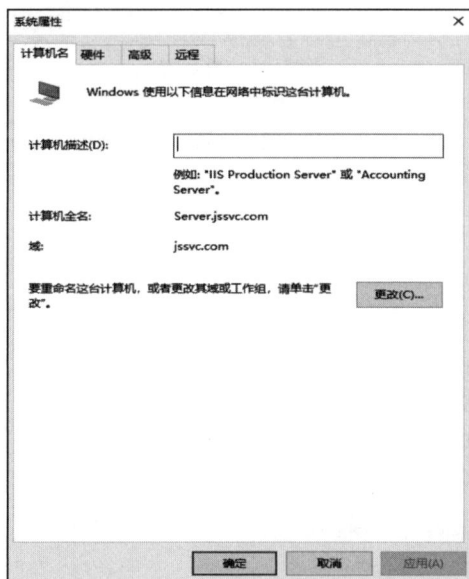

图 1-21　"系统属性"对话框

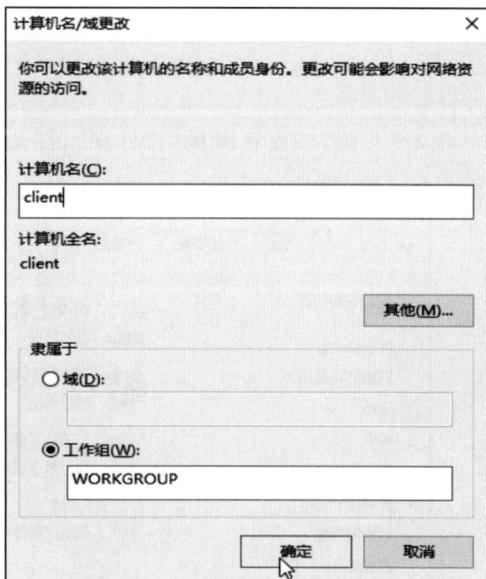

图 1-22　"计算机名/域更改"对话框

(2) 更改工作组。"工作组"的修改方法与"计算机名"修改方法相似。在如图 1-22 所示"计算机名/域更改"的对话框内可以修改"隶属于"的"工作组"名称，如 CLASS1。修改工作组名后单击"确定"按钮，会出现如图 1-23 所示对话框，显示"欢迎加入 CLASS1 工作组"。单击"确定"按钮后显示如图 1-24 所示对话框，提示"必须重新启动计算机才能应用这些更改"，这里同样需要重启计算机才能生效。

2. 外观设置

在控制面板的"外观"窗口，可以设置"显示""任务栏和导航""字体"等用于调整屏幕分辨率、更改桌面背景、更改任务栏和窗口边框颜色、自定义任务栏上的图标、更改字体设置等。

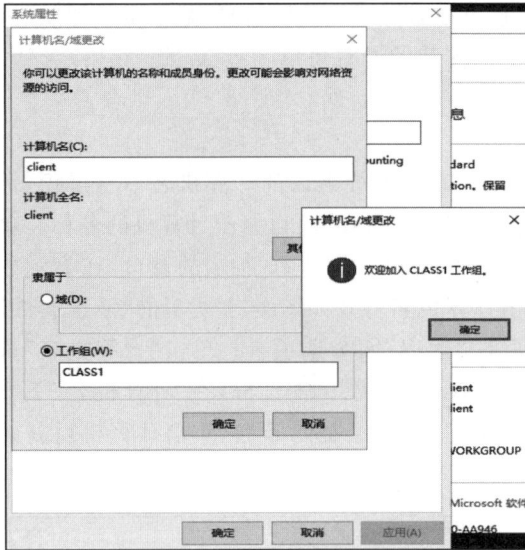

图 1-23　"欢迎加入 CLASS1 工作组"提示框

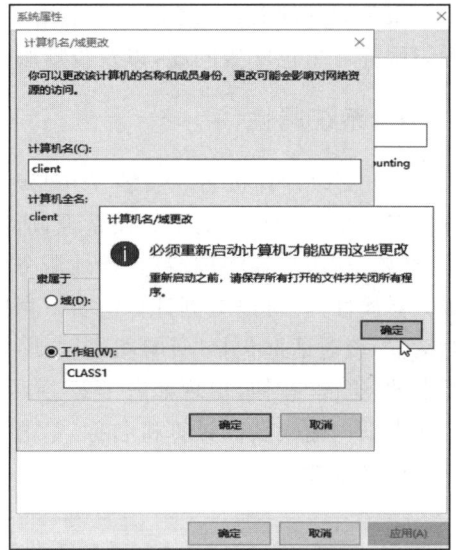

图 1-24　重启提示

单击"开始"|"控制面板"|"外观"，打开如图 1-25 所示窗口进行设置。

图 1-25　"外观"窗口

3. 网络设置

服务器在局域网内提供各种服务，需要配置相关的网络设置。在局域网内通常有两种网络配置方式，一种是由 DHCP 服务器分配 IP 地址，计算机启动后自动获取，称为动态地址；另一种是在 TCP/IP 属性对话框内设置固定的 IP 地址，称为静态地址。服务器需要稳定地提供网络服务，所以通常使用第二种地址配置方法。

（1）TCP/IP 设置。单击"开始"|"控制面板"|"网络和 Internet"|"网络和共享中心"，在如图 1-26 所示窗口内，选择"更改适配器设置"，打开"网络连接"窗口。

图 1-26 "网络和共享中心"窗口

在"网络连接"窗口内,右击"以太网"图标,选择"属性"命令,打开"Ethernet( )属性"对话框,如图 1-27 所示。选择"Internet 协议版本 4(TCP/IPv4)"项目并单击右下方"属性"按钮,即可打开如图 1-28 所示"Internet 协议版本 4(TCP/IPv4)属性"对话框。选择"使用下面的 IP 地址"。作为局域网内的服务器,需要为它们设置"IP 地址""子网掩码""默认网关""首选 DNS 服务器"地址等,单击"高级"按钮,还可以进行 IP、DNS、WINS 高级设置。完成配置后,单击"确定"按钮完成设置。

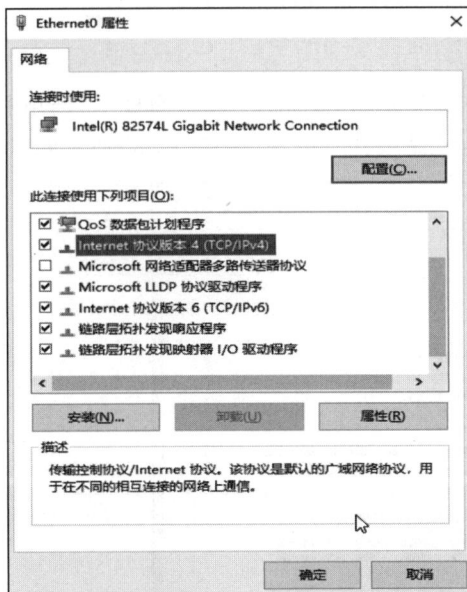

图 1-27 "Ethernet( )属性"对话框

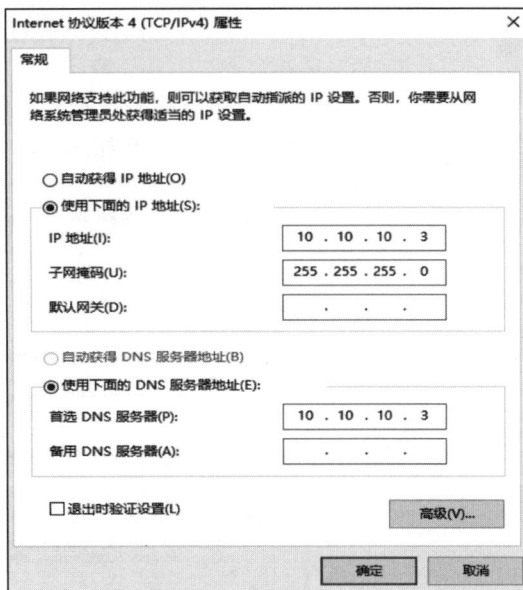

图 1-28 "Internet 协议版本 4(TCP/IPv4) 属性"对话框

（2）网络发现。启用局域网的"网络发现"功能，可以显示局域网中的计算机，同时也可以让其他计算机发现当前计算机。如果禁用"网络发现"功能，则既不能发现计算机也不会被发现，除非其他计算机通过搜索计算机名、IP 地址的方式进行访问。

启用"网络发现"的方法为单击"开始"|"控制面板"|"网络和 Internet"|"网络和共享中心"，在图 1-26 所示窗口中，单击"更改高级共享设置"，在图 1-29 所示"高级共享设置"窗口，选择"启用网络发现"并单击"保存更改"按钮。

（3）文件和打印机共享。设置文件和打印机共享的方法为单击"开始"|"控制面板"|"网络和 Internet"|"网络和共享中心"，选择图 1-29 所示"高级共享设置"的"启用文件和打印机共享"并单击"保存更改"按钮。

图 1-29　"高级共享设置"窗口

（4）密码保护共享。设置密码保护共享的方法为单击"开始"|"控制面板"|"网络和Internet"|"网络和共享中心"，展开如图 1-30 所示"高级共享设置"窗口，单击"所有网络"

图 1-30　设置密码保护共享

右侧的折叠按钮,选中其中的"启用共享以便可以访问网络的用户可以读取和写入公共文件夹中的文件"选项并单击"保存更改"按钮。

4. 系统信息

如果需要查看系统的硬件资源、软件环境和组件等信息,则单击"开始"|"管理工具"|"系统信息",打开如图 1-31 所示的"系统信息"窗口。

图 1-31　"系统信息"窗口

5. 添加角色

局域网内的服务器有不同的角色,如邮件服务器、Web 服务器、FTP 服务器、文件服务器、打印服务器等。添加"打印服务器"的步骤如下。

步骤一　单击"开始"|"服务器管理器",打开如图 1-32 所示的"服务器管理器"窗口,

图 1-32　"服务器管理器"窗口

在仪表板内单击"添加角色和功能"选项。

步骤二 在"添加角色和功能向导—开始之前"的窗口，单击"下一步"按钮。

步骤三 在"添加角色和功能向导—安装类型"的窗口中，选择"基于角色或基于功能的安装"选项后，单击"下一步"按钮。

步骤四 在随后的"添加角色和功能向导—服务器选择"窗口，选择安装的服务器名称。这里，选择列表中的 DC2 服务器，并单击"下一步"按钮。

步骤五 在图 1-33 所示"添加角色和功能向导—服务器角色"的窗口中，在"角色服务器"窗口显示了所有可以安装的服务器角色。本课程中需要配置域环境，所以离不开 DNS 服务器，下面以安装"DNS 服务器"为例。在"角色"列表框中选中"DNS 服务器"复选框，单击"下一步"按钮。DNS 服务器角色需要其他相关功能，单击图 1-34 所示对话框中的"添加功能"按钮。

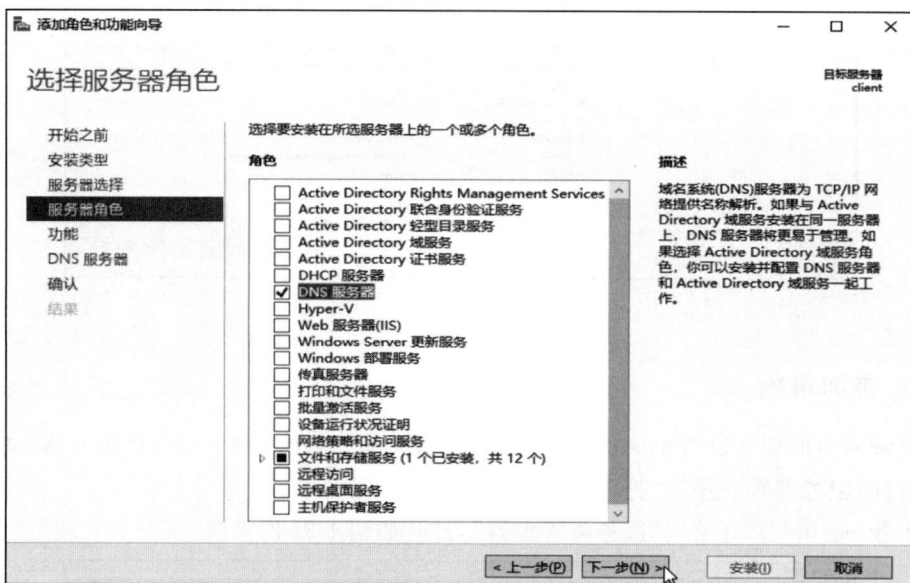

图 1-33 添加角色和功能向导—服务器角色

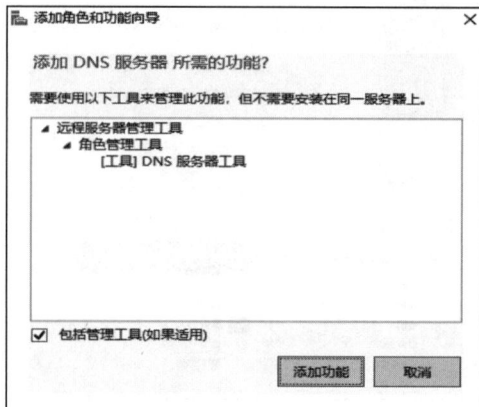

图 1-34 添加 DNS 服务器所需的功能

　　步骤六　在如图 1-35 所示"功能"窗口中选择需要安装的一个或多个功能,然后单击"下一步"按钮。在"DNS 服务器"窗口中单击"下一步"按钮后,在"添加角色和功能向导—功能"窗口中单击"安装"按钮,开始安装 DNS 服务器。

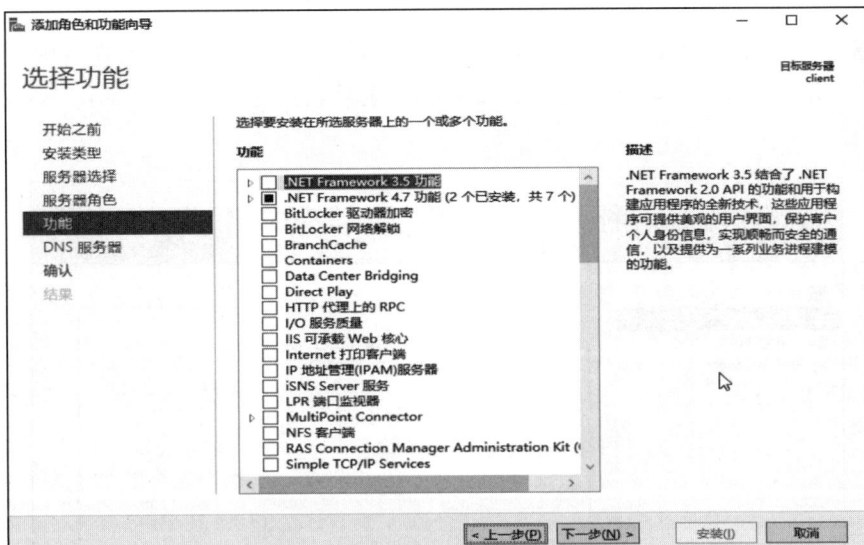

图 1-35　添加角色和功能向导—功能

　　步骤七　在"结果"窗口中显示安装服务的进度。当完成安装,窗口右下角的"安装"按钮变为"关闭"按钮并高亮显示时,单击"关闭"按钮结束安装,DNS 服务器安装完成,如图 1-36 所示。DNS 服务器安装完成后,需要进一步进行更详细的配置,如配置 DNS 区域、创建资源记录、DNS 客户端的设置等。

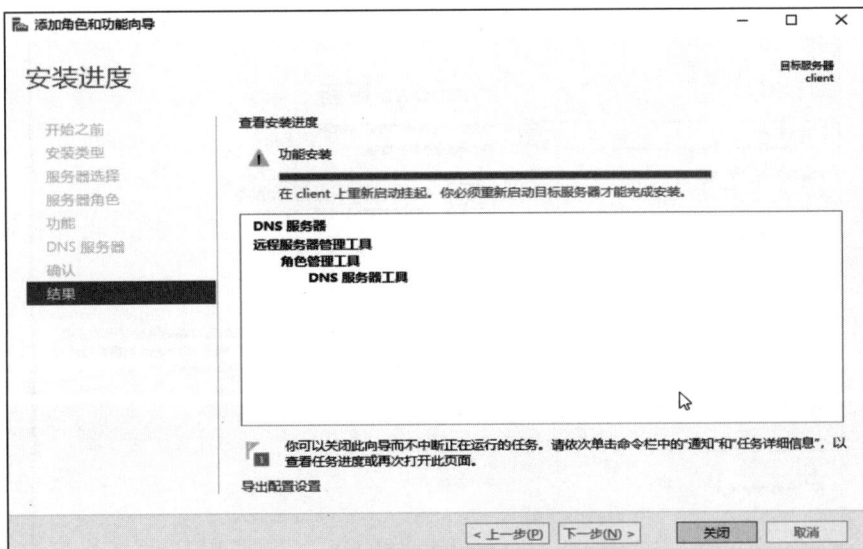

图 1-36　添加角色和功能向导—结果

1.3.7 系统自动更新

Windows Server 2019 服务器安装完成后，应及时安装更新程序，保证系统安全。

步骤一 依次单击"服务器管理器"|"本地服务器"，如图 1-37 所示，在右侧"Windows 更新"处单击"仅使用 Windows 更新 下载更新"选项，打开如图 1-38 所示"Windows 更新"窗口。

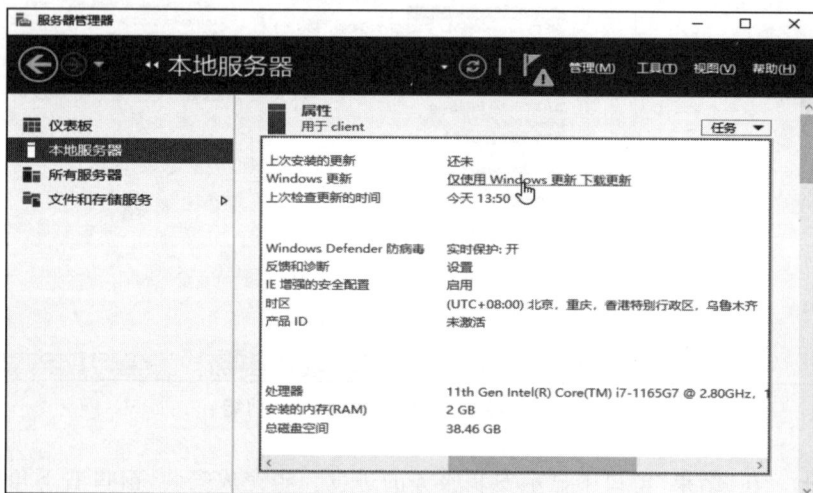

图 1-37 "本地服务器"窗口

步骤二 单击"Windows 更新"窗口中的"检查更新"按钮，如图 1-38 所示，Windows 将对系统进行检查更新。当系统需要更新时提醒用户更新，保证系统使用最新补丁。

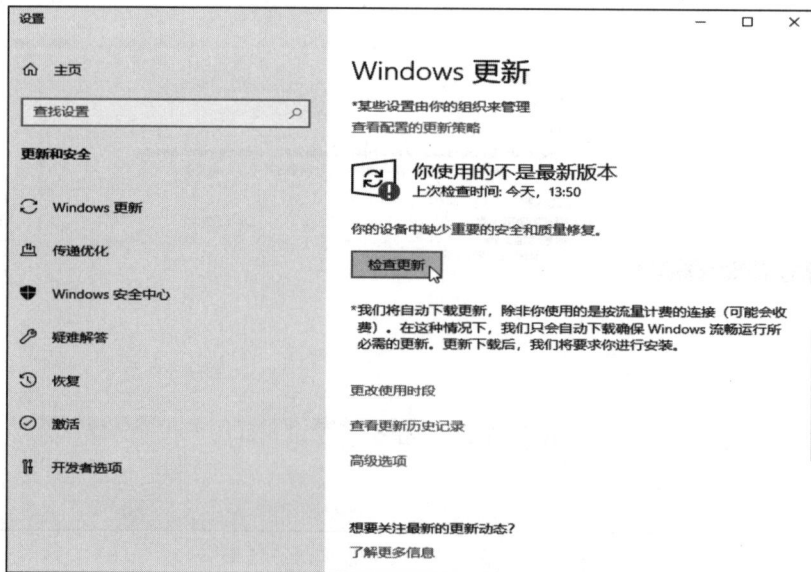

图 1-38 启用自动更新

单击"Windows 更新"窗口的"高级选项"选项,显示图 1-39 所示的"高级选项"窗口。用户可以在"更新选项"选项中选择更新方法。单击"更新通知"按钮,完成更新设置,如图 1-40 所示。

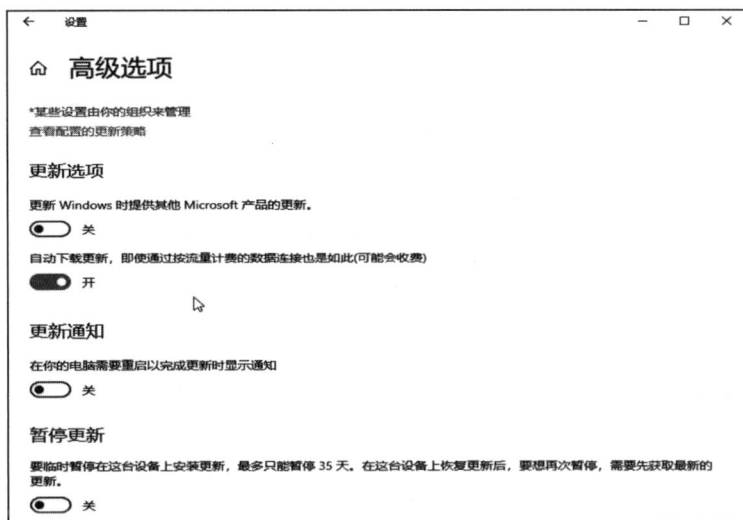

图 1-39　更改设置

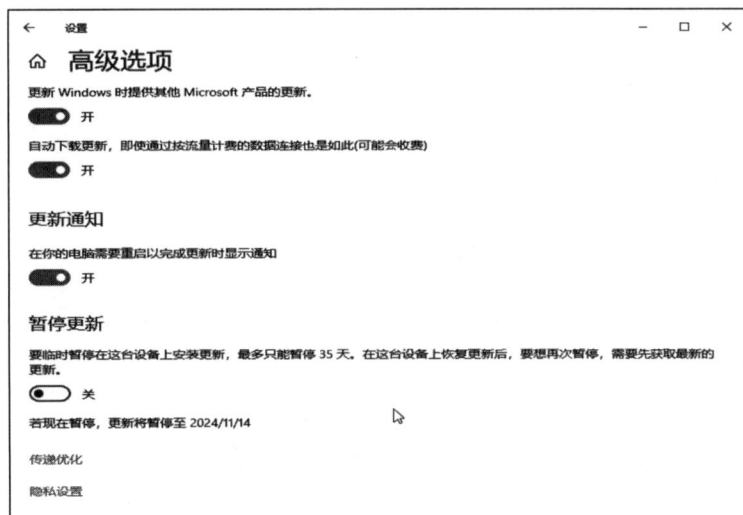

图 1-40　完成更新设置

1.4　项目验收总结

本项目主要以安装性能稳定、安全可靠的企业管理和应用服务器为目标,通过安装前对硬件兼容性的检查、合理的磁盘分区、选择合适的文件系统进行格式化、正确地设置系统和网络参数以及安装完成操作系统后安装补丁等一系列操作来实现。

磁盘的分区和文件系统的选择是两项重要的工作，是决定 Windows Server 2019 能否发挥其服务器操作系统性能及其安全措施的一个重要前提，因此必须合理地设置磁盘分区及文件系统。

系统补丁的安装是维护服务器操作系统安全和稳定的一个重要手段，在完成系统的安装之后必须及时完成已发布补丁的安装，然后才能将其投入实际的运行中，同时还要保证后续发布的补丁能够及时安装。

1.5　项目巩固及拓展训练

1. 实训目的

掌握在网络环境中 Windows Server 2019 Standard 安装的方法。

掌握使用 Windows PowerShell 管理系统的方法。

2. 设备和工具

满足 Windows Server 2019 版硬件安装要求的计算机、VMware 虚拟机软件、Windows Server 2019 的 ISO 镜像文件等。

3. 实训内容及要求

在虚拟机内安装 Windows Server 2019。

使用 Windows PowerShell 会话合并模块和管理单元，简化管理。

4. 实训总结

分析比较服务器核心安装与完全安装的不同之处，总结在安装过程中可能出现的问题及相应的解决方法。

1.6　课　后　习　题

一、选择题

1. 常用的网络操作系统有（　　　）。

    A. Windows NT Server   B. Windows Server 2019

    C. UNIX   D. Windows XP

2. Windows 管理员的密码必须符合一定的要求，以下密码符合要求的是（　　　）。

    A. abc123   B. 1234567

    C. ！@＃＄％˄   D. abc123@

3. 设置系统自动更新时,不可以选择的内容是(　　　)。

  A. 自动安装更新

  B. 下载更新,但是让我选择是否安装更新

  C. 检查更新,但是让我选择是否下载和安装更新

  D. 不检查更新

4. 安装 Windows Server 2019 时,以下内存、硬盘空间符合安装要求的是(　　　)。

  A. 1024MB、20GB　　　　　　　　B. 256MB、40GB

  C. 512MB、20GB　　　　　　　　D. 512MB、32GB

二、填空题

1. Windows Server 2019 有_____个版本,分别是_____、_____和_____。

2. 网络操作系统是_____与_____之间的接口。

3. Windows Server 2019 的安装方式有_____、_____、_____和_____。

4. Windows Server 2019 的新特性有_____、_____、_____等。

三、简答题

1. 网络操作系统有哪些基本功能和特性?

2. Windows Server 2019 可以充当哪些网络服务器的角色?

3. 安装 Windows Server 2019 需要做哪些安装前的准备工作?

4. 安装系统补丁的主要目的是什么? 可以使用哪些手段实现?

5. 要在某台计算机上安装 Windows Server 2019 操作系统。该计算机硬盘的大小为 300GB,此计算机已经存在 3 个分区,其中 C 盘 100GB、NTFS 文件系统,已经装有 Windows Server 2008 操作系统;D 盘 100GB、NTFS 文件系统;E 盘 100GB、FAT32 文件系统。

(1) 哪几个分区可以安装系统? 为什么?

(2) 可以选择哪几种方法安装 Windows Server 2019?

项目2 服务器操作系统的环境配置

◆ 内容结构图

服务器操作系统环境配置包括硬件设备配置、显示参数设置、本地用户与组的设置与管理、网络连接设置、环境变量的设置与管理等工作。

完成服务器操作系统环境配置任务的过程中所需的理论知识和实施步骤如图 2-1 所示。

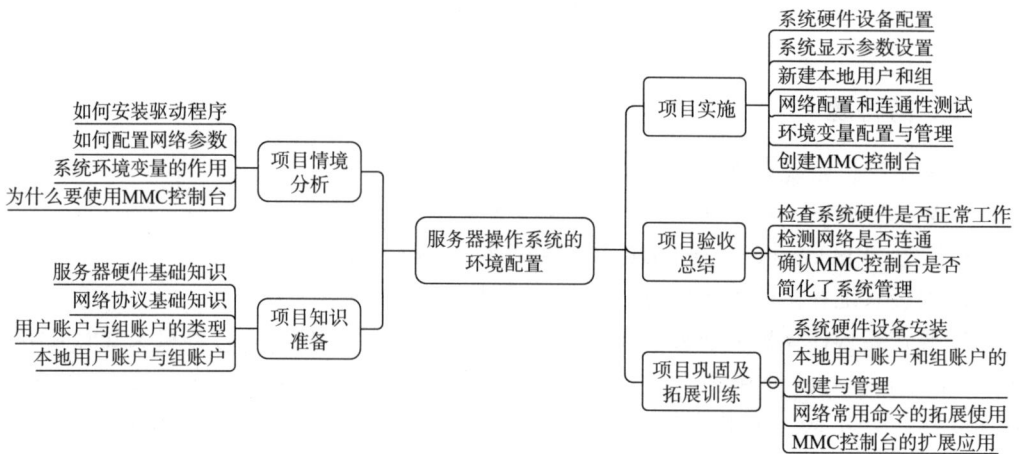

图 2-1　完成服务器操作系统环境配置的理论知识和实施步骤

2.1 项目情境分析

服务器操作系统安装完成后,用户需要检查其是否能够正常工作,同时还需对系统的桌面环境、网络连接、环境变量的参数进行必要的设置,并通过集中化的管理工具,如 MMC 微软管理控制台,将这些管理工具进行集中统一管理,从而建立快捷、友好的服务器管理工作环境。通过系统的基本环境的优化配置,满足用户对服务器操作系统的管理需求。

本项目将从网络参数配置、硬件设备安装及配置文件设置、系统环境变量管理、启动和故障恢复设置以及微软管理控制台的使用等方面完成对系统环境的设置。

◇ 项目目标

本项目需要完成 Windows Server 2019 安装后的系统及其环境的配置工作,使其能够投入实际的运行中。项目的实施流程如图 2-2 所示。

图 2-2　系统环境配置项目的实施流程

1. 硬件设备配置

确保所有硬件设备的驱动能正确安装,如显卡、网卡等,保证能够稳定地运行。

2. 显示参数设置

设置 Windows Server 2019 系统的屏幕显示分辨率(如 1024×768)、刷新率(如 75Hz)、字体大小等。

3. 创建用户与组

创建用户、给用户分组可以让系统管理员更有效地管理计算机,为各类用户分配不同的权限和资源,维护系统安全。

4. 网络连接设置

正确设置网络参数,如 IP 地址、子网掩码、网关和 DNS 等,使本机能与同一网段的计算机通信,并能访问外部网络。具体参数设置如表 2-1 所示。

表 2-1　网络参数配置表

参　数	值
IP 地址	10.10.10.1
子网掩码	255.255.255.0
网关	10.10.10.254
主 DNS	10.10.10.10
辅助 DNS	61.177.7.1

5. 环境变量设置

获取系统中现有的环境变量,并了解其主要用途。分别建立用户变量 uRoot="C:\Documents and Settings\user"和系统变量 sRoot="C:\Windows",掌握其使用方法。

6. 建立微软管理控制台

微软管理控制台(Microsoft Management Console,MMC)是微软管理系统工具的一个容器,通过 MMC 可以创建、保存并打开系统及网络管理的工具,如计算机管理、设备管理器、共享文件夹等。

2.2 项目知识准备

2.2.1 服务器硬件基础

1. 服务器基本知识

服务器是一种高性能的计算机，它能为网络中的客户端计算机提供不同的网络服务。在网络操作系统的控制下，服务器可以将自己的设备资源，如硬盘、打印机等共享给客户端计算机，并能为网络用户提供集中计算、信息发布和数据管理等服务。

服务器按照规模可以分为企业级、部门级或工作组级服务器；按用途可以分为 Web 服务器、FTP 服务器、邮件服务器、数据库服务器、打印服务器和 VOD 服务器；按照其外形可以分为塔式（Tower）、机架式（Rack）和刀片式服务器（Blade）。不同类型的服务需求，对服务器性能的要求也不相同，需要根据具体的应用需求确定服务器的硬件需求。

现在的企业生产、管理和销售的工作都依赖网络服务器。如果服务器故障，则有可能导致企业直接的经济损失，所以一般情况下，要求服务器具备高可靠性、可用性和可扩充性。

2. 服务器硬件需求

服务器主要的核心硬件有 CPU、内存、磁盘和 RAID 等，这些核心的硬件设备相较普通的 PC 需要有更高的性能。不同的应用服务，对硬件设备需求的优先级也不相同，所以在选择服务器及其硬件配置时应根据其具体的应用场合进行选择。下面是几种常见的企业级服务器对硬件的基本需求。

（1）Web 服务器。如果架设对计算要求不高的静态网站，对服务器硬件要求最高的是网络系统，接下来依次是内存、磁盘系统和 CPU；如果架设需要密集计算的动态网站，对服务器硬件要求最高的是内存，接下来依次是 CPU、磁盘系统和网络系统。

（2）邮件服务器。对实时性以及 CPU 的性能要求都不高，但是它需要支持网络上一定数量的并发连接，即需要承载一定数量的客户同时连接到邮件服务器，因此，它对内存和网络系统要求较高。

（3）FTP 服务器。它能给网络中的用户提供大容量的文件传送服务，客户既可以下载服务器上现有的文件资源，也可以将自己的文件上传到服务器，因此它需要服务器具有高性能的磁盘系统以及一定的 CPU 处理能力。同时，它需要利用网络系统传输大容量的数据，所以对网络系统也有较高的要求。

（4）终端服务器。它允许使用终端服务的客户端在远程客户机上以图形界面方式访问服务器，且可以调用其中的应用程序及其相关服务。这些服务的运行和计算都是在终端服务器上完成的，因此对 CPU 有较高的处理能力的要求，并且需要能够承载一定数量的并发请求，否则容易造成服务器的响应滞后，软件运行发生错误，严重的可能会使服务器宕机。因此对于终端服务器,需要配置大容量的高速内存以及性能较高的 CPU。

3. 设备驱动程序

设备驱动程序是一个允许特定设备与操作系统通信的软件程序。Windows Server 2019 支持即插即用的硬件设备,即计算机系统能够自动识别硬件,识别后能自动安装驱动程序。在 Windows 操作系统下使用连接的设备前必须安装合适的驱动程序,否则硬件设备将无法正常工作。

设备驱动程序的基本属性及描述如表 2-2 所示。

表 2-2　设备驱动程序的基本属性及描述

属　性	描　述
驱动名称	驱动程序的文件名称及位置,如 C:\Windows\System32\Drivers\disk.sys
驱动程序提供商	提供驱动程序给 Microsoft 的公司名称,如 Intel
驱动程序日期	驱动程序发布的日期,如 2019-7-1
驱动程序版本	驱动程序的版本号,如 5.1.2535.0
数字签名程序	测试和验证驱动程序的工作属性的名称,如 Microsoft Windows Publisher

表 2-2 中的数字签名程序是指为驱动程序进行数字签名,保证该设备驱动程序不被其他安装程序更改。使用已签名的设备驱动程序可以保证系统的性能和稳定。

2.2.2　网络协议的基础

在计算机网络中,任何两台计算机之间的通信信息最终在线路上传输并到达对方时都是以一连串的"0"和"1"信号组成的,而它们到底表示什么含义,则需要事先约定一套标准规则,而这套规则称为协议。

1. 协议的基本概念

所谓协议是指通信双方必须遵守的控制信息交换的规则集合,它主要由语法、语义和同步三个要素组成。

(1)语法是指数据和控制信息的结构和格式,确定通信时采用的数据格式、编码以及信号电平等内容。

(2)语义规定了通信时发出何种控制信息来完成什么样的动作及做出哪种应答,对发布请求、执行动作以及返回应答做出了相应的解释,并确定了用于协调和差错处理的控制信息。

(3)同步是对事件实现顺序的详细说明,指出事件的执行顺序以及速度匹配。

2. TCP/IP

TCP/IP 是目前在网络互联中不可缺少的一个协议集,其中包含了 2 个核心协议:传输控制协议 TCP 和网际协议 IP。TCP/IP 是目前最完整，也是应用最广泛的通信协议。TCP/IP 支持异构网络间的通信，如可以在以太网和令牌环网两个不同的物理网络上架设统一的 IP 通信平台；另外它也支持不同操作系统的计算机之间的相互通信，例如，Windows Server 2019 和 Windows 8 计算机、UNIX 和 Linux 操作系统的计算机、Netware 操作系统的计算机、Macintosh 操作系统的计算机等。

如使用 Windows Server 2019 的 Active Directory 对网络进行管理，则 TCP/IP 也是一个必须采用的通信协议。

3. IP 地址

IP 地址是在采用 TCP/IP 的网络中，每台主机唯一的一个标识，在同一个网络中的主机地址不能重复，主机之间通过该地址进行相互通信。

IP 地址有两种版本，即 IPv4 下的 IP 地址和 IPv6 下的地址。目前使用的主要是 IPv4 地址。

IPv4 地址是一个长为 32bit 的二进制数，共分成 4 个段，每个段包含 8bit，一般用"点分十进制数"来表示，其取值范围为 0.0.0.0～255.255.255.255。

IPv4 地址中包含了两个部分，即网络号与主机号，其中，网络号是一个网络的标识符，每个网络都有一个唯一的网络标识符；主机号是某个网络中的一台主机的标识符，在同一个网络内的每一台主机都有一个唯一的主机标识符。

IPv6 地址是一个长为 128bit 的二进制数，共分成 8 个段，每个段包含 16bit，一般用"冒分十六进制数"表示，如 2001:0db8:3c4d:0012:0000:0000:1234:56ab，其中，前三个段表示此 IP 地址的全球前缀，第四个段为子网号，最后四个段表示接口 ID。

4. IP 地址类

IP 地址类可以分为五大类，即 A 类、B 类、C 类、D 类和 E 类，其中，A 类、B 类和 C 类可供一般主机使用，D 类用作多播地址，E 类为保留地址。这五类地址的格式如表 2-3 所示。

表 2-3　IP 地址类

IP 地址类	前缀	网络号长度/bit	主机号长度/bit	网络数	主机数
A	0	7	24	126	16777214
B	10	14	16	16384	65534
C	110	21	8	2097152	254
D	1110	多播地址			
E	1111	保留地址			

从表 2-3 中可以看出，A 类网络适合于大型网络，其可容纳的主机数量最多（$2^{24}-2=16777214$ 台），但是网络的数量最少（$2^7-2=126$ 个）；B 类网络适合于中大型的网络，其可容纳 $2^{16}-2=65534$ 台主机，网络数为 $2^{14}-2=16384$ 个；C 类网络适合于小型网络使用，其容纳的主机只有 $2^8-2=254$ 台，而网络的数目非常多，有 $2^{21}-2=2097152$ 个。

5. 子网掩码

子网掩码与 IP 地址一样,是一个 32 位的比特串,且每一位与 IP 地址一一对应。如果子网掩码的某一位为"1",则它所对应的 IP 地址的这一位为网络号的一部分;如果子网掩码的某一位为"0",则它所对应的 IP 地址的这一位为主机号的一部分。因此通过子网掩码,可以判断一个 IP 地址所在的网络号以及它在这个网络中的主机号。

当两台主机相互通信时,它们可以利用子网掩码得到对方的网络号,从而知道对方是否与自己处于相同的网络中,以便决定数据的传输方法。另外,路由器判断 IP 数据报该如何转发时,也需要用子网掩码判断目的网络,从而选择对应的转发接口。

对于各类 IP,其子网掩码如表 2-4 所示。

表 2-4　各类 IP 地址子网掩码

IP 地址类	网络号/bit	子网掩码(十进制)
A	8	255.0.0.0
B	16	255.255.0.0
C	24	255.255.255.0

6. 默认网关

一台主机可以与本地子网中的任何一台主机进行直接通信,但是如果它想和外部子网中的主机进行通信时,则必须知道它应该从本地子网的什么地方出去才能够到达对方所在的子网,然后才能与其通信。因此本子网必须有一个能够为其转发数据的设备,如路由器,该主机首先将要发送的数据交给路由器,然后由路由器将该数据从能够到达对方子网的路径转发出去,所以这个路由器就是该子网中的网络接口,就像这个子网的一扇门,所有需要对外访问的数据都要经过此接口转发出去。该接口被赋予一个与该子网处于同一个子网的 IP 地址,所有本地子网的主机都知道,如果要将数据发到外部网络,则首先发送到该 IP 地址所绑定的接口,即默认网关,如图 2-3 所示。

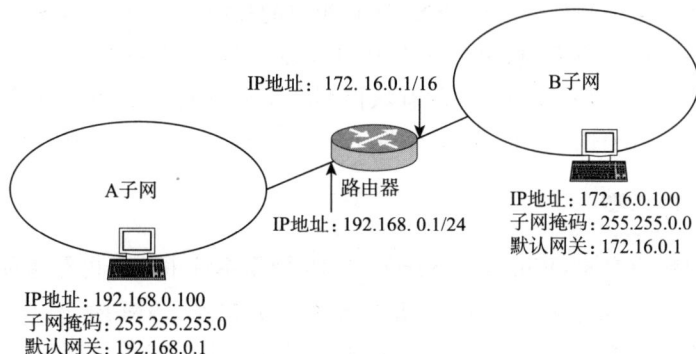

图 2-3　默认网关

图中,A 子网中的主机的默认网关为 192.168.0.1,B 子网中的主机的默认网关为 172.16.0.1。

7. DNS 服务器

因为网络中的 IP 数据报的传输是依靠目的地主机的 IP 地址来寻找转发路径的，而对容易记忆的域名地址并不识别，因此，如果用户需要通过域名地址访问其他计算机时，必须首先知道该域名地址所对应的 IP 地址是什么，然后再通过 IP 数据报进行数据的转发。

但是，IP 地址是如何获得的呢？一般情况下，用户知道目的主机的域名，可以将该域名交给指定的 DNS 服务器解析该域名所对应的 IP 地址。因此，需要给用户计算机指定 DNS 服务器的地址，这样才能实现通过域名地址访问目的主机的目的。

2.2.3　用户账户和组账户的类型

1. 用户账户的类型

Windows Server 2019 操作系统支持两类用户账户：本地用户账户和域用户账户。加入域的某台计算机，既可以使用本地用户账户登录到本机，也可以使用域用户账户登录到域。

1）本地用户账户

本地用户账户驻留在本地安全账户数据库 SAM 内，只具有本地意义。用户使用本地账户只能登录计算机本机，无法访问网络上的其他计算机。在某台计算机上创建一个本地账户后，该账户只存在于这台计算机的 SAM 内，不会复制到其他计算机的 SAM 中。SAM 数据库位于％SystemRoot％\system32\config 文件夹内（％SystemRoot％表示操作系统的安装文件夹，如 C:\WINNT）。当用户使用本地账户登录时，由这台计算机的 SAM 验证账户名称和密码是否正确。

2）域用户账户

域用户账户建立在域控制器的活动目录内，是在域中通用的唯一凭证。用户使用域用户账户可以登录域中的任何一台计算机（有相应的权限前提下）。如果在域中的某台域控制器上创建一个域账户后，这个账户会被自动复制到该域内的所有其他域控制器上。当用户使用域账户登录时，该域内的所有域控制器上的活动目录都可以验证账户名称和密码是否正确。Active Directory 数据库位于％SystemRoot％\NTDS 文件夹内。

2. 组账户的类型

与两类用户账户对应，Windows Server 2019 操作系统中的组也有两种类型：本地组账户和域组账户。本地组账户驻留在本地安全账户数据库 SAM 内，只具有本地意义，用户使用本地组账户只能登录计算机本机，无法访问网络上的其他计算机。域组账户是建立在域控制器的活动目录内，在域中通用，用户使用域组账户可以登录域中的任何一台计算机上（有相应的权限前提下）。

2.2.4　本地用户账户和组账户

1. 系统内置的本地用户账户

系统内置账户是指未建立就存在的账户,也称"自带账户"。起初管理员就是利用系统内置账户来完成账户管理的。Windows Server 2019 操作系统安装后,比较熟悉的系统内置账户有两个。

1)Administrator(管理员账户)

该账户具有辖区内的最高权限,管理员利用这个账户管理计算机或域内的资源。该账户可以改名,但不能删除。

2)Guest(客户账户)

该账户默认状态是"禁用",是临时使用的账户,具有很少的权限,只能访问网络中有限的资源。该账户可以改名,但不能删除。

2. 系统内置的本地组账户

在非域控制器的计算机的本地安全账户数据库内,存在一些系统内置的本地组,这些组本身已经被赋予一定的权限。以下是几个常用的内置本地组。

1)Administrators 组

该组成员都有系统管理员的权限,拥有对这台计算机的最大权限。内置的 Administrator 账户就是该组的成员。如果计算机已加入域,那么域的 Domain Admins 会自动加入该组。

2)Guests 组

该组是为临时需要访问本机资源但又没有用户账户的用户提供的,该组成员无法永久改变桌面的工作环境。内置的 Guest 账户就是该组的成员。如果计算机已加入域,那么域的 Domain Guests 会自动加入该组。

3)Backup Operators 组

该组成员不论是否有权限访问计算机中的文件或文件夹,都可通过"开始"|"所有程序""附件"|"系统工具"|"备份"来备份或还原这些文件和文件夹。

4)Users 组

所有添加的本地用户自动属于该组,该组成员只有基本权限,不能更改其他用户的数据,不能修改操作系统设置等。如果计算机已加入域,那么域的 Domain Users 会自动加入该组。

5)Power Users 组

该组成员权限比 Users 组大,可以创建、更改、删除本地用户账户,可以自定义系统设置,但不能备份与还原文件,无法更改 Administrators 和 Backup Operators 组,无法夺取文件的所有权等。

2.3 项 目 实 施

2.3.1 硬件设备的配置

1. 硬件设备管理工具

系统安装完成之后,用户可以利用设备管理器查看、禁用和启用计算机中已经安装的设备,通过设备管理器可以很方便地知道硬件设备是否正确安装,还可以对设备的驱动程序进行更新,或者对硬件设备执行相应的调试操作。

在"开始"|"控制面板"|"系统与安全"中双击"系统"图标,即可打开如图 2-4 所示系统属性窗口。单击"设备管理器"按钮即可打开如图 2-5 所示"设备管理器"窗口。

图 2-4　系统属性窗口

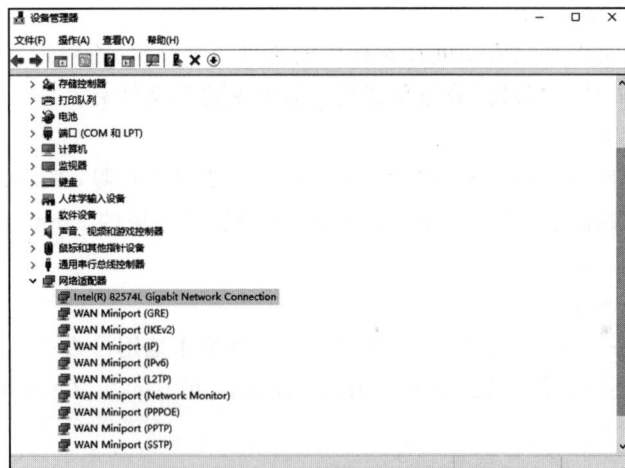

图 2-5　设备管理器

在设备管理器窗口中可以看到已经安装的设备,如果相应的设备项上出现黄色的问号标识并显示"未知设备",则说明该设备不是即插即用的设备,系统无法识别;如果同时出现黄色问号和感叹号标识,并且显示了设备名称,则说明系统能够识别该设备,但是还没有安装或没有正确安装驱动程序,只要正确安装了驱动程序,就可以恢复正常状态;如果设备项上出现红色的叉标识,则说明该设备处于被禁用状态,右击选择启用即可恢复其正常工作状态。

2. 驱动程序管理

在设备管理器中,选择其中的一个设备项,如网络适配器,双击打开或右击选择"属性"打开该设备的属性对话框。

在"常规"选项卡的"设备状态"中可以看到该设备是否运转正常,如图 2-6 所示。另外,还可以在"设备用法"中选择启用或者禁用该设备。

在"驱动程序"选项卡中,可以查看该硬件设备驱动的基本信息,如驱动程序提供商、驱动程序日期、驱动程序版本和数字签名者等,如图 2-7 所示。单击"驱动程序详细信息"按钮,可以查看包括该驱动文件所在的具体路径等信息。

图 2-6　设备状态	图 2-7　设备属性的"驱动程序"选项卡

驱动程序的更新或卸载可以在图 2-7 中,分别单击"更新驱动程序"按钮或"卸载"按钮。如果更新驱动程序时操作失败,则单击"回滚驱动程序"按钮,可以返回以前安装的驱动程序。

如果想在设备管理器中删除某设备及其驱动程序,可以在设备管理器中选择需要删除的设备,然后右击选择"卸载",即可删除该设备。如果想在设备管理器中安装某设备及其驱动程序,且该设备是即插即用的,则可以通过右击其中的任意一个节点,选择"扫描检测硬件改动",如图 2-8 所示,让系统自动识别并尝试安装该设备的驱动。当然,也可以通过重新启动计算机让系统自动检测硬件改动并安装驱动程序。

图 2-8　扫描硬件改动

提示:为了保证硬件驱动程序能与 Windows 系统兼容,微软公司会为经过测试并认可的驱动程序进行数字签名,而没有经过认可的驱动程序在其安装时 Windows 系统会进行提示,不推荐使用。

2.3.2　显示参数的设置

对显示参数进行设置的主要目的是优化计算机与用户进行交流的平台,Windows Server 2019 系统可以通过以下两种途径设置屏幕的分辨率、颜色质量、刷新率等相关参数:①右击桌面的空白处,单击"显示设置";②运行"开始"|"设置"|"系统"|"显示"。

在"屏幕显示率"窗口中,设置"分辨率"为"1024×768"像素,如图 2-9 所示。分辨率的大小决定了屏幕显示画面的质量,分辨率越高,画质越好。另外,每一个像素的位数大小也决定了画质的高低。因为一个像素的颜色值用设置的颜色质量的位数来表示,位数越高,色彩越逼真。但是,系统能够设置的分辨率的大小和颜色质量的位数是由显卡的显存决定的,一般情况下,如果显存容量不足时,提高屏幕的分辨率会影响每一个像素可表示的颜色质量的位数。

完成屏幕分辨率的设置后,单击"高级设置"按钮,选择"监视器"选项卡,设置"屏幕刷新频率"为"64 赫兹",如图 2-10 所示。

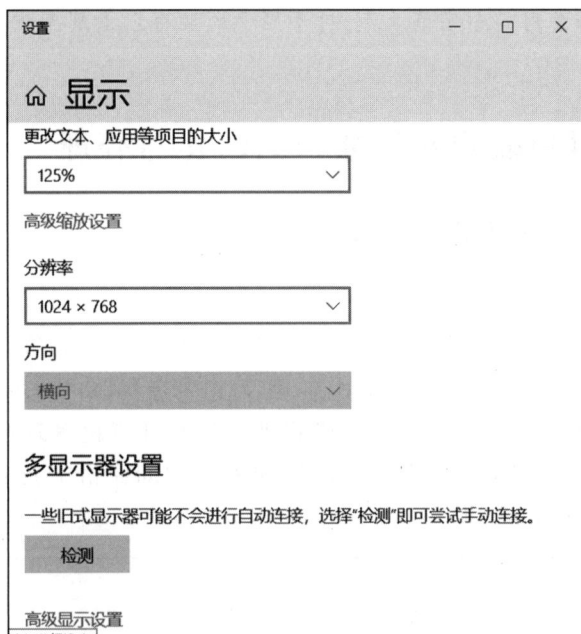

图 2-9　设置分辨率

图 2-10　屏幕刷新频率的设置

提示：像素就是屏幕上的一个点，通常所看到的文字和图片等信息其实都是由这些像素点组成的。如显示设置屏幕的分辨率为 1024 像素×768 像素，则屏幕上就有 1024×768＝786432 个像素点；如果每一个像素用最高 32 位的颜色质量表示，那么 1 像素就可以

47

有 2^{32} 种颜色,每个像素用 5 个字节表示,对于显卡的显存容量则至少需要 $786432 \times 5B =$ 3932160B≈3.9MB。

2.3.3 本地用户账户和组账户的创建与管理

1. 本地用户账户的创建和管理

1）创建本地用户账户

本地用户是创建在独立服务器或者成员服务器、Windows 8 等计算机的"本地安全账户数据库"中的。计算机启动后,用管理员账户登录,单击"开始"|"服务器管理"|"工具"|"计算机管理",打开计算机管理控制台,展开"本地用户和组"项,单击"用户"子项,可看到中间窗格中显示的系统内置的本地用户账户,如图 2-11 所示。

创建本地
用户账户

图 2-11 内置的本地用户账户

提示：为提高安全性,建议更改默认的系统管理员 Administrator 账户名称,之后将全部改成 Admin。

创建本地用户的步骤如下。

步骤一 在图 2-11 左窗格中右击"用户"或者在中间窗格空白位置右击,在弹出的菜单中选择"新用户"后出现图 2-12 所示的对话框。

步骤二 输入用户名、全名、密码、确认密码以及设置此密码的策略等选项信息。

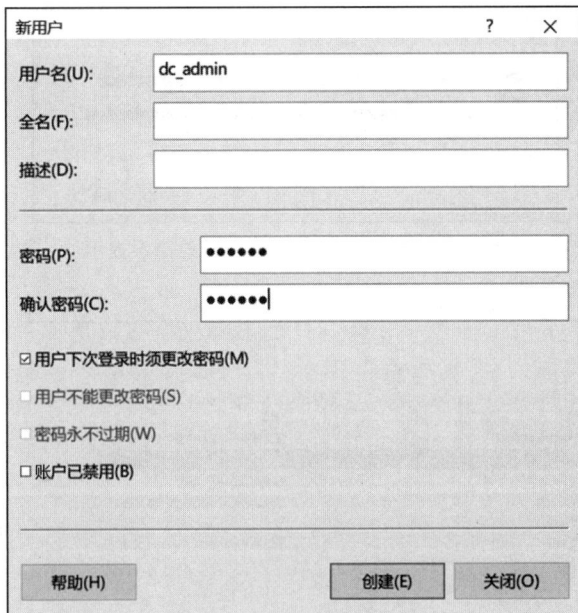

图 2-12 新建本地用户账户

① 用户名：用户登录时使用的账户名称，此处输入 dc_admin。

提示：用户名不能包含 /、[、]、*、\、:、|、=、,、+、<、>、"等字符，用户名最长不能超过 20 个字符。

② 全名：用户的完整名称，不影响系统功能。

③ 描述：为方便管理员识别用户而设置的说明性文字，不影响系统功能。

④ 密码和确认密码：用户登录时使用的密码。密码区分大小写，输入时以星号显示。

提示：密码最多由 128 个字符组成，建议最小长度为 8 个字符而且应由大小写字母、数字以及合法的非字母和数字的字符组成，如 1Qaz!@#$。

⑤ 用户下次登录时须更改密码：默认情况下此复选框为选中状态。选中后用户使用新账户首次登录时，系统会显示强制更改密码的对话框。

⑥ 用户不能更改密码：取消选中"用户下次登录时须更改密码"复选框后该复选框为可选状态。主要用于多人共享同一个账户的情况。

⑦ 密码永不过期：取消选中"用户下次登录时须更改密码"复选框后，该复选框为可选状态。系统默认 42 天必须更改密码，选中该复选框后，即使设置了账户策略也不会再要求用户更改密码。

⑧ 账户已禁用：禁止用户使用该账户登录。

注意：如果密码不符合策略要求，会弹出错误提示对话框，如图 2-13 所示。

步骤三 单击图 2-12 中的"创建"按钮，返回到图 2-11 所示创建新用户对话框。

步骤四 单击图 2-12 中的"关闭"按钮。

用户创建成功后，在计算机管理控制台中可以看到新创建的 dc_admin，如图 2-14 所示。注销管理员账户后可以利用 dc_admin 账户登录计算机。

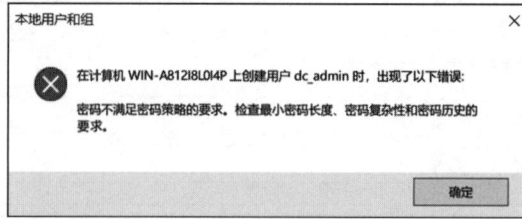

图 2-13　新建本地用户账户时的错误提示

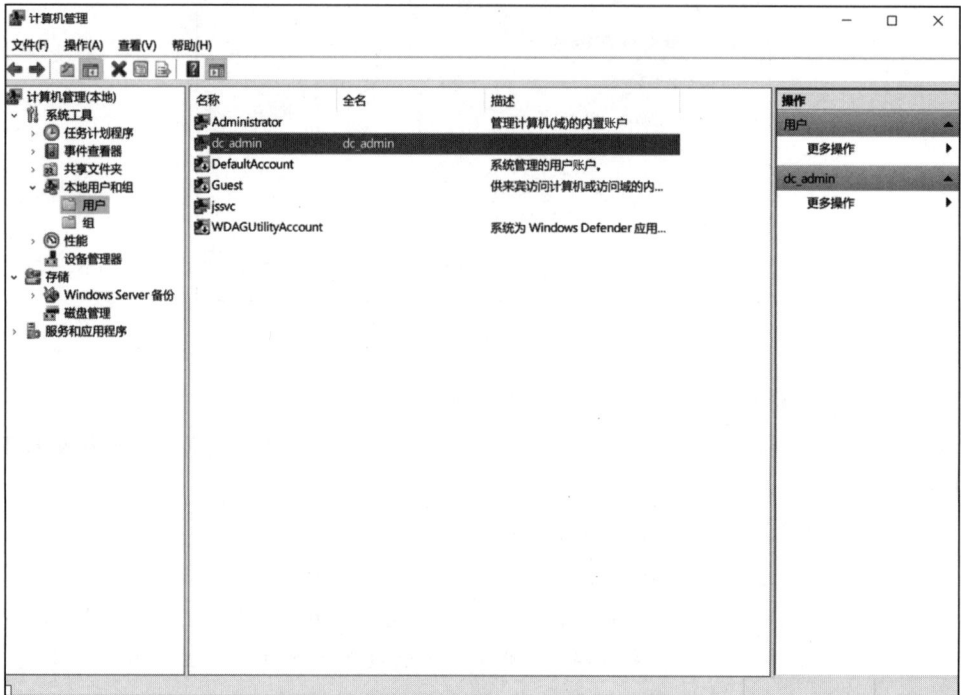

图 2-14　新建的本地用户账户 dc_admin

步骤五　用新创建的 dc_admin 账户首次登录计算机时会出现如图 2-15 所示要求更改密码的提示，单击"确定"按钮。

图 2-15　dc_admin 账户首次登录

步骤六　在图 2-16 所示更改密码对话框中修改密码后,单击"确定"按钮,出现图 2-17 所示对话框,提示"你的密码已更改"。再单击"确定"按钮进入系统。

图 2-16　更改密码

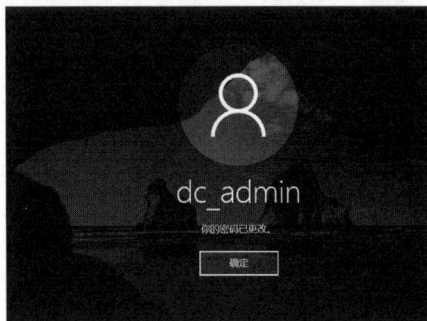

图 2-17　密码更改成功提示

2) 管理本地用户账户

在计算机管理控制台中右击 dc_admin 账户,弹出如图 2-18 所示的菜单。设置密码、删除、重命名操作比较简单,读者可自己完成。下面主要介绍"属性"菜单。

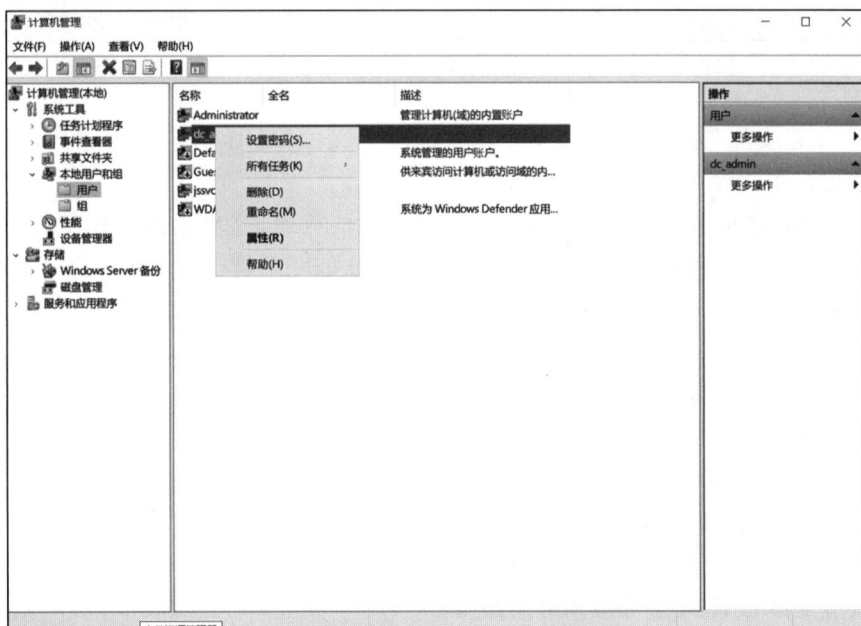

图 2-18　右击账户显示的菜单

单击图 2-18 中的"属性"选项,弹出如图 2-19 所示对话框。

(1)"常规"选项卡:可以对用户的全名进行更改,添加用户的描述,还可以对用户登录密码的策略进行更改,当用户被锁定时也可以在此处解锁。

(2)"隶属于"选项卡:可以将用户添加到指定的组。单击"隶属于"选项卡,可以看到创建的 dc_admin 用户默认隶属于 Users 组,可单击"添加"按钮进行修改,如图 2-20 所示。

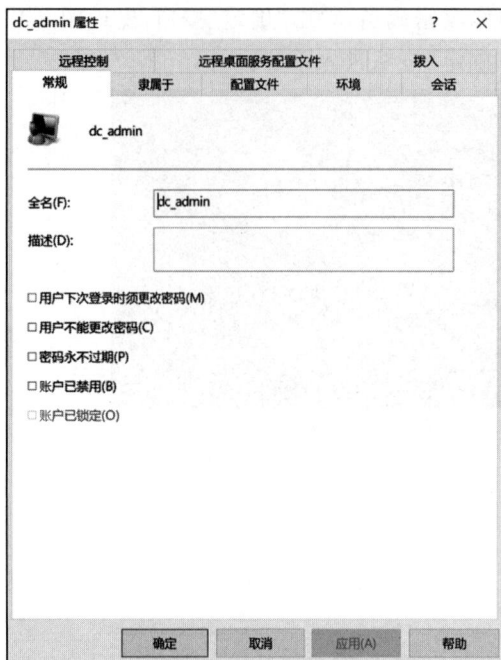

图 2-19　账户"常规"属性

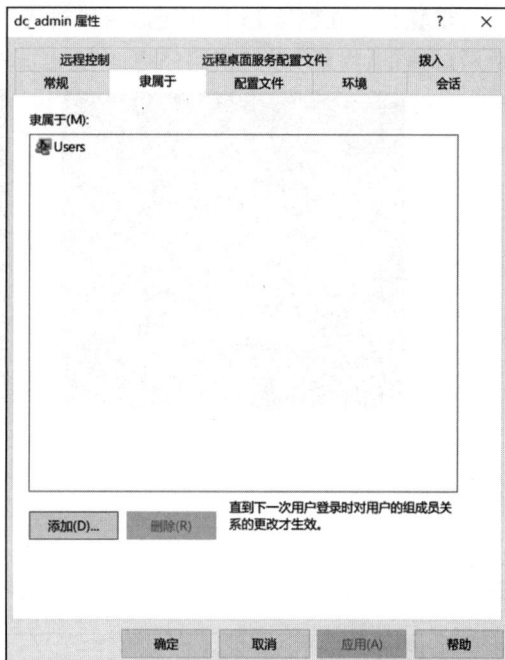

图 2-20　账户"隶属于"属性

（3）"配置文件"选项卡：可以指定用户的配置文件路径和用户的登录脚本，同时还可以设置用户主文件夹的路径或者链接。

（4）"环境"选项卡：可以设置用户登录时启动的程序，这里要指定程序的文件名和程序开始的路径。也可以对客户端进行一些设置，比如登录时是否连接客户端驱动器、客户端打印机等。

（5）"会话"选项卡：可以设置终端服务超时或者重新连接的选项。

（6）"远程控制"选项卡：确定是否启用远程控制，远程控制是否需要用户的权限以及设置控制级别。

（7）"远程桌面服务配置文件"选项卡：可以设置终端服务配置文件的路径、终端服务主文件的路径以及是否允许该用户登录到终端服务器上。

（8）"拨入"选项卡：可设置远程访问的权限，包括拨入和 VPN、验证呼叫方 ID、回拨选项以及分配静态 IP 地址和应用静态路由。

2. 本地组账户的创建和管理

1）创建本地组账户

本地组也是在独立服务器或者成员服务器等计算机的"本地安全账户数据库"内创建的。计算机启动后，用管理员账户登录后，单击"开始"|"服务器管理器"|"工具菜单"|"计算机管理"，打开计算机管理控制台。展开"本地用户和组"项，单击"组"子项，可看到中间侧窗格中显示的系统内置的本地组账户，如图 2-21 所示。

步骤一　在图 2-21 左侧窗格中右击"组"或者在中间窗格空白位置右击，在弹出的菜单中选择"新建组"后出现如图 2-22 所示对话框。

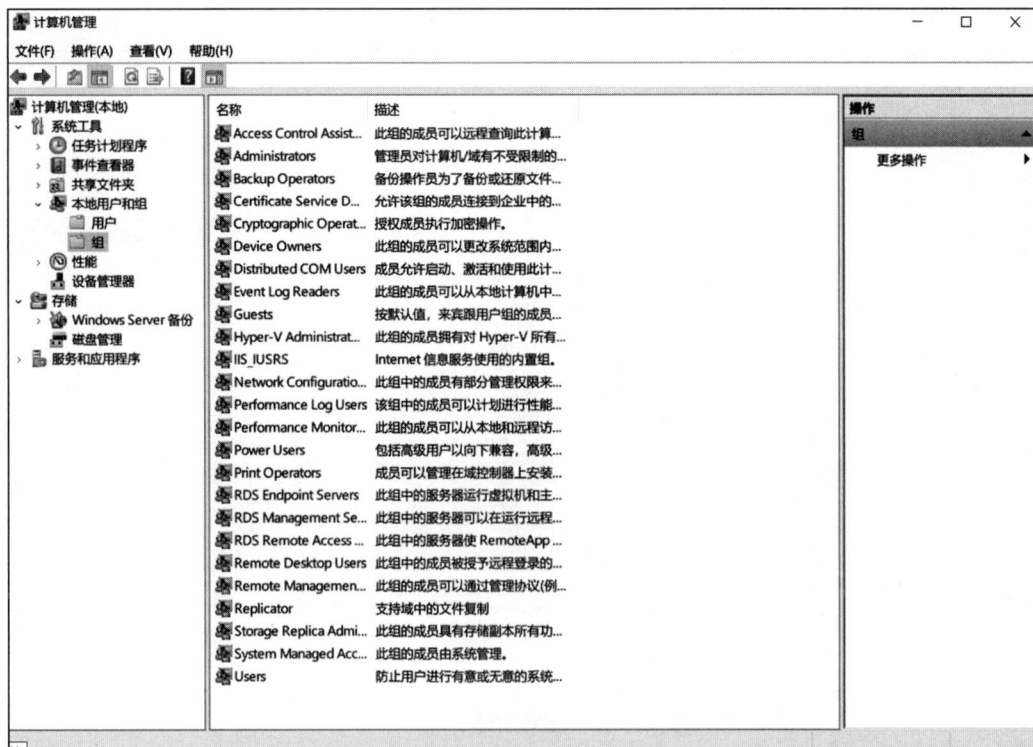

图 2-21　内置的本地组账户

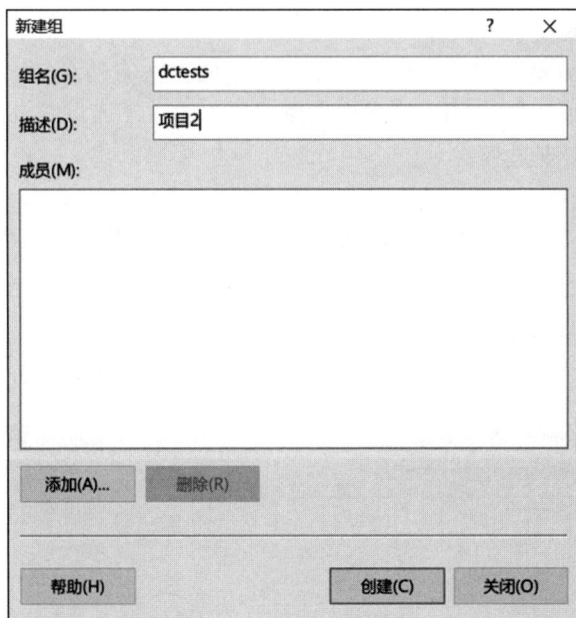

图 2-22　新建本地组

步骤二 输入组名和描述信息后单击"创建"按钮返回新建组对话框。组创建完成后打开计算机管理控制台能看到 dctests，如图 2-23 所示。

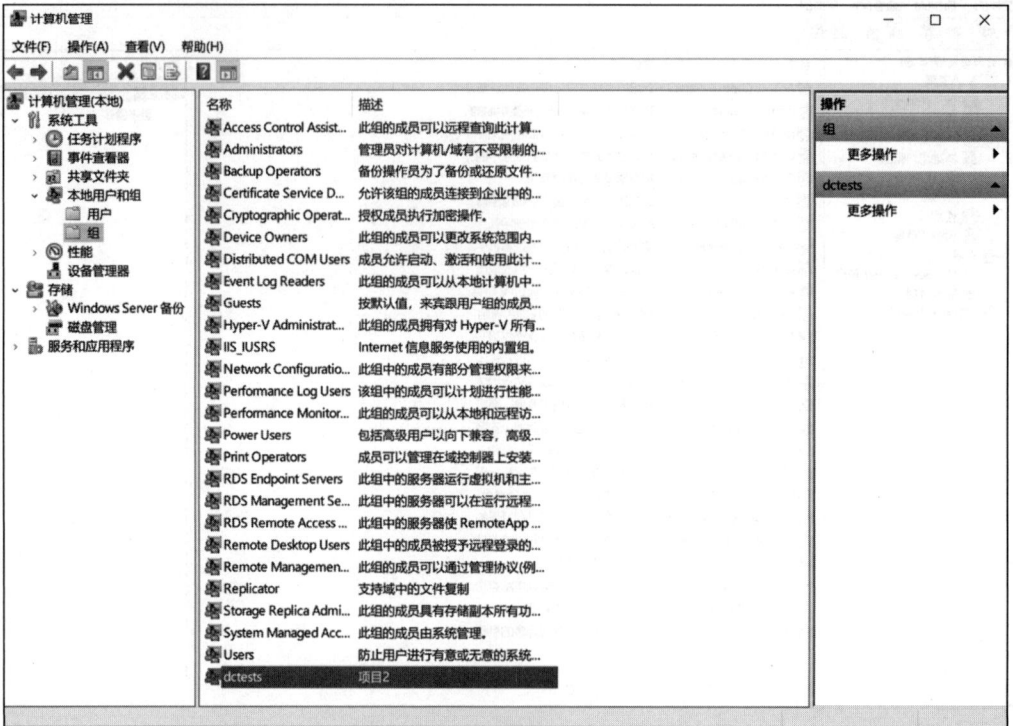

图 2-23 新建的本地组账户 dctests

2）添加本地组成员

组创建成功后，需要添加组成员。添加组成员的方法有两种，一是在组中添加账户；二是修改用户的"隶属于"选项卡，使用户隶属于某个组。下面以在 dctests 组中添加成员 dc_admin 为例介绍实现过程。

【方法一】

步骤一 在图 2-22 中单击"添加"按钮，出现图 2-24 所示对话框，直接输入用户名

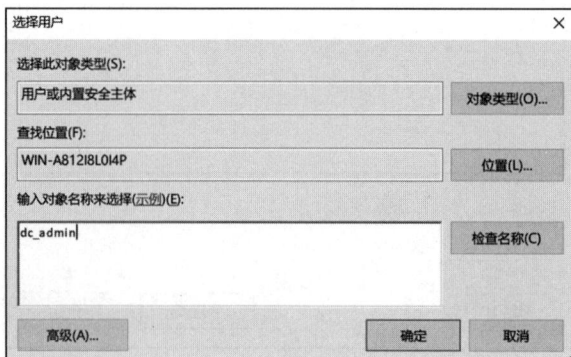

图 2-24 直接输入用户账户

dc_admin,单击"确定"按钮完成操作。如果不确定名称,可单击"高级"按钮查找后添加,如图 2-25 所示。

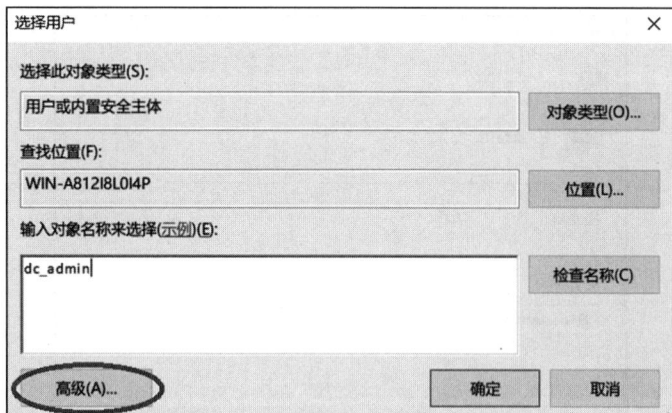

图 2-25　单击"高级"按钮查找用户

步骤二　单击"高级"按钮,出现图 2-26 所示对话框,如果记得组名就直接输入组名,单击"确定"按钮即可,也可以单击图 2-26 中的"立即查找"按钮。

步骤三　在图 2-27 所示对话框中,在搜索到结果后选中 dc_admin 账户后单击"确定"按钮。

图 2-26　单击"立即查找"按钮

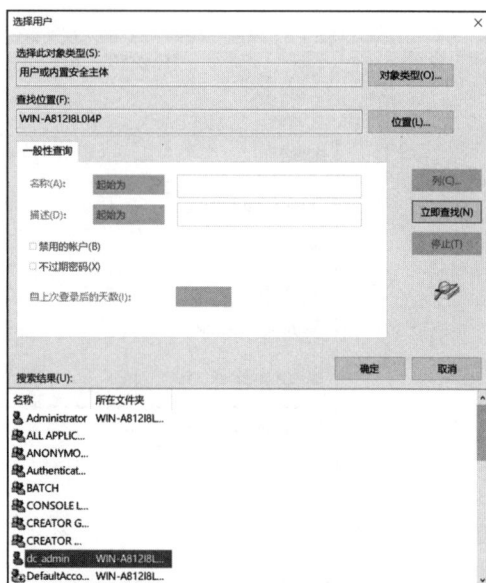

图 2-27　选中 dc_admin 后单击"确定"按钮

步骤四　在图 2-28 所示对话框中看到组成员列表中出现 dc_admin 用户,表明组成员添加成功。

【方法二】

在 dc_admin 账户属性"隶属于"选项卡中单击"添加"|"高级"按钮立即查找,可以看

到此处的查找对象类型为"组"。查找到组 dctests 后单击"确定"按钮，显示如图 2-29 所示界面，单击"确定"按钮完成操作。

图 2-28　组成员添加成功后的成员列表

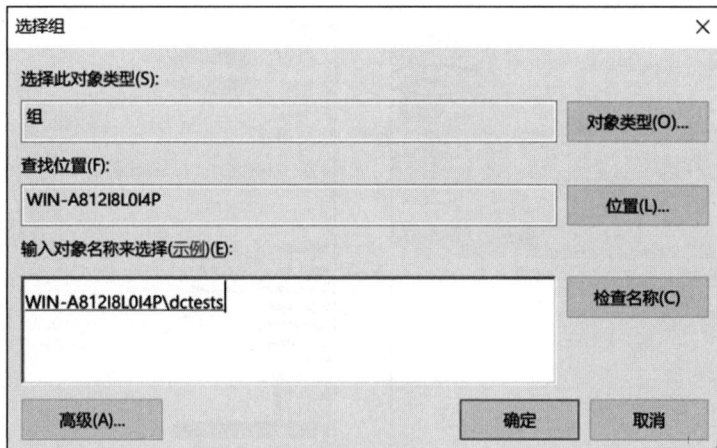

图 2-29　查找组

将账户 dc_admin 添加到组 dctests 后，发现账户 dc_admin 的"隶属于"选项卡发生了变化，如图 2-30 所示。

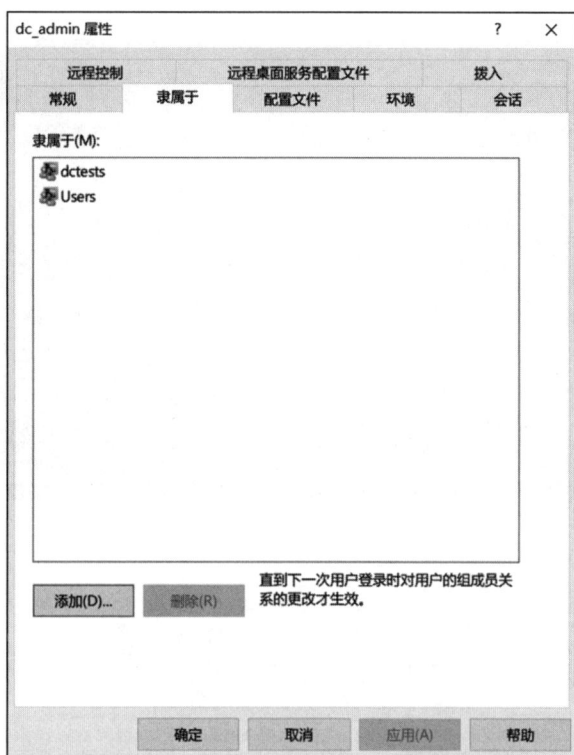

图 2-30　添加到组后的"隶属于"标签

2.3.4　实现网络的连通

服务器安装完成后需要接入网络，在正式为网络中的客户提供服务前，需要检查网络配置参数是否正确，并测试与网络的连通性。一般可以在命令提示符下通过输入一些简单的网络命令完成此项工作。

实现网络的
连通

1. 查看或重新设置网络参数

运行"开始"|Windows PowerShell 命令，打开命令提示符窗口，在提示符后输入 ipconfig/all 命令，显示计算机的所有网络配置参数，如图 2-31 所示。在显示的内容中，除了可以看到物理地址（Physical Address）、是否使用 DHCP 功能（DHCP Enable）、IP 地址（IP Address）、子网掩码（Subnet Mask）、默认网关（Default Gateway）和 DNS 服务器（DNS Servers）等网络适配器配置信息之外，还可以看到其他的一些辅助信息，如主机名（Host Name）、主 DNS 后缀（Primary DNS Suffix）、节点类型（Node Type）、能否 IP 路由（IP Routing Enabled）和能否 WINS 代理（WINS Proxy Enabled）等 Windows IP 的配置信息。

在网络中不允许出现重复 IP 地址，如果本计算机设置的 IP 地址与网络上现有的计算机的 IP 地址相同，则系统会提示出现冲突，如图 2-32 所示。

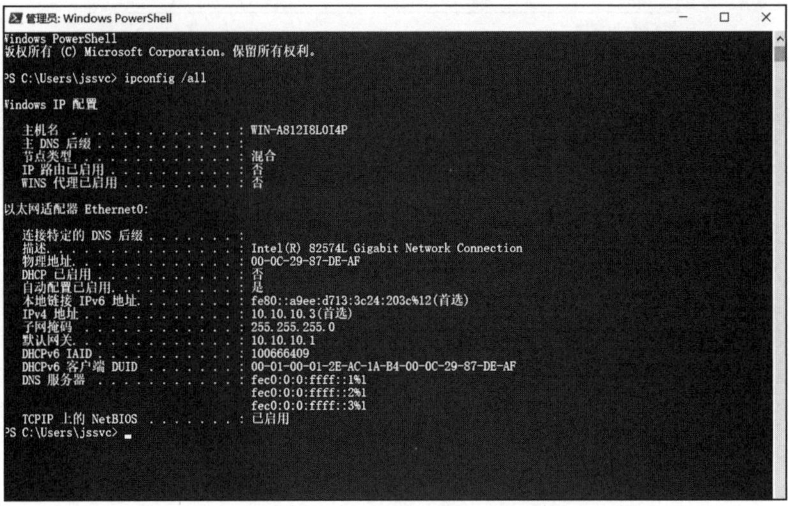

图 2-31   ipconfig /all 命令显示所有网络配置参数

图 2-32   IP 地址冲突提示

2. 修改网络参数

步骤一   运行"开始"|"控制面板"|"网络和共享中心"，如图 2-33 所示。

图 2-33   网络和共享中心

步骤二　单击"Etherneto"选项,打开"Etherneto 状态"对话框,如图 2-34 所示。

步骤三　单击"属性"按钮,在"常规"选项卡中选择"Internet 协议版本 4(TCP/IPv4)属性",如图 2-35 所示。在此可以看到 IP 地址、子网掩码、默认网关、首选 DNS 服务器和备用 DNS 服务器等网络配置参数的内容。

步骤四　如图 2-35 所示设置网络参数。

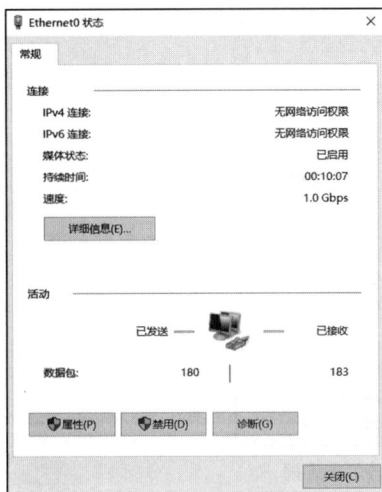

图 2-34　网络属性

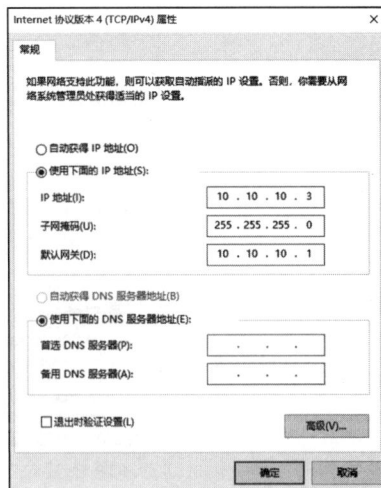

图 2-35　"Internet 协议(TCP/IPv4)属性"对话框

3. 配置工作组网络

步骤一　设置计算机名称和工作组。右击"我的电脑",选择"属性",打开系统属性窗口,如图 2-36 所示。

图 2-36　系统属性

在图 2-36 中，单击"更改设置"按钮，把计算机名改成 clinet，工作组改为
WORKGROUP，如图 2-37 所示。

图 2-37 "计算机名/域更改"对话框

步骤二 登录另一台计算机，把计算机名改成 dc2，工作组改为 WORKGROUP，如
图 2-38 所示。同时修改 dc2 的网络设置，如图 2-39 所示，此时计算机 client 和 dc2 在同
一个网络内互联。

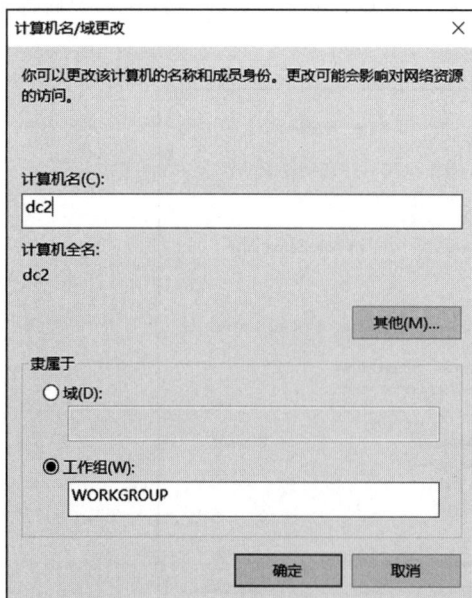

图 2-38 更改计算机名/域

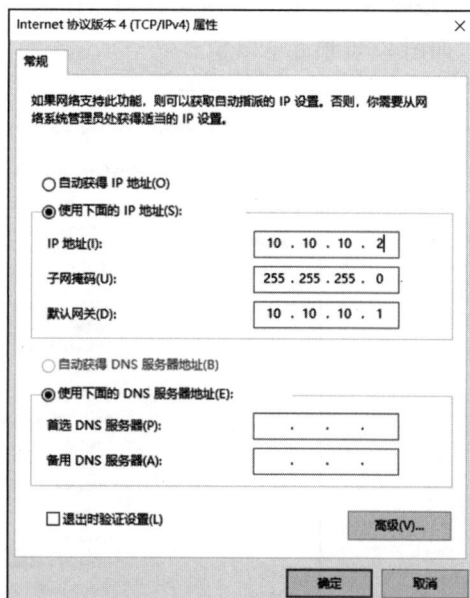

图 2-39 dc2 的网络设置

步骤三 测试网络连通性。通过 ping 命令查看本服务器与网络是否能与网络中的其他节点通信,如网关,这是服务器进行后续配置的一个基本前提。

登录 client,运行"开始"| Windows PowerShell,在提示符后输入 ping 10.10. 10.2,查看与 dc2 的连通性。如果有"来自 10.10.10.2 的回复:字节 = 32 时间<1ms TTL = 128"的类似返回信息,则说明能够与网关连通,如图 2-40(a)所示;如果出现 Request time out 或"无法访问目标主机",说明该主机不存在或者未在线,如图 2-40(b)所示;如果出现 Destination Host Unreachable 等字样,说明本机无法到达目的地。

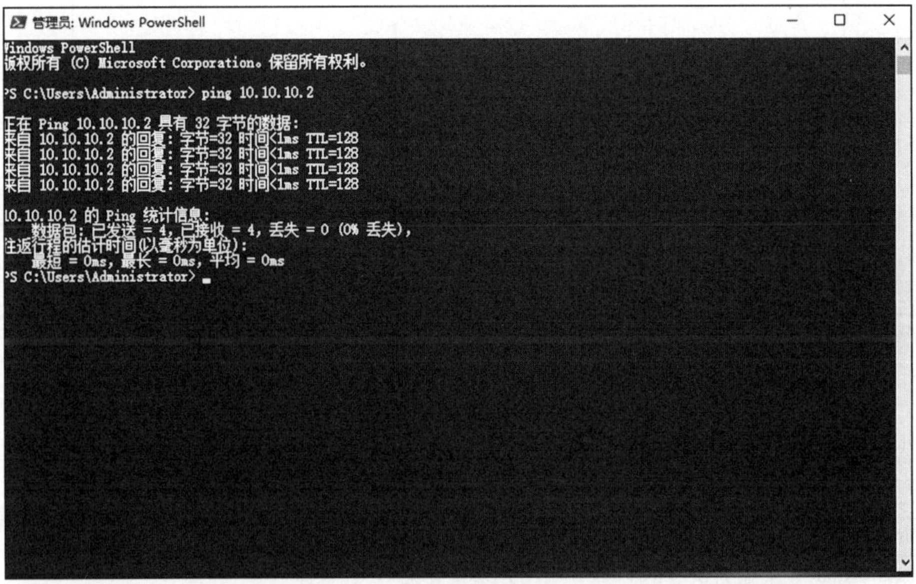

(a)

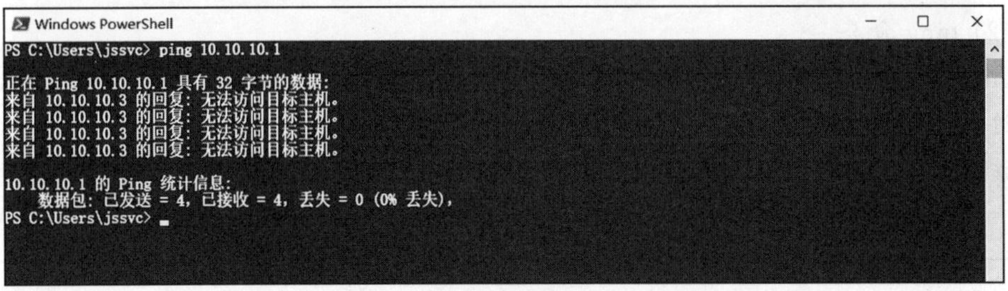

(b)

图 2-40 通过 ping 命令测试与网关的连通性

步骤四 访问工作组主机,打开"我的电脑",在地址栏处输入\\dc2,可以看到 dc2 的共享文件,如图 2-41 所示。共享文件夹的设置详见项目 4。

提示:网络连通测试的基本命令如下。

(1) ipconfig 命令

ipconfig 命令可以用来检查本机的 TCP/IP 网络配置参数,如 IP 地址、子网掩码、默认网关、网卡的物理地址的参数信息。

该命令的基本格式是:ipconfig [参数]。其主要的参数及其功能如表 2-5 所示。

61

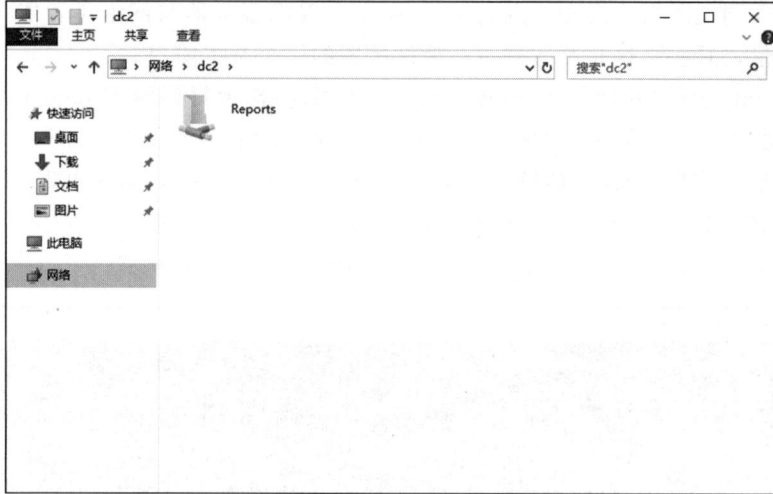

图 2-41 访问共享文件

表 2-5 ipconfig 命令参数及功能

命令参数	功　　能
无	显示所有网络接口的基本网络配置信息，包括 IP 地址、子网掩码、默认网关
/all	显示所有网络接口的完整的网络配置信息，包括主机名、物理地址、DHCP 是否开启、IP 地址、子网掩码、默认网关、DNS 等
/renew	为指定的网络适配器续订 IP 地址
/flushdns	刷新 DNS 解析器缓存
/registerdns	刷新所有的 DHCP 租约并重新登记 DNS 名称

（2）ping 命令

ping 命令是用于检查网络连通性的命令工具，它可以判断目的主机是否可达，也可以通过其 ICMP 的回应消息初步判断网络的当前状况，如是否拥塞。

该命令的基本格式：ping IP 地址/主机名，其主要的参数及其功能如表 2-6 所示。

表 2-6 ping 命令参数及功能

命令参数	功　　能
−t	连续向指定主机发送 ICMP 消息，直到将其中断，如 Ctrl＋C 组合键中断命令
−a	将 IP 地址解析到主机名
−n count	发送 ICMP 的 echo 请求数量，默认 count 的值是 4
−l size	发送指定数据长度的 echo 报文，默认 size 的值为 64Bytes

（3）nslookup 命令

nslookup 命令可以允许通过 IP 地址查找节点的 DNS 主机名，或者通过 DNS 主机名查找其 IP 地址。它可以验证主机的配置是否正确，也可以解决 DNS 的解析问题。

该命令的基本格式为：nslookup 主机名/IP 地址。

2.3.5 环境变量的设置与管理

Windows Server 2019 操作系统中,环境变量用来指定操作系统和应用软件运行环境的一些参数。环境变量的设置可以影响系统如何运行应用程序、如何查找文件、如何分配内存空间等操作方式。

1. 查看系统中的环境变量

(1) 查看当前系统的环境变量。打开"系统属性"对话框,选择"高级"选项卡,如图 2-42 所示,单击"环境变量"按钮,打开"环境变量"对话框,如图 2-43 所示。

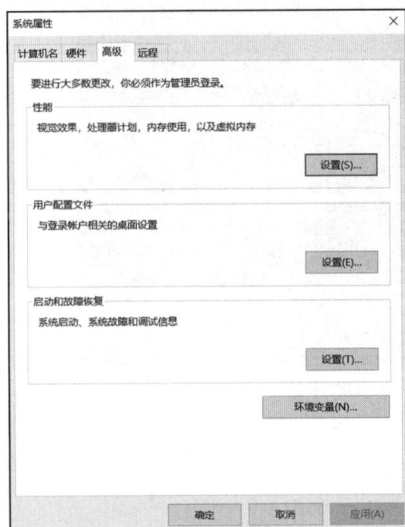

图 2-42 系统属性—高级

图 2-43 环境变量

(2) 在当前用户(如 Administrator)的用户变量的环境变量列表中,可以查看与该用户相关的环境变量,在此新建、编辑或删除这些环境变量将不影响其他用户。

(3) 在系统变量环境变量列表中,也可以新建、编辑和删除这些环境变量,但是删除之后将影响系统中所有与该变量相关的对象。

除了上述方法查看环境变量之外,还可以通过更简捷的命令方式查看系统中的环境变量。单击"开始"菜单,选择 Windows PowerShell,输入 cmd 命令,在命令提示符窗口中输入 set 命令即可查看当前系统中的环境变量,如图 2-44 所示。

图 2-44 中,每行有一个环境变量,"="号左边是环境变量名称,右边是该变量的值,如"ALLUSERSPROFILE"是环境变量名,"C:\ProgramData"是该变量的值。

2. 环境变量的新建、编辑和删除

1) 建立用户变量和系统变量

在环境变量对话框中,为当前用户(如 Administrator)建立环境变量 uRoot = "C:\

63

Documents and Settings\All Users"。在 Administrator 的用户变量下单击"新建"按钮，输入变量名为 uRoot，变量值为 C：\Documents and Settings\All Users，单击"确定"按钮，即可建立该用户环境变量，如图 2-45 所示。

图 2-44　通过 set 命令查看当前系统中的环境变量

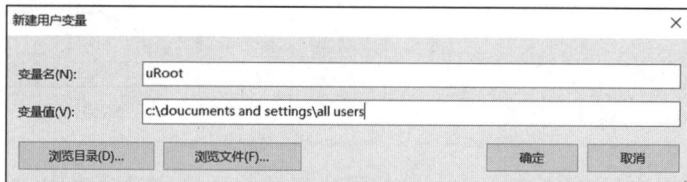

图 2-45　新建用户变量

同样，新建系统变量 sRoot＝"C：\Windows"，在系统环境变量的列表下单击"新建"按钮，输入变量名为 sRoot，变量值为 C：\Windows 即可，如图 2-46 所示。

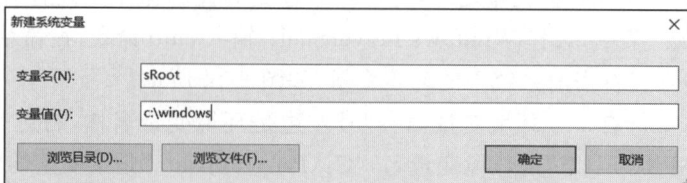

图 2-46　新建系统变量

2）编辑环境变量

如需要更改某个环境变量的值，则可以选中所要更改的环境变量，单击"编辑"按钮，修改完成后单击"确定"按钮即可。

3）删除环境变量

如果需删除某个环境变量,则选择该环境变量后单击"删除"按钮即可删除该变量。

3. 环境变量的使用

使用环境变量时,需要在环境变量的前后分别加上%,如已经建立的环境变量uRoot,在使用时可以用%uRoot%来表示,如图 2-47 所示。

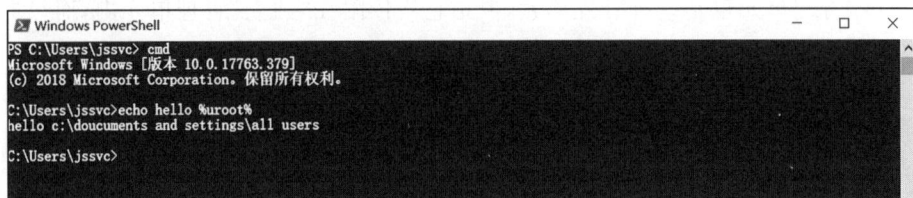

图 2-47　环境变量的使用

2.3.6　MMC 控制台的建立

MMC 控制台可以将工作中一些常用的管理工具添加进来,进行集中管理操作,从而提高管理的效率。

1. MMC 控制台的基本介绍

建立 MMC 控制台

MMC 控制台是微软公司一个提供统一管理界面的工具,它能让系统管理更为方便,其界面组成如图 2-48 所示。它的窗口左边的窗格是添加的管理工具列表,又称"控制台树",中间是这些管理工具具体内容的"详细信息窗格"。

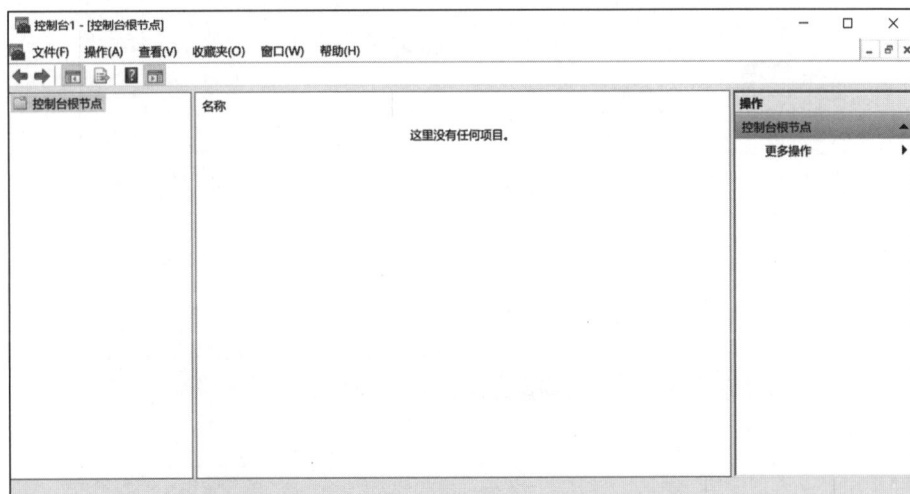

图 2-48　MMC 控制台

65

MMC 控制台有两个主要的组件。

1）独立管理单元

在 MMC 控制台中可以添加许多具有系统管理功能的管理工具，这些管理工具就是独立管理单元，如"计算机管理""Active Directory 用户和计算机"等。它们可以独立完成系统的某些管理任务，用户可以通过 MMC 控制台使用这些管理工具对系统进行管理，但 MMC 本身不具有系统管理的功能。

2）"扩展"管理单元

"扩展"管理单元也是一种管理单元，但是它不依附在"独立"管理单元内，而只提供了独立管理单元的一些额外功能，如"事件查看器""服务"等扩展管理单元。

2. 建立 MMC 控制台文件

按 Windows＋R 组合键，出现运行对话框，在运行对话框中输入 mmc 命令，打开一个空的 MMC 控制台窗口。此时左边控制台树中有一个"控制台根节点"，没有其他任何内容，即一个空白容器，需要用户自己添加所需要的管理工具。

提示：MMC 控制台文件名以 .msc 为扩展名，保存后，默认在管理工具中可以找到该控制台文件并将其打开。

3. 添加管理工具至 MMC 控制台

某些管理工具并不局限于管理本地的计算机，还可以为远程的计算机提供管理服务，因此，在添加这些工具到 MMC 控制台时，需要进行选择。添加"计算机管理"功能的步骤如下。

步骤一 在 MMC 控制台窗口中，单击"文件"|"添加/删除管理单元"，打开添加或删除管理单元对话框，如图 2-49 所示。

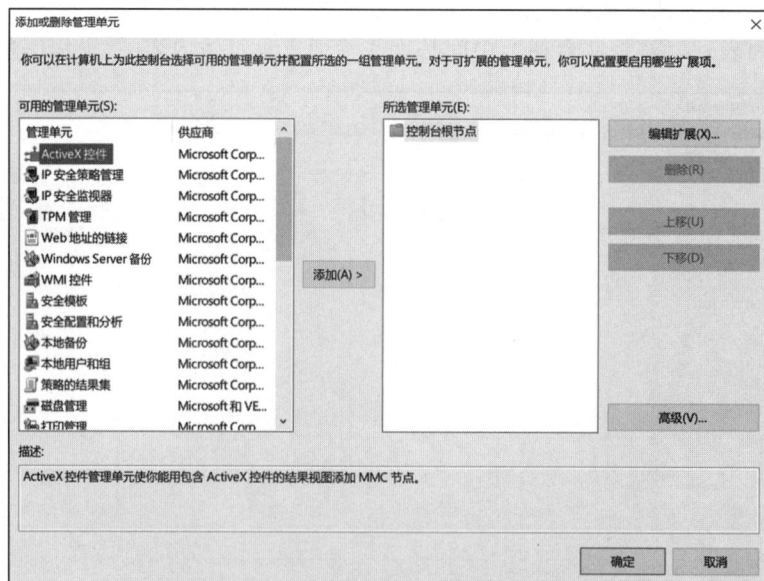

图 2-49 "添加或删除管理单元"对话框

步骤二　在"可用的管理单元"列表中选择其中一个管理工具（如"计算机管理"），单击"添加"按钮，选择需要管理单元管理的计算机。该管理工具有两个选项，即"本地计算机（运行这个控制台的计算机）"或"另一台计算机"两个选择，如图 2-50 所示。

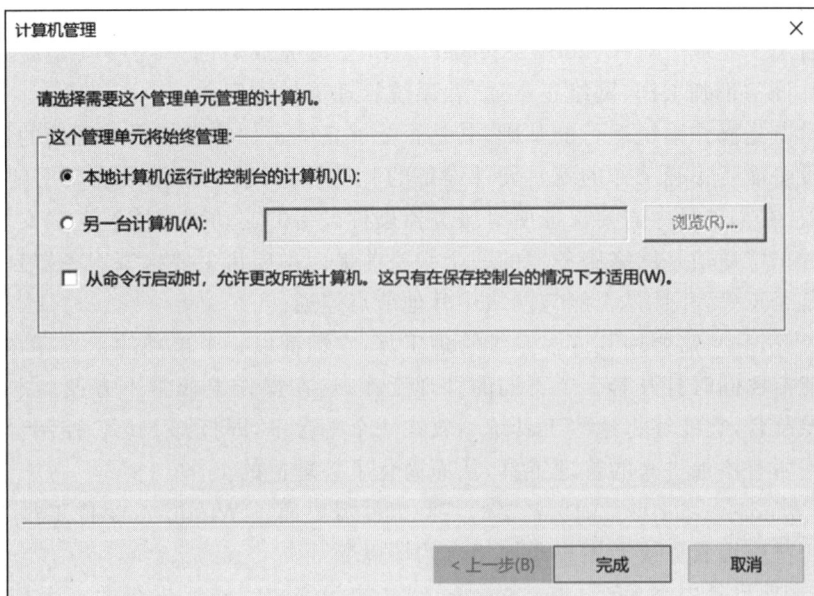

图 2-50　选择需要管理单元管理的计算机

步骤三　选择"本地计算机（运行这个控制台的计算机）"，单击"确定"按钮，则该管理工具将管理本地计算机。

步骤四　如果选择"另一台计算机"，在文本框中输入远程计算机的名称或 IP 地址，也可以通过浏览按钮找到需要管理的远程计算机后，单击"确定"按钮，打开运行身份对话框，如图 2-51 所示。输入有权限的用户名称和密码之后即可运行该计算机。

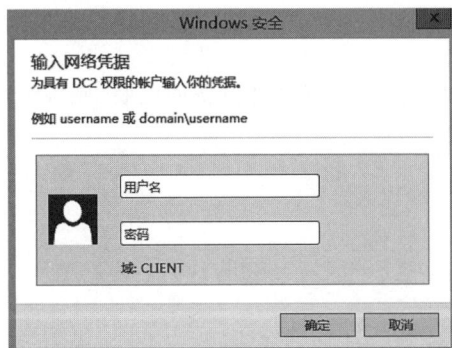

图 2-51　远程管理计算机

步骤五　计算机管理工具添加完成后，还可以继续添加其他管理工具。添加完毕后，在 MMC 控制台窗口中，单击"文件"|"保存"按钮，输入控制台文件名称后保存。

2.4 项目验收总结

本项目主要完成了对 Windows Server 2019 安装完成后的系统环境配置，核心的任务是让硬件设备正确工作、网络正常通信、系统管理更加方便。

硬件设备是操作系统运行的基础，其是否能够正确工作将直接影响系统的稳定性，而决定硬件设备能否正确工作的就是硬件设备的驱动程序，它是操作系统调用硬件设备的接口。因此，在本项目中需要保证所有服务器硬件设备的驱动程序能够正确安装。

网络的正常通信是网络服务器的一个必要前提。本项目主要检查服务器自身的网络配置参数是否正确，并且是否能与网络中其他节点连通。

在系统管理中，需要用到许多系统管理工具，它们都以一个单独的工具存在，因此，在管理时可能需要同时打开若干个不同的管理工作，这在操作上非常不方便。本项目建立了 MMC 控制台，它能够将这些工具统一放在一个平台中，即打开 MMC 控制台一个窗口就可以使用所有添加进来的管理工具，从而简化了管理员的工作。

另外，Windows Server 2019 需要的某些组件需要通过 Windows 组件工具手工添加，还需要为一些应用服务或者用户添加相应的环境变量。

总之，本项目是围绕 Windows Server 2019 初始安装完成后进行的一系列环境配置工作，目的是让它能够更好地运行以及更方便地管理。

2.5 项目巩固及拓展训练

2.5.1 硬件设备的安装

1. 实训目的

了解服务器的基本硬件设备，掌握硬件设备的安装、硬件故障的判断及修复方法。

2. 设备和工具

计算机及相关硬件。

3. 实训内容及要求

（1）添加新的硬件设备并完成驱动程序的安装，如利用添加硬件向导为 Windows Server 2019 添加微软公司的虚拟环回接口网络适配器 Microsoft Loopback Adapter。

（2）卸载不必要的硬件设备，如声卡等。

（3）禁用某些硬件设备，如网络适配器。

4. 实训总结

分析物理网络适配器和 Loopback 网络适配器的差别,总结其在网络环境中的作用。

2.5.2　创建及管理本地用户账户和组账户

1. 实训目的

掌握 Windows Server 2019 本地用户的创建、账户属性的设置、本地组的创建和本地组的管理等。

2. 设备和工具

VMware 虚拟机软件、已配置 Windows 10 的计算机 1 台。

3. 实训内容及要求

(1) 创建本地组"技术部"和本地用户 manager、staff。

(2) 将 manager 隶属于 Administrators,将 staff 隶属于技术部。

(3) 分别用 manager、staff 登录,查看用户权限有何不同。

4. 实训总结

本实训完成本地用户和本地组的创建以及属性的设置,掌握本地用户的登录方式以及用户和组的权限设置。

2.5.3　网络通信测试

1. 实训目的

了解网络测试的基本命令,掌握网络配置参数的查看、配置方法,熟悉利用命令判断网络的故障。

2. 设备和工具

ipconfig 命令、ping 命令、nslookup 命令。

3. 实训内容及要求

(1) 用 ipconfig 命令查看网络配置参数,并解释其具体含义,同时判断该配置是否正确。

(2) 用 ping 命令测试与网络中某台计算机(如 NetBIOS 名、IP 地址或 DNS 域名)是否连通。

69

4. 实训总结

比较网络配置命令与菜单操作的区别,分析每个网络配置命令的使用场合、命令的作用以及命令产生的结果。

2.5.4 建立 MMC 控制台

1. 实训目的

了解 MMC 控制台的基本作用,掌握 MMC 控制台文件的建立及其管理工具的添加方法。

2. 设备和工具

mmc 命令及 MMC 控制台工具。

3. 实训内容及要求

(1)添加计算机管理工具,对本机及能够连通的计算机进行管理。

(2)以非管理员的账户登录,并建立 MMC 控制台,添加"本地用户和组"独立管理单元,保存后以管理员的身份运行该控制台,然后添加一个新的用户。

4. 实训总结

总结利用 MMC 控制台进行网络管理的优点,分析本地、远程计算机管理工具添加和使用方法的区别。

2.6 课后习题

一、选择题

1. 下面不属于系统内置的本地组账户是( )。
   A. Administrators　　　B. Users　　　C. Guests　　　D. Domain users
2. 测试网络连通的命令是( )。
   A. ping　　　　　　　B. ipconfig　　　C. nslookup　　D. cmd

二、填空题

1. Windows 系统中,_____提供了一个统一的管理界面,让系统的工作更加容易,它以_____为扩展名保存。
2. Windows Server 2019 中新建的用户默认属于_____组。
3. Windows Server 2019 中超级用户的名字是_____。

4. 在命令符状态下用_____显示环境变量 PATH 的值。

5. Windows Server 2019 中用户分为_____和_____两种。

三、问答题

1. 添加一个新的硬件设备一般需要哪些步骤？

2. 什么是网络协议？目前在网络互联中常用的网络协议有哪些？

3. 系统环境变量的作用是什么？在哪些场合下需要使用环境变量？

4. MMC 管理控制台的主要功能是什么？

项目 3　NTFS 文件系统管理

◆ 内容结构图

NTFS 文件系统管理包括设置 NTFS 权限以保护文件系统的安全、使用加密文件系统保障文件的安全、设置磁盘配额以限制用户对磁盘的使用、压缩磁盘数据达到节省磁盘空间的目的等。

完成该典型任务的过程中所需的理论知识和实施步骤如图 3-1 所示。

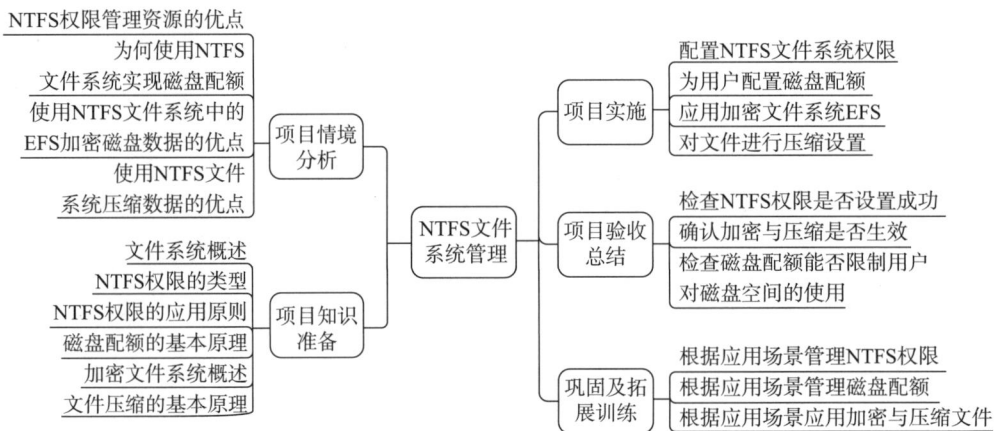

图 3-1　完成 NTFS 文件系统管理所需知识结构和实施步骤

3.1　项目情境分析

存放在服务器上文件的安全对一个公司非常重要，尤其是一些重要的业务系统如财务系统，文件的安全可靠极为重要，如果损坏可能给公司带来很大的麻烦。Windows Server 2019 操作系统的 NTFS 文件系统具有安全、可靠的特性，能够为公司解决文件管理以及磁盘管理等方面的安全问题。

JSSVC 公司企业服务器 E 分区上有一个财务部门专用的文件夹"财务报表"用来存放各个季度的财务报表。为了提高文件的安全性能和磁盘空间的利用率，公司希望利用 NTFS 文件系统的文件管理功能，在 Windows Server 2019 服务器操作系统中，采用 NTFS 权限设置、EFS(Encrypting File System，加密文件系统)设置以及磁盘配额设置保障该文件夹的安全,并提升所在磁盘的性能,同时节省相应的磁盘空间。

◇ 项目目标

本项目利用 NTFS 权限和文件加密技术提高数据安全性和数据存储有效性,利用磁盘配额提高磁盘空间利用率,项目的实施流程如图 3-2 所示。

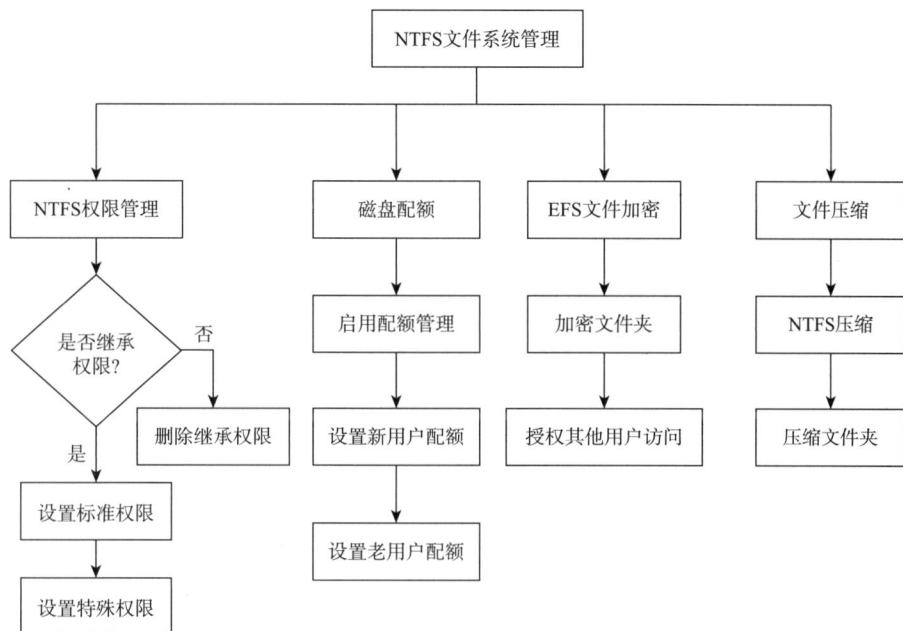

图 3-2　项目实施流程图

1. 使用 NTFS 权限管理资源

通过设置标准 NTFS 权限和特殊 NTFS 权限使不同的用户对文件或文件夹具有不同的访问权限,以提高文件系统的安全性。具体设置如下。

企业服务器 E 分区上有一个财务部门专用的文件夹"财务报表",用来存放各个季度的财务报表。该文件夹具有以下特点。

(1) 普通员工没有任何权限。

(2) Managers 组(包含 wanglin 和 wuyan 两个用户)具有"读取＋运行"权限,不能修改、写入,但可以删除。

(3) Accountants 组(包含 guojing 和 zhangyan 两个用户)具有"修改权限"。

(4) Administrators 组可以完全控制。

(5) 用户 wanglin 具有所有权。

2. 使用 NTFS 文件系统实现磁盘配额

通过磁盘配额管理,限制用户对 NTFS 分区上磁盘空间的使用,提高磁盘空间的利

73

用率。对企业服务器 E 分区进行磁盘配额的管理，具体设置如下。

（1）限制新用户的最大空间为 500MB，警告级别为 400MB。

（2）限制 Managers 组中用户 wuyan 的最大空间为 800MB，警告级别为 600MB。

（3）限制 Accountants 组中每个用户的最大空间为 600MB，警告级别为 500MB。

（4）记录用户超过配额警告级别和超过配额限制的事件。

3. 使用 NTFS 文件系统中的 EFS 加密磁盘上的数据

通过 EFS 文件加密系统，可以对 NTFS 分区上的文件和文件夹进行加密，保障文件的安全。具体设置如下。

（1）管理员对服务器文件夹“E:\财务报表\二季度”进行加密，并将更改应用于该文件夹、子文件夹和文件。

（2）用户 wanglin 能够访问加密后的文件“E:\财务报表\二季度\test. txt”。

4. 使用 NTFS 文件系统压缩数据

通过 NTFS 压缩功能，可以节省一定的硬盘使用空间。具体设置：对服务器文件夹“E:\财务报表\历史报表”进行压缩，并将更改应用于该文件夹、子文件夹和文件。

3.2　项目知识准备

3.2.1　文件系统概述

1. 文件系统

操作系统中负责管理和存储文件信息的软件机构称为文件管理系统，简称文件系统。文件系统由三部分组成：与文件管理有关的软件、被管理的文件以及实施文件管理所需的数据结构。从系统角度来看，文件系统是对文件存储器空间进行组织和分配，负责文件的存储并对存入的文件进行保护和检索的系统。具体来说，它负责为用户建立文件，存入、读出、修改、转储文件，控制文件的存取，当用户不再使用时撤销文件等。

任何一个新的磁盘分区必须格式化为合适的文件系统后才可以安装 Windows Server 2019 并存储数据。新建 Windows Server 2019 的磁盘分区后，安装程序会要求用户选择文件系统，以便格式化该磁盘分区。Windows Server 2019 支持 FAT、FAT32 和 NTFS 三种文件系统。

2. 常见文件系统的比较

FAT（文件分配表）是可以供 MS-DOS 及其他 Windows 操作系统对文件进行组织与管理的文件系统。Windows 将与文件相关的信息存储在 FAT 中，供以后获取文件时使用。

　　FAT32 是一种从文件分配表(FAT)派生出的文件系统。与 FAT 相比,FAT32 能够支持更小的簇以及更大的容量,从而能够在 FAT32 卷上更加高效地分配磁盘空间。

　　NTFS(New Technology File System,新技术文件系统)是随着 Windows NT 操作系统产生的,并随着 Windows NT4 跨入主力分区格式的行列。它的优点是安全性和稳定性均极为出色,在使用中不易产生文件碎片。NTFS 分区对用户权限做出了非常严格的限制,每个用户只能按照系统赋予的权限进行操作,任何试图越权的操作都将被系统禁止。同时,它还提供了容错结构日志,可以将用户的操作全部记录下来,从而保护了系统的安全。但是 NTFS 分区格式的兼容性不好,特别是对早期使用很广泛的 Windows 98 SE/Windows ME 系统,还需借助第三方软件才能对 NTFS 分区进行操作。Windows 2000、Windows XP、Windows 2003、Windows 7、Windows 8、Windows 10、Windows 2008、Windows 2012 等基于 NT 技术,提供了完善的 NTFS 分区格式支持。

　　表 3-1 列出了三种文件系统与各操作系统之间的关系,以及各文件系统所支持的磁盘分区容量与文件大小,可为用户在选择文件系统时提供参考。

表 3-1　常见文件系统的比较

文件系统	支持的操作系统	磁盘分区容量	文件大小
FAT	MS-DOS、所有 Windows 级的操作系统、OS/2	最大 4GB	最大 2GB
FAT32	Windows 95 OSR2、Windows 98、Windows ME、Windows 2000、Windows XP、Windows 2003、Windows 7、Windows 8、Windows 10、Windows 2008、Windows 2012、Windows 2016、Windows 2019	最大可达 2TB。不过利用 Windows Server 2012 最大只能够格式化到 32GB	最大 4GB
NTFS	Windows NT、Windows 2000、Windows XP、Windows 2003、Windows 7、Windows 8、Windows 10、Windows 2008、Windows 2012、Windows 2016、Windows 2019	最大可达 2TB	最大可达 16TB～64KB

3. NTFS 特性与作用

　　在安装 Windows Server 2019 系统时,默认安装的磁盘分区为 NTFS 分区。当然 Windows Server 2019 也支持 FAT 和 FAT32 分区,但是为什么 Windows Server 2019 默认采用 NTFS 分区呢? 因为 NTFS 文件系统具有 FAT 和 FAT32 所没有的功能,以下仅列出部分功能。

　　(1) 文件权限的设置:可以增强数据的安全性。

　　(2) 文件压缩:可以节省磁盘空间。

　　(3) 文件加密:可以增强数据的安全性。

　　(4) 磁盘配额:可以帮助管理员监控每个用户的磁盘使用空间。

　　(5) 域与活动目录:让网络资源的管理与使用更为容易。

（6）审核文件资源的使用情况：可以跟踪用户访问文件的情况。

NTFS 文件系统与 FAT 文件系统相比最大的特点是安全，NTFS 提供了服务器或工作站所需的安全保障。在 NTFS 分区上，支持随机访问控制和拥有权，对共享文件夹，无论采用 FAT 还是 NTFS 文件系统都可以指定权限，避免受到本地访问或远程访问的影响。对于在计算机上存储文件夹或单个文件，或者是通过连接到共享文件夹访问的用户，都可以指定权限，使每个用户只能按照系统赋予的权限进行操作，充分保护了系统和数据的安全。NTFS 使用事务日志自动记录所有文件夹和文件更新，当出现系统损坏和电源故障等问题引起操作失败后，系统能利用日志文件重做或恢复未成功的操作。

NTFS 主要的作用体现在以下两个方面。

1）通过 NTFS 许可保护网络资源

在 Windows NT 下，网络资源的本地安全性是通过 NTFS 许可权限实现的。在一个格式化为 NTFS 的分区上，每个文件或者文件夹都可以单独分配到一个许可，这个许可使这些资源具备更高级别的安全性，用户无论是在本机还是通过远程网络访问设有 NTFS 许可的资源，都必须具备访问这些资源的权限。

2）使用 NTFS 对单个文件和文件夹进行压缩

NTFS 支持对单个文件或者目录的压缩。这种压缩不同于 FAT 结构中对驱动器卷的压缩，其可控性和速度都比 FAT 的磁盘压缩好得多。

除了以上两个主要的特点之外，NTFS 文件系统还具有其他的优点，如对于超过 4GB 的硬盘，使用 NTFS 分区可以减少磁盘碎片的数量，大大提高硬盘的利用率；NTFS 可以支持 64GB 大小的文件，远远大于 FAT32 支持的 4GB 大小的文件；支持长文件名等。

> **小贴士**
> 在 Windows Server 2019 中 NTFS 权限只适用于 NTFS 分区，不能用于 FAT 和 FAT32 分区。在 NTFS 分区上的每一个文件和文件夹都有一个列表，被称为 ACL（Access Control List，访问控制列表），该列表记录了每一个用户和组对该资源的访问权限。在 Windows Server 2019 的 NTFS 权限作用下，用户必须获得明确的授权才能访问相应的文件和文件夹。

3.2.2　NTFS 权限的类型

利用 NTFS 权限，可以控制用户账号和组对文件夹和文件的访问。当然，NTFS 权限只适用于 NTFS 磁盘分区，而不能用于 FAT 或 FAT32 文件系统。Windows Server 2019 只为用 NTFS 格式化的磁盘分区提供 NTFS 权限。NTFS 权限分为标准 NTFS 权限和特殊 NTFS 权限两大类。

标准 NTFS 权限可以说是特殊 NTFS 权限的特定组合。Windows Server 2019 为了简化管理，将一些常用的特殊 NTFS 权限组合起来并内置到操作系统中形成标准 NTFS 权限，当需要分配权限时可以通过分配一个标准 NTFS 权限达到一次分配多个特殊 NTFS 权限的目的，从而大大简化了权限的分配和管理。当标准 NTFS 权限没有提供一些特殊需要的 NTFS 权限的组合时,仍然可以通过设定一个特殊 NTFS 权限满足要求。

1. 标准 NTFS 文件权限

对于文件,标准 NTFS 文件权限分别为完全控制、修改、读取和执行、读取、写入等,如图 3-3 所示。

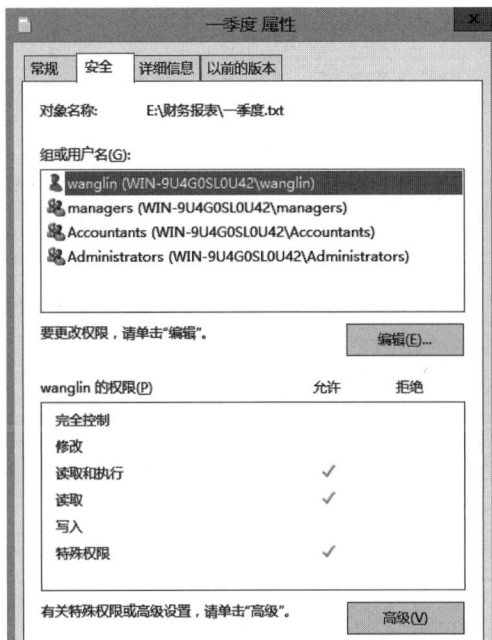

图 3-3　标准 NTFS 文件权限

(1) 完全控制: 它拥有所有 NTFS 权限,可以修改权限、取得所有权等。

(2) 修改: 除了"读取"和"读取和执行"的所有权限外,还具有写入的权限,可以更改文件的数据、删除文件、改变文件名等。

(3) 读取和执行: 除了"读取"的所有权限外,还可以运行应用程序。

(4) 读取: 此权限可以读取文件内的数据,查看文件的属性、所有者、文件的权限等。

(5) 写入: 此权限可以将文件覆盖、改变文件属性、查看文件的所有者、查看文件的权限等,但是不可以直接更改文件内的数据。例如不能利用 Word 直接编辑修改 Word 文档,只能够将该文档整个覆盖。一般跟"读取"权限一起赋予。

> **小贴士**
>
> 如果在查看对象的权限时复选框为灰色,则对象的权限是继承了父对象的权限。

2. 标准 NTFS 文件夹权限

对于文件夹,标准 NTFS 权限分别为完全控制、修改、读取和执行、列出文件夹内容、读取、写入,如图 3-4 所示。

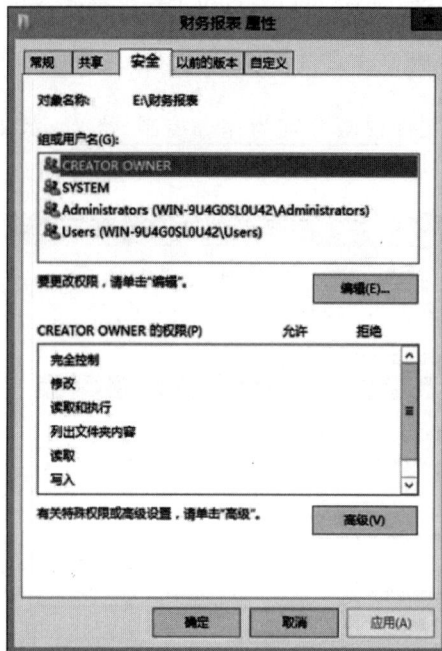

图 3-4　标准 NTFS 文件夹权限

（1）完全控制：它拥有所有 NTFS 权限，可以修改权限、取得所有权等。

（2）修改：除了"读取和执行"和"列出文件夹内容"的所有权限外，还具有写入的权限。可以添加和删除子文件夹、文件，改变子文件夹名等。

（3）读取和执行：拥有读取的所有权限，同时可以运行文件夹下的可执行文件。与"列出文件夹内容"的权限一样，只是在权限的继承方面有所不同，"列出文件夹内容"的权限只由文件夹继承，而"读取和执行"由文件夹和文件同时继承。

（4）列出文件夹内容：此权限除了拥有"读取"的所有权限外，还具有"遍历子文件夹"的权限，但不能在此文件夹下写入（不能创建新对象）。该权限只能被文件夹继承，而不能被文件继承。

（5）读取：此权限可以查看该文件夹内的文件和子文件夹名称，查看文件夹的属性、所有者、文件夹的权限等。

（6）写入：此权限可以在文件夹内添加文件和文件夹，改变文件夹属性、查看文件夹的所有者、查看文件夹的权限等。

小贴士

对于文件和文件夹的标准 NTFS 权限都有一项"特殊权限"，这是为需要进行设置某些区别于标准权限的权限而设置的，在实际应用中很少使用。

3. 特殊 NTFS 权限

特殊 NTFS 权限包含了在各种情况下对资源的访问权限，其规定约束了用户访问资源的所有行为。在图 3-3 或图 3-4 所示的对话框中单击"高级"按钮,在弹出的"访问控制设置"对话框的"权限"标签中单击"查看/编辑"按钮,即可设置特殊的 NTFS 权限,如图 3-5 所示。

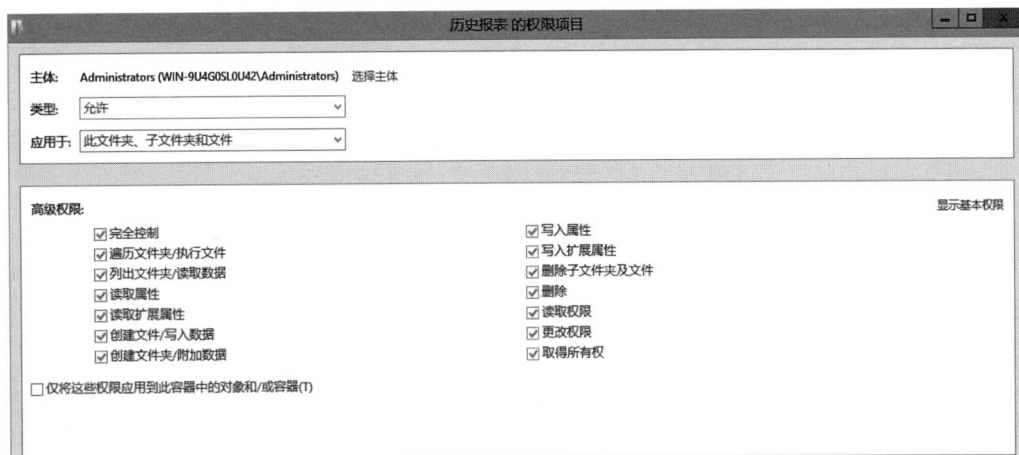

图 3-5　NTFS 特殊权限

对于特殊的 NTFS 权限,只需了解其中两个使用比较频繁的权限:"更改权限"和"取得所有权"。其他的权限大多是组合成标准 NTFS 权限在使用。例如在特殊 NTFS 权限中把标准权限中的"读取"权限分为"读取数据""读取属性""读取扩展属性"和"读取权限"四种更加具体的权限。

下面详细介绍这些特殊 NTFS 权限的功能。

(1) 遍历文件夹/执行文件:"遍历文件夹"可以让用户即使在无权访问某个文件夹的情况下,仍然可以切换到该文件夹内。这个权限设置只适用于文件夹,不适用于文件。只有当组或用户在"组策略"中没有赋予"绕过遍历检查"用户权力时,对文件夹的遍历才会生效。默认情况下,everyone 组具有"绕过遍历检查"的用户权力,所以此处的"遍历文件夹"权限设置不起作用。"执行文件"让用户可以运行程序文件,该权限设置只适用于文件,不适用于文件夹。

(2) 列出文件夹/读取数据:"列出文件夹"允许用户查看该文件夹内的文件名称与子文件夹的名称。"读取数据"允许用户查看文件内的数据。

(3) 读取属性:该权限允许用户可以查看文件夹或文件的属性,例如只读、隐藏等属性。

(4) 读取扩展属性:该权限允许用户查看文件夹或文件的扩展属性。扩展属性是由应用程序自行定义的,不同的应用程序可能有不同的设置。

(5) 创建文件/写入数据:"创建文件"允许用户在文件夹内创建文件;"写入数据"允许用户更改文件内的数据。

(6) 创建文件夹/附加数据:"创建文件夹"允许用户在文件夹内创建子文件夹;"附加数据"允许用户在文件的后面添加数据,但是无法更改、删除、覆盖原有的数据。

(7) 写入属性:该权限允许用户更改文件夹或文件的属性,例如只读、隐藏等属性。

（8）写入扩展属性：该权限允许用户更改文件夹或文件的扩展属性。扩展属性是由应用程序自行定义的，不同的应用程序可能有不同的设置。

（9）删除子文件夹及文件：该权限允许用户删除该文件夹内的子文件夹与文件，即使用户对这个子文件夹或文件没有"删除"的权限，也可以将其删除。

（10）删除：该权限允许用户删除该文件夹与文件。即使用户对该文件夹或文件没有"删除"的权限，只要对其父文件夹具有"删除子文件夹及文件"的权限，就可以删除该文件夹或文件。

（11）读取权限：该权限允许用户读取文件夹或文件的权限设置。

（12）更改权限：该权限允许用户更改文件夹或文件的权限设置。

（13）取得所有权：该权限允许用户读取文件夹或文件的所有权。不论对该文件夹或文件权限是什么，文件夹或文件的所有者永远具有更改该文件夹或文件权限的能力。

小贴士

文件从某文件夹移动到另一个文件夹时，分以下两种情况。

（1）如果移动到同一磁盘分区的另一个文件夹内，仍然保持原来的权限。

（2）如果移动到另一个磁盘分区的某个文件夹内，则该文件将继承目的地的权限。

注：

（1）将文件移动或复制到目的地的用户，将成为该文件的所有者。

（2）文件夹的移动或复制与文件的移动或复制原理相同。

（3）将 NTFS 磁盘分区的文件或文件夹移动或复制到 FAT/FAT32 磁盘分区下，将取消 NTFS 磁盘分区下的所有安全设置。Windows 2000 硬盘内的文件与文件夹，如果是 NTFS 磁盘分区，可以通过 NTFS 权限指派用户或组对这些文件或文件夹的使用权限。只有 Administrators 组内的成员，才能有效地设置 NTFS 权限。

3.2.3　NTFS 权限的应用原则

如果用户同时属于多个组，而且对某个资源拥有不同的使用权限，则该用户对该资源的有效权限是什么呢？

1. 权限的累加性

当一个用户同时属于多个组，而这些组又有可能被某种资源赋予了不同的访问权限时，则用户对该资源最终有效权限是在这些组中最宽松的权限——累加权限，即将所有的权限加在一起即为该用户的权限。

例如，用户 Test 同时属于 ZDGROUP 和 JSGROUP 两个用户组，并且它们对文件 readme.txt 的权限分别如表 3-2 所示，则用户 Test 最后对于该文件的有效权限就是"读取＋写入＋执行"。事实上这个权限就是"修改"所具备的权限（参见 3.2.2 小节 NTFS 权限的类型）。

表 3-2　权限的累加性

用户或组	权　限
用户 Test	读取
组 ZDGROUP	写入
组 JSGROUP	读取和执行
用户 Test 最后的有效权限	读取＋写入＋执行

小贴士

　　文件权限的累加性对于系统管理员来说是把双刃剑。由于用户可以从不同的组中继承权限,无疑方便了系统管理员的维护工作。如一个财务总监,其主管财务部门、采购部门与行政部门,那么这个财务总监就对这三个部门的共享文件具有访问、修改等权限。在配置过程中,系统管理员不需要调整财务总监这个组或者这个用户的权限,而只需要把他加入这三个组中即可。系统会自动从三个组中继承自己所需要的权限,从而减少了系统工程师的维护工作量。即使以后财务总监分管的部门发生了改变,也可以通过调整用户所属的组的方式,调整用户的权限。但是这也给系统管理员出了一个难题,因为用户可以从多个组中继承权限,最后这个用户的权限可能会很复杂,给管理员维护访问权限带来一定的困难。为此,建议尽量用组对用户进行授权。但是对于一些机密的文件或者重要的权限,则可通过"拒绝"权限进行排除。

2. "拒绝"权限会覆盖所有其他权限

　　当用户对某个资源有拒绝权限时,该权限覆盖其他任何权限,即在访问该资源的时候只有拒绝权限是有效的。

　　虽然用户的有效权限是所有权限的来源的总和,但是只要其中有一个权限被设为拒绝访问,则用户最后的有效权限将是无法访问此资源。因此对于拒绝权限的授予应该慎重。

　　例如,若用户 Test 同时属于 ZDGROUP 和 JSGROUP 两个用户组,并且它们对文件 readme.txt 的权限分别如表 3-3 所示,则用户 Test 最后对于该文件的有效权限就是"拒绝访问",也就是无权访问该文件。

表 3-3　"拒绝"权限覆盖所有其他权限

用户或组	权　限
用户 Test	读取
组 ZDGROUP	写入
组 JSGROUP	拒绝访问
用户 Test 最后的有效权限	拒绝访问

3. 文件会覆盖文件夹的权限

当用户或组对某个文件夹以及该文件夹下的文件有不同的访问权限时，用户对文件的最终权限是用户被赋予访问该文件的权限，即文件权限超越文件的上级文件夹的权限，用户访问该文件夹下的文件不受文件夹权限的限制，只受被赋予的文件权限的限制。

例如，若文件夹 Projects 中包含一个文件 readme.txt，用户 Test 对它们的权限如表 3-4 所示，则用户 Test 对于文件 readme.txt 的有效权限仍是"修改"。

表 3-4　文件覆盖文件夹的权限

用 户 或 组	权　限
用户 Test 对文件 readme.txt	修改
用户 Test 对文件夹 Projects	读取＋执行
用户 Test 对文件 readme.txt 的有效权限	修改

小贴士

在表 3-4 中，用户 Test 对于文件 readme.txt 的有效权限是"修改"，而对 Projects 文件夹仅有"读取＋执行"权限。也就是说 Test 对 Projects 文件夹不具有修改的权限，不能够在这个文件夹中创建文件或者删除文件。不把文件夹的修改权限开放给他人，可以提高文件夹的安全性，防止文件被意外删除。

4. NTFS 权限的继承性

NTFS 权限具有继承性，默认情况下，授予父文件夹的权限将被包含在该父文件夹下的子文件夹或文件所继承。也可以说文件或文件夹默认继承分区或父文件夹的权限，并且继承的权限不能直接设置和修改。

当一个分区被格式化为 NTFS 之后，在 Windows 2000 Server 操作系统中系统会自动赋予 everyone 组对该分区的根文件夹（即根目录）"完全控制"的权限。由于权限的继承性，使得在这个分区上的所有文件夹和文件对于 everyone 没有任何访问限制。为了安全，应该阻止这样的权限继承。微软公司也考虑到这样对用户非常不安全，所以在 Windows Server 2019 中，NTFS 分区的默认权限中，everyone 组已经没有任何权限了。

子文件夹可以删除从父文件夹继承的权限，然后重新设置自己文件夹的权限。

3.2.4　磁盘配额的基本原理

管理员收到系统报告"某个 NTFS 分区的磁盘空间不足"。经检查，发现某个用户在共享给他们存放办公文件的文件夹中存入了很多视频文件，占用了大量的磁盘空间。如果想通过某种方法避免这种事情再发生，可以采用 NTFS 文件系统内置的一项功能——

磁盘配额。

NTFS 磁盘配额功能是 Windows Server 2019 的 NTFS 文件系统集成的一项功能（原有的 Windows NT 下的 NTFS 不支持该项功能），利用这个功能可以限制用户对 NTFS 分区上磁盘空间的使用。FAT 和 FAT32 磁盘并不支持磁盘配额功能。

关于 Windows Server 2019 系统磁盘的配额可以从以下几个方面进行了解。

1. 配额和用户

磁盘配额监视个人用户的卷使用情况，因此每个用户对磁盘空间的利用都不会影响同一卷上其他用户的磁盘配额。例如，如果卷 F 的配额限制是 500MB，而用户已在卷 F 中保存了 500MB 的文件，那么该用户必须首先从中删除或移动某些现有文件之后才可以将其他数据写入卷中。只要有足够的空间，其他用户都可以在该卷中保存最多 500MB 的文件。

磁盘配额是以文件所有权为基础的，并且不受卷中用户文件的文件夹位置限制。例如，如果用户把文件从一个文件夹移到相同卷上的其他文件夹中，则卷空间使用不变。但是，如果用户将文件复制到相同卷上的不同文件夹中，则卷空间使用将加倍。或者，如果用户 A 创建了 200KB 的文件，而用户 B 取得了该文件的所有权，那么用户 A 的磁盘使用空间将减少 200KB，而用户 B 的磁盘使用空间将增加 200KB。

2. 配额和卷

磁盘配额只应用于卷，且不受卷的文件夹结构及物理磁盘上的布局影响。如果卷有多个文件夹，则分配给该卷的配额将应用于所有文件夹。例如，\\Production\QA 和\\Production\Public 是 F 卷上的共享文件夹，则用户存储在这些文件夹中的文件不能使用多于 F 卷配额限制设置的磁盘空间。

如果单个物理磁盘包含多个卷，并把配额应用到每个卷，则每个卷配额只适于特定的卷。例如用户 A 共享两个不同的卷，分别是 F 卷和 G 卷，即使这两个卷在相同的物理磁盘上，也分别对这两个卷的配额进行跟踪。

如果一个卷跨越多个物理磁盘，则整个跨区卷使用该卷的同一配额。例如 F 卷的配额限制为 500MB，则不管 F 卷是在物理磁盘上还是跨越三个磁盘，都不能把超过 500MB 的文件保存到 F 卷。

用户磁盘配额管理是服务器管理中的一项重要任务，特别是在大型企业网络中，网络磁盘空间非常有限，如果不恰当地管理用户磁盘配额，一方面将造成网络磁盘空间的大量浪费；另一方面也可能带来严重的不安全因素，影响整体网络性能，甚至导致用户无法登录。

3.2.5　加密文件系统

Windows 2000/XP/Server 2012 都配备了 EFS(Encrypting File System，加密文件系统)，它可以帮助管理员针对存储在 NTFS 磁盘卷上的文件和文件夹执行加密操作。如果硬盘上的文件已经使用了 EFS 加密，即使黑客能访问硬盘上的文件，由于没有解密的密钥，文件也是不可用的。

在 Windows Server 2019 的 NTFS 文件系统中内置了 EFS 加密系统，利用 EFS 加密系统可以对保存在硬盘上的文件进行加密。EFS 加密系统作为 NTFS 文件系统的一个内置功能，其加密和解密过程对应用程序和用户而言是完全透明的。另外，Windows Server 2019 内置了数据恢复功能，可以由管理员恢复被另一个用户加密的数据，保证了数据在需要使用的情况下始终可用。

EFS 加密系统只能在 Windows Server 2019 的 NTFS 分区上实现，其加密是利用文件加密密钥实现的。文件加密过程是把文件加密密钥存储在文件头标的 Data Decryption Field（数据解密域，DDF）和 Data Recovery Field（数据恢复域，DRF）中，与被加密的文件形成一个整体。当被加密的文件被移动到同一个磁盘分区的其他未加密文件夹中的时候文件依然保持加密。通过将要加密的文件置于一个文件夹中，再对该文件夹加密，可以实现一次加密大量的数据。在这种情况下对文件加密，也会将其下创建的所有文件和子文件夹都加密。

EFS 加密在 Windows Server 2019 中是透明的，EFS 用户如果是加密者本人，系统会在用户访问这些文件和文件夹时自动解密。

小贴士

（1）如果将加密的文件复制或移动到非 NTFS 格式的卷上，该文件将会被解密。

（2）如果将非加密文件移动到加密文件夹中，则这些文件将在新文件夹中自动加密，反向操作不能自动解密文件，文件必须明确解密。

（3）无法加密标记为"系统"属性的文件，并且位于 ％systemroot％ 目录结构中的文件也无法加密。

（4）加密文件夹或文件不能防止删除或列出文件或文件夹表。具有合适权限的人员可以删除或列出已加密文件或文件夹表。因此，建议结合 NTFS 权限使用 EFS。

3.2.6 文件的压缩

压缩文件、文件夹可以减少磁盘占用空间。Windows Server 2019 支持两种不同类型的压缩方式：NTFS 压缩和利用"压缩（zipped）文件夹"。

1. NTFS 压缩

安装完成 Windows Server 2019 并应用 NTFS 文件系统之后数据压缩功能就可以使用了，不需要任何第三方软件。只有 NTFS 磁盘才支持 NTFS 压缩的功能，FAT 与 FAT32 磁盘没有该功能。

NTFS 压缩功能的特性如下。

（1）数据压缩功能是 NTFS 文件系统的内置功能，NTFS 文件系统的压缩过程和解压缩过程对用户是完全透明的，用户只需将数据压缩即可。当用户或应用程序使用压缩过的数据时，操作系统会自动在后台对数据进行解压缩，无须用户干预。

（2）利用 NTFS 压缩功能，可以节省一定的硬盘使用空间。但是数据的压缩和解压缩过程要消耗 CPU 运算资源,以牺牲 CPU 运算性能换取空间(这也是任何一种压缩软件的共性)。因此如果硬盘空间不是十分紧张,建议不要使用该功能。

(3) NTFS 的压缩功能对已压缩的文件(如 ZIP 文件、JPG 文件、MP3 文件等)不会进一步缩小该类文件所占用的硬盘空间。

(4) 已加密的文件与文件夹无法压缩。

(5) 当把已压缩的文件或文件夹复制或移动到非 NTFS 分区上时,文件或文件夹会自动解除压缩状态。

(6) 复制和移动由 NTFS 文件系统压缩的文件时,其压缩属性会有不同的变化,如表 3-5 所示。

表 3-5 复制和移动时压缩属性的变化

NTFS 分区	操 作	压缩属性的变化
相同	复制文件或文件夹	文件或文件夹会继承目标位置的文件夹的压缩状态
相同	移动文件或文件夹	文件或文件夹会保留原有的压缩状态
不同	复制文件或文件夹	文件或文件夹会继承目标位置的文件夹的压缩状态
不同	移动文件或文件夹	文件或文件夹会继承目标位置的文件夹的压缩状态

(7) 系统默认会将被压缩的磁盘、文件、文件夹以不同的颜色显示。

2. 利用“压缩(zipped)文件夹”

用户可以利用“Windows 资源管理器”创建“压缩文件夹”,然后被复制到该文件夹的文件都会自动压缩。这种压缩数据的方式,实际上是使用 zipped 压缩技术减少文件和文件夹的字节,以达到占用较少磁盘空间的目的。zipped 压缩是对系统的扩展,因此它不仅支持 NTFS 卷,还支持 FAT 卷。同时,zipped 文件夹还可以使用密码保护,以实现通过电子邮件、FTP、HTTP 发送。它还有一个非常好的特性是可以直接从被压缩文件夹内部运行程序而不用先将其解压缩。

压缩文件夹的扩展名为.zip,它可以被 WinZip 等文件压缩程序解压缩,还可以被复制或移动到其他的磁盘或计算机中。

3.3 项 目 实 施

3.3.1 NTFS 权限的设置

企业服务器 E 分区上有一个财务部门专用的文件夹“财务报表”,用来存放各个季度的财务报表。由于该数据比较敏感,需要进行以下权限设置:普通员工没有任何权限;Managers 组(包含 wanglin 和 wuyan 两个用户)具有“读取＋执行”权限,不能修改、写入,但可以删除;Accountants 组(包含 guojing 和 zhangyan 两个用户)具有“修改权限”;

85

Administrators 组可以完全控制；用户 wanglin 具有所有权。

由于 NTFS 权限具有继承性，默认情况下，授予父文件夹的权限将被包含在该父文件夹下的子文件夹或文件所继承。首先删除子文件夹从父文件夹继承的权限，然后重新设置文件夹的权限。

1. 删除继承权限

在 NTFS 分区上找到文件夹"E:\财务报表"，在该文件夹上右击，选择"属性"或"共享"命令，如图 3-6 所示。在弹出的对话框中打开"安全"选项卡，显示出组或用户对该文件夹具有的权限，如图 3-7 所示。

删除继承权限

图 3-6 右击文件夹选择"属性"命令

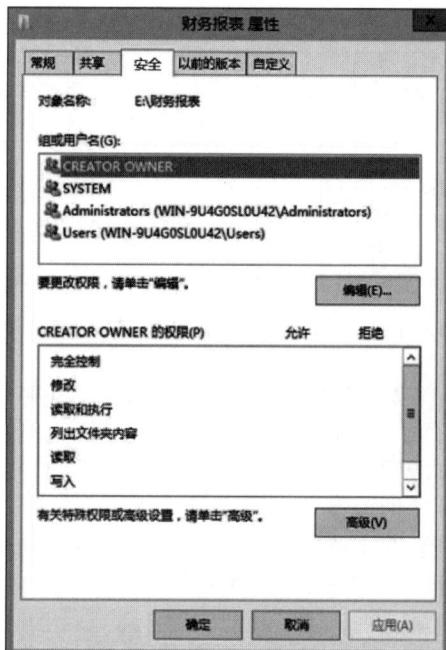

图 3-7 "安全"选项卡

小贴士

（1）默认情况下，Users 组从父对象（E:）继承了对该文件夹、子文件夹和文件的标准权限"读取和执行"，从父对象（E:）继承了对该文件夹及子文件夹的特殊权限"创建文件/写入数据＋创建文件夹/附加数据"。因为所有添加的用户账户（如企业的员工）都自动属于该组，所以本项目中企业的员工都被默认具有上述的权限。

（2）Administrators 组对该文件夹默认有"完全控制"的权限，从父对象（E:）继承了对该文件夹、子文件夹和文件有"完全控制"的权限。

（3）CREATE OWNER 从父对象（E:）继承了对该文件夹、子文件夹和文件有"完全控制"的权限。

（4）SYSTEM 组从父对象（E:）继承了对子文件夹和文件有"完全控制"的权限。

　　如果在查看对象的权限时复选框为灰色，则表明此权限是从父对象继承的。现在需要删除 Users 组从父文件夹继承的权限。

　　在图 3-7 中单击"高级"按钮，弹出如图 3-8 所示的"财务报表的高级安全设置"对话框，在此对话框的左下角有"禁用继承"按钮，单击"禁用继承"按钮，弹出如图 3-9 所示的信息提示框。

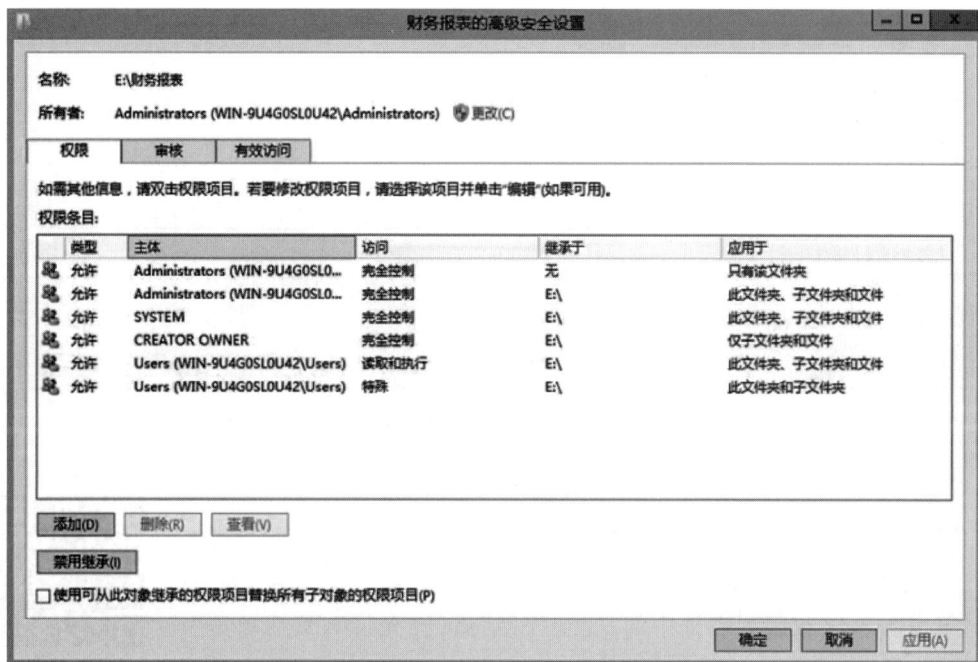

图 3-8　"财务报表的高级安全设置"对话框

　　在图 3-9 中有两个按钮选项"将已继承的权限转换为此对象的显式权限"和"从此对象中删除所有已继承的权限"。"将已继承的权限转换为此对象的显式权限"的意思是将现有的从父文件夹继承的权限复制一份，保留给该文件或文件夹，然后断开继承关系，同时也可以修改继承的权限或者再分配权限；"从此对象中删除所有已继承的权限"会将从父文件夹继承的所有权限彻底删除，然后断开继承关系。

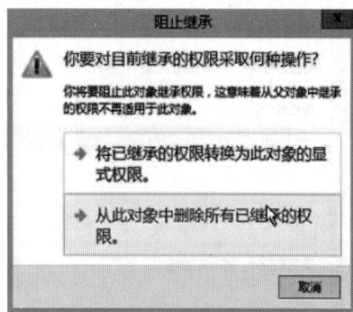

图 3-9　"阻止继承"对话框

　　单击"从此对象中删除所有已继承的权限"按钮，在"权限"选项卡中所有通过继承获得的权限都被删除。如图 3-10 所示，可以看到已经将继承的权限删除了，只剩下 Administrators 组拥有不是继承的完全控制权限了。

　　单击"确定"按钮，返回"安全"选项卡，可以看到在此对话框中，只剩下 Administrators 组，而且权限栏中所有权限都没有设置，如图 3-11 所示。

　　此时，所有的员工用户都没有任何权限，满足了"普通员工没有任何权限"的要求。下面可以为文件夹"财务报表"添加新的权限了。

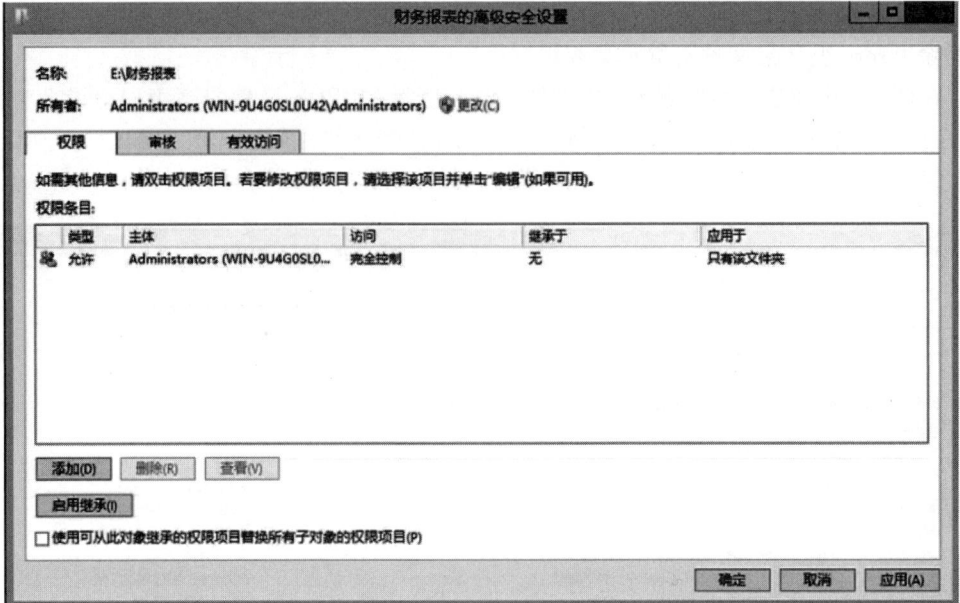

图 3-10　已删除继承权限

2. 设置 NTFS 权限

1）设置 Administrators 组的权限

单击图 3-12 权限列表框中的"完全控制"后的"允许"，然后单击"应用"按钮。

设置权限

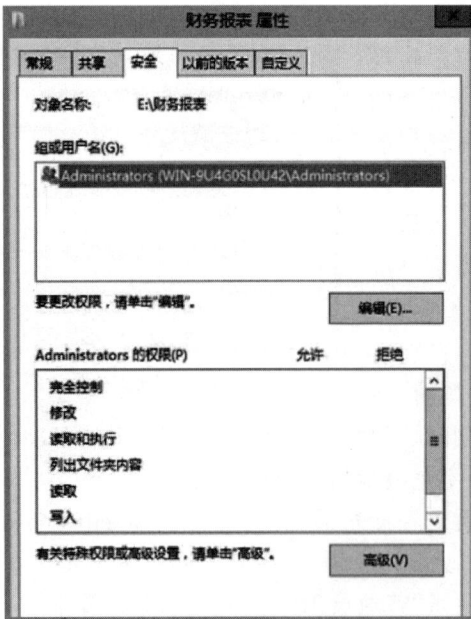

图 3-11　权限栏中所有权限都没有设置

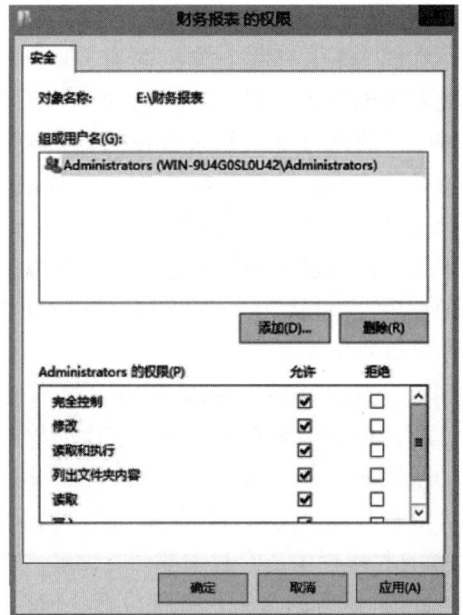

图 3-12　设置 Administrators 组的"完全控制"权限

2）设置 Accountants 组的权限

首先将 Accountants 组添加到"组或用户名称"列表中，然后设置标准权限"修改"。单击图 3-12 中的"添加"按钮，弹出"选择用户或组"对话框，如图 3-13 所示。选择用户或组有两种方式。

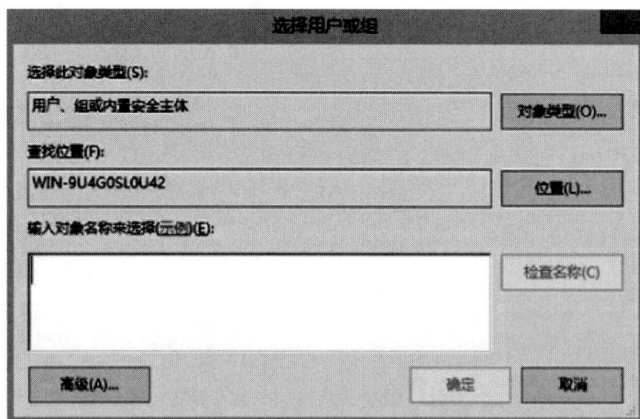

图 3-13　"选择用户或组"对话框

（1）在图 3-13 所示对话框中输入需要添加的用户或组，然后单击"检查名称"，如图 3-14 所示。

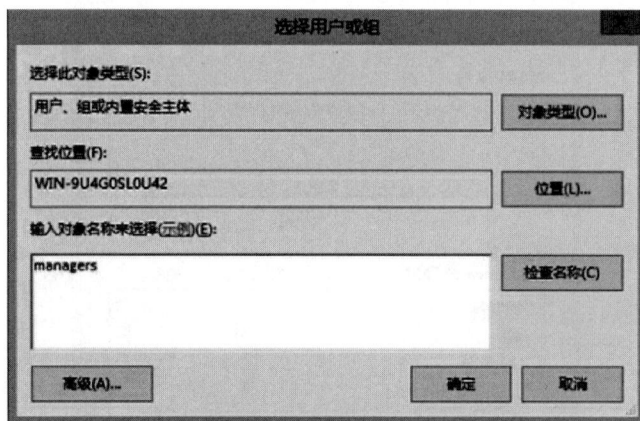

图 3-14　直接输入用户、计算机或组名称

（2）单击图 3-13 中的"高级"按钮，显示出高级选项，如图 3-15 所示，单击"立即查找"按钮，系统会自动搜索满足对象类型的所有对象并显示在搜索结果中。在搜索结果中双击 Accountants 组后返回图 3-14 所示的界面，Accountants 自动出现在文本框中。

单击图 3-14 的"确定"按钮返回"安全"选项卡。此时，选择的用户或组出现在"组或用户名称"列表中。

选中"修改"后面的"允许"框，对 Accountants 组设置权限，然后单击"应用"按钮，完成权限设置，如图 3-16 所示。

图 3-15　使用立即查找功能

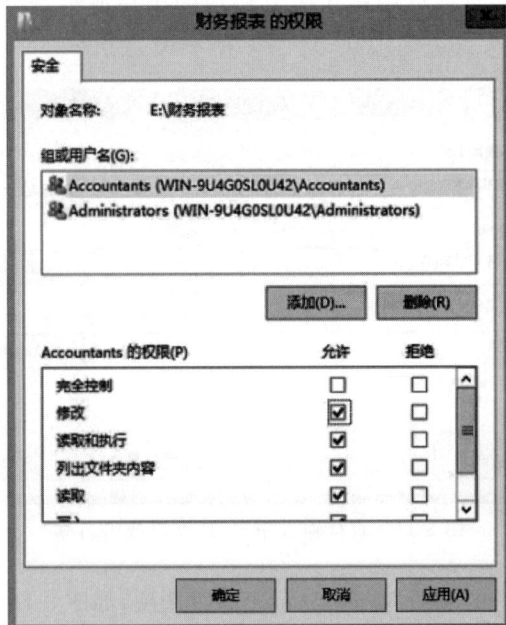

图 3-16　设置 Accountants 组的修改权限

小贴士

　　新添加的组 Accountants 对文件夹"财务报表"默认拥有"读取和执行＋列出文件夹目录＋读取"的权限。

3）设置 Managers 组的权限

首先将 Managers 组添加到"组或用户名称"列表中，然后分别设置标准权限和特殊权限。

参考设置 Accountants 组的权限的方法，将 Managers 组添加到"组或用户名称"列表中，并设置标准权限"读取和执行"，结果如图 3-17 所示。

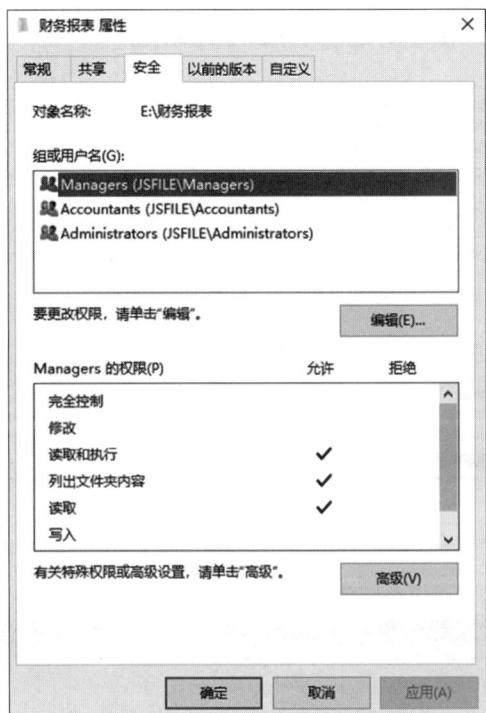

图 3-17　将 Managers 组添加到列表中

下面开始设置特殊权限。

单击图 3-17 中的"高级"按钮，弹出如图 3-18 所示的高级安全设置对话框，在此对话框的"权限"选项卡中选择权限项目允许 Managers，单击图 3-17 中的"编辑"按钮，弹出特殊权限项目对话框。单击右侧的"显示高级权限"，然后选中"删除子文件夹及文件"和"删除"选项，则为 Managers 组设置了该特殊权限，如图 3-19 所示。最后单击"确定"按钮，返回"安全"选项卡，如图 3-20 所示，在"Managers 的权限"框中的"特殊权限"后的"允许"框中有灰色的√，表示已设置了特殊权限。

> **小贴士**
>
> 对文件的权限设置跟文件夹的设置一样，而且没有特殊需要一般不对文件单独设置权限，只需要在文件所在的文件夹设置权限就可以了。
>
> 对用户账户的权限设置跟组账户的设置一样，而且没有特殊需要一般不对用户账户单独设置权限，只需要对组账户设置权限，然后将用户加入相应的组中就可以了。

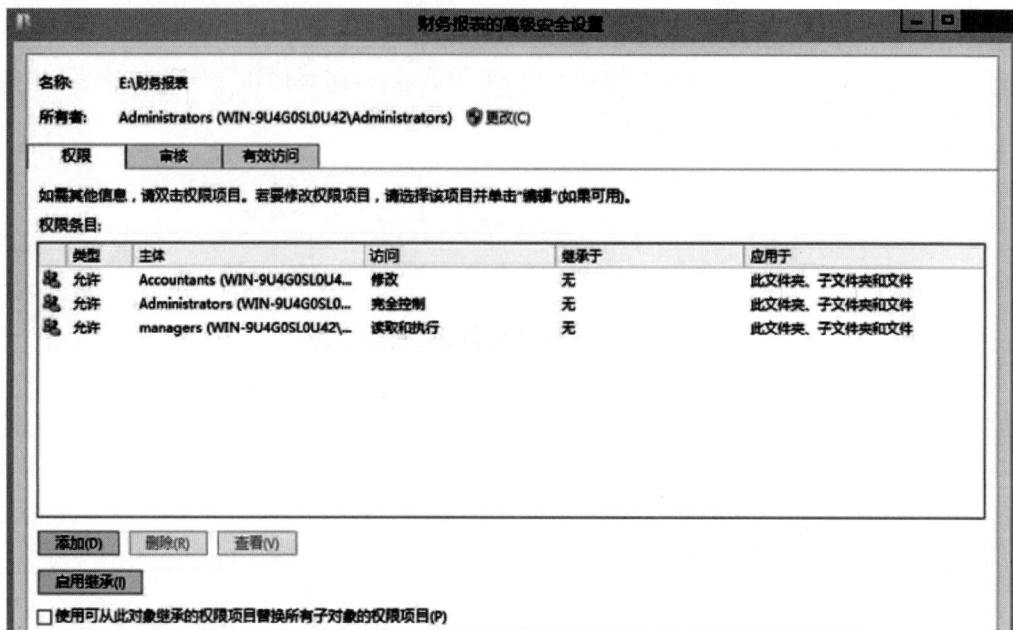

图 3-18　高级安全设置

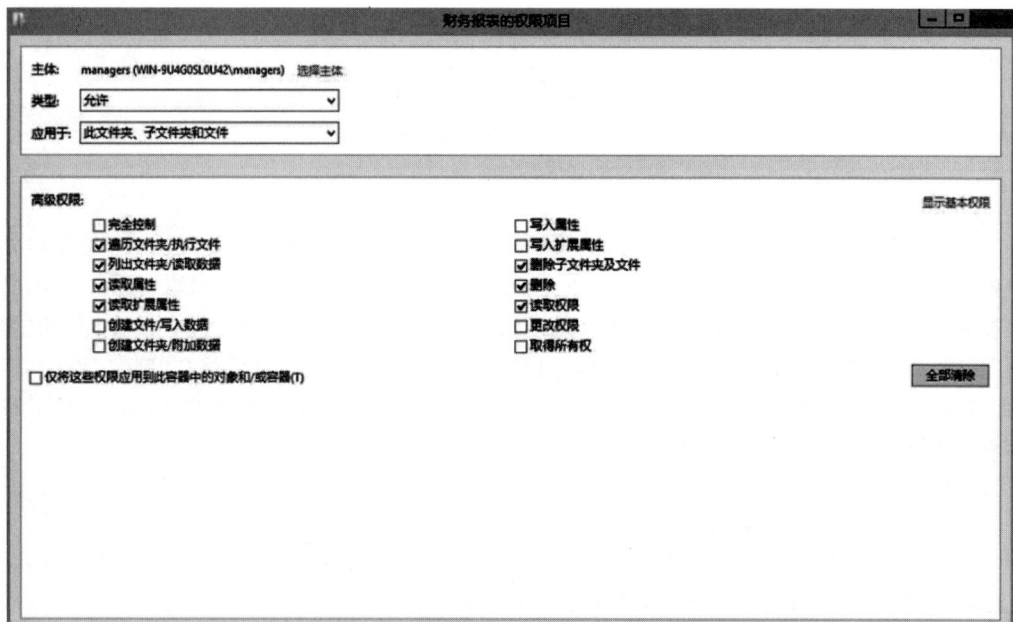

图 3-19　特殊权限项目

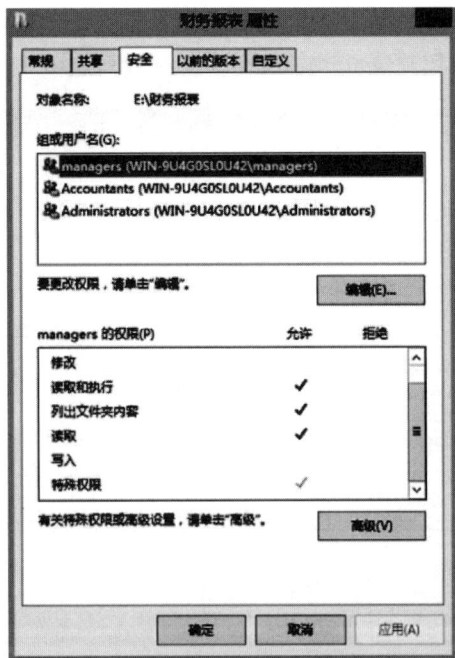

图 3-20　设置特殊权限

3. 更改所有权

右击文件夹"E:\财务报表"|"属性"|"安全"|"高级",可以查看当前项目的所有者,如图 3-21 所示。

更改所有权

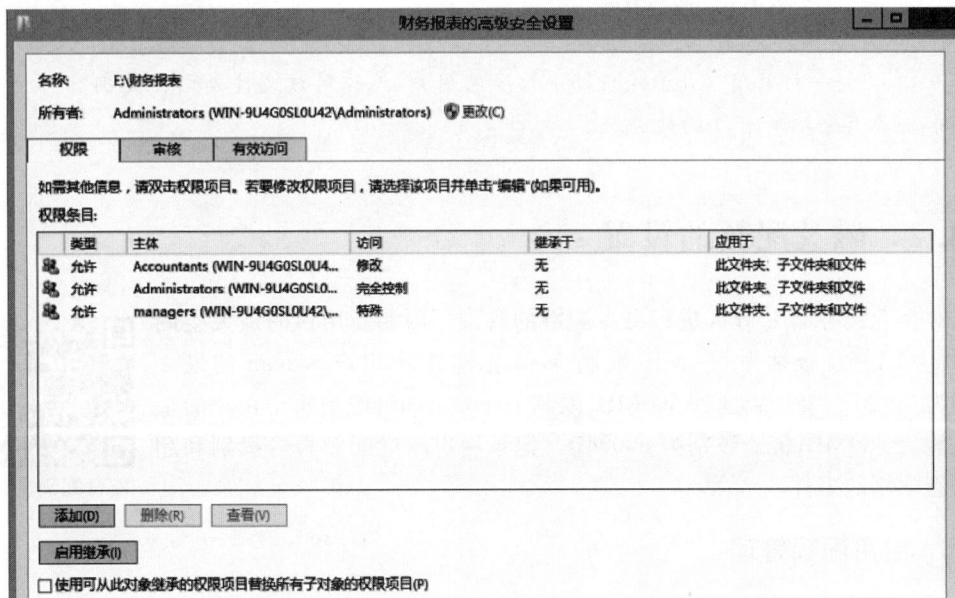

图 3-21　文件和文件夹所有权选项卡

93

单击"更改"按钮，弹出"选择用户或组"对话框，在对话框中输入 wanglin，单击"确定"按钮，如图 3-22 所示，用户 wanglin 出现在所有者列表中。

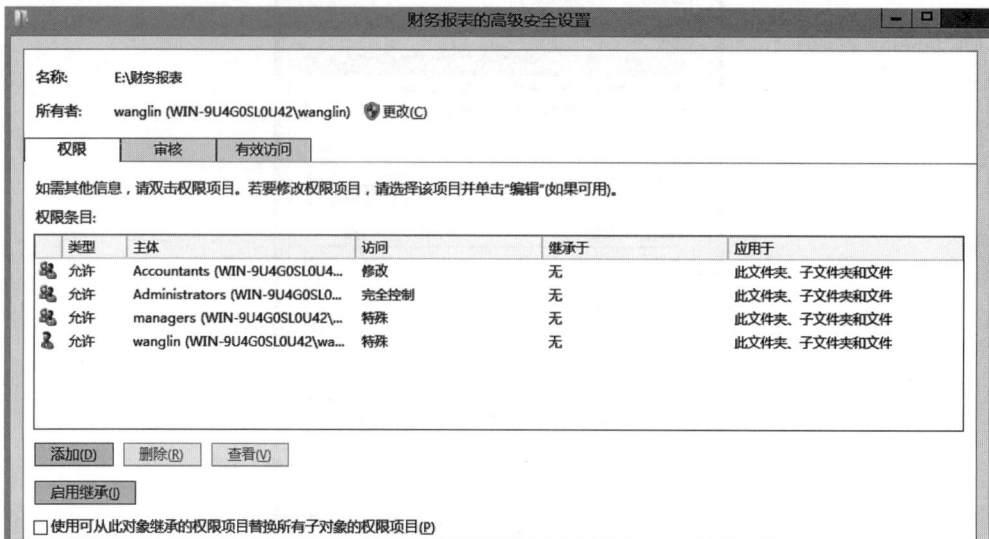

图 3-22　wanglin 出现在所有者列表中

小贴士

更改所有权的前提条件是进行此操作的用户必须具备"取得所有权"的特殊权限，或者具备获得"取得所有权"这个特殊权限的能力。例如：

（1）拥有"取得所有权"的特殊权限；

（2）具有"更改权限"的特殊权限；

（3）拥有"完全控制"的标准权限；

（4）任何一位具有 Administrator 权限的用户，无论对该文件或文件夹拥有哪种权限，永远具有夺取所有权的能力。

3.3.2　磁盘配额的设置

对企业服务器 E 分区进行磁盘配额的管理。限制新用户的最大空间为 500MB，警告级别为 400MB；限制 Managers 组中用户 wuyan 的最大空间为 800MB，警告级别为 600MB；限制 Accountants 组中每个用户的最大空间为 600MB，警告级别为 500MB。记录用户超过配额警告级别和超过配额限制的事件。

磁盘配额设置

1. 启用配额管理

右击"开始"|"资源管理器"，选择要设定磁盘配额的驱动器 E:\，右击 E 盘，在弹出的快捷菜单中选择"属性"命令，如图 3-23 所示。在驱动器属性对话框中，打开"配额"选项

卡,如图 3-24 所示。选中"启用配额管理"复选框,并单击"应用"按钮,如图 3-25 所示。

图 3-23　在 E 盘快捷菜单中单击"属性"

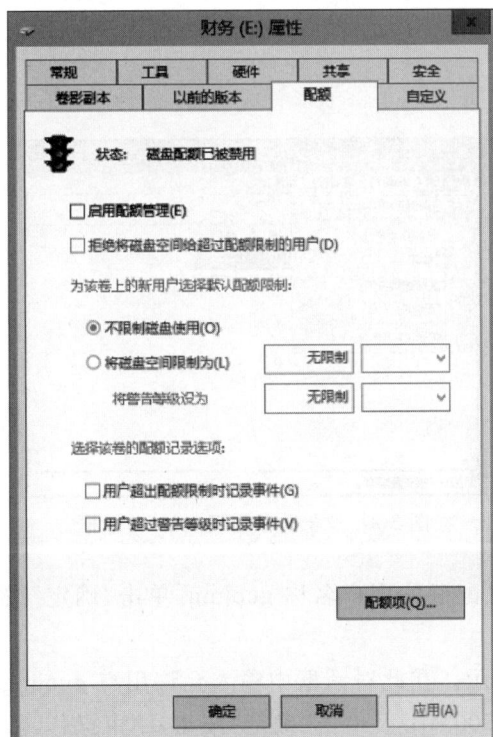

图 3-24　"配额属性"对话框

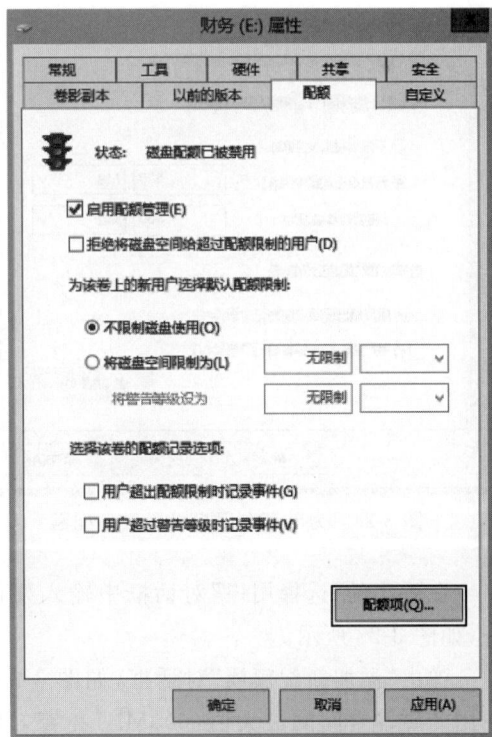

图 3-25　启用配额管理

2. 设置新用户配额

在"为该卷上的新用户选择默认配额限制"下选中"将磁盘空间限制为"选项，然后分别设置为 500MB 和 400MB，如图 3-26 所示。

选中"拒绝将磁盘空间给超过配额限制的用户"复选框，当用户使用超过分配给他的配额时，操作系统会拒绝用户向该驱动器中写入数据。

在"将磁盘空间限制为"后的文本框中输入允许用户使用的最大空间量；在"将警告等级设置为"后的文本框中输入一个值，当用户使用的空间超过此值时操作系统会发出警告。

这里所做的设置只针对新创建的用户，对于已存在的用户需要按照下面的步骤进行设置。

3. 设置已存在用户的配额

对于已经存在的用户分配磁盘配额，需要在图 3-26 所示的对话框中单击"配额项"按钮，打开"驱动器配额项目"对话框，单击菜单栏中的"配额"按钮，在下拉菜单中选择"新建配额项"命令，如图 3-27 所示。

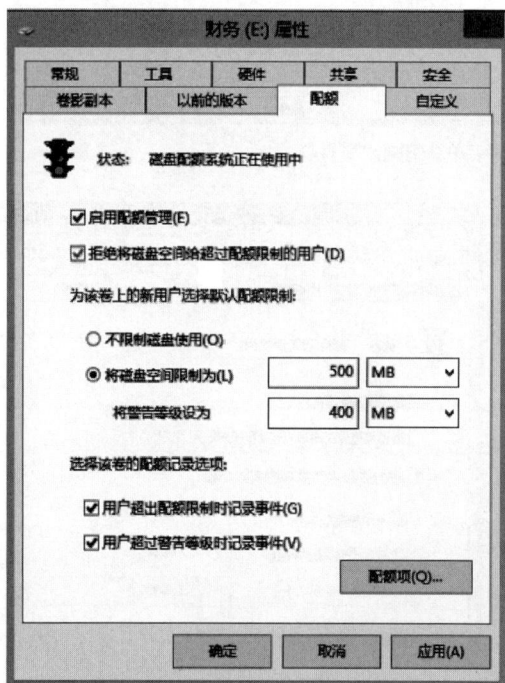

图 3-26　为已存在用户设置磁盘配额

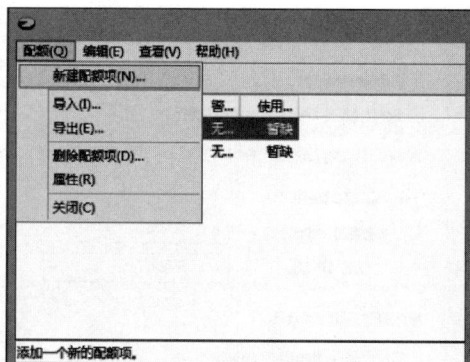

图 3-27　"驱动器配额项目"对话框

在弹出的"选择用户"对话框中输入要设置配额的用户名称 guojing，单击"确定"按钮，如图 3-28 所示。

弹出"添加新配额项"对话框，如图 3-29 所示。在此对话框中输入允许用户 guojing 使用的磁盘空间的最大值（600MB）和警告值（500MB）。单击"确定"按钮，结束操作，新添加的用户 guojing 出现在磁盘配额页面中。

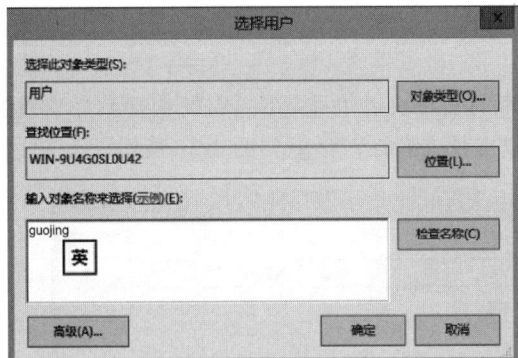

图 3-28　选择用户

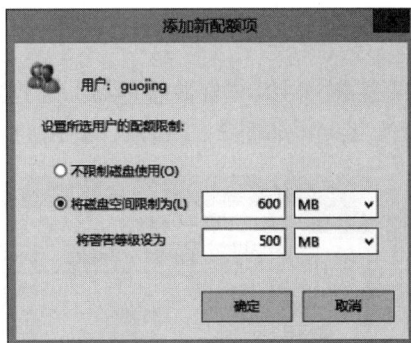

图 3-29　添加新配额项

按照上述步骤,分别为用户 wuyan 和 zhangyan 设置磁盘配额。结果如图 3-30 所示。

图 3-30　已存在用户的配额项

3.3.3　文件系统的加密

对服务器文件夹“E:\财务报表\二季度”进行加密,并将更改应用于该文件夹、子文件夹和文件。但用户 wanglin 能够访问加密后的文件“E:\财务报表\二季度\test.txt”。

97

1. 加密文件夹

右击"开始"|"资源管理器"，选择要加密的文件夹并右击，在弹出的快捷菜单中选择"属性"命令，如图 3-31 所示。弹出的文件或文件夹属性对话框如图 3-32 所示。

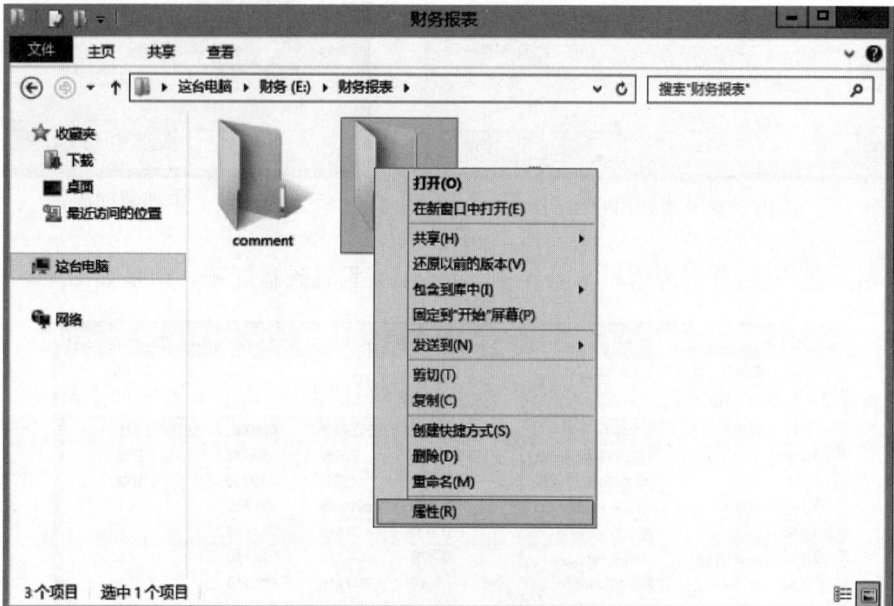

图 3-31　单击"属性"命令

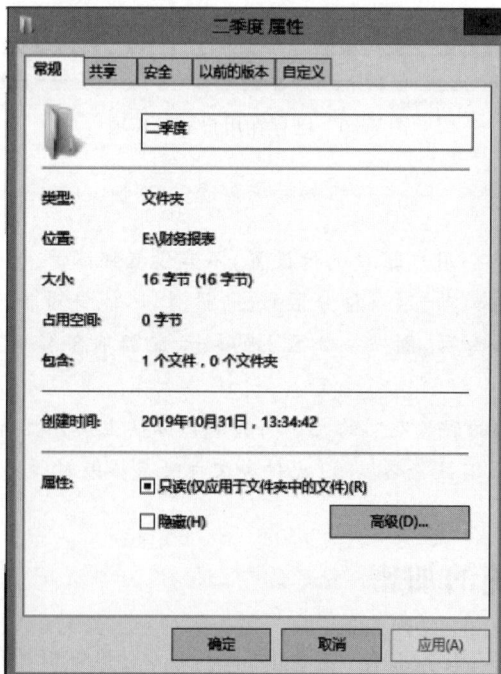

图 3-32　文件夹属性对话框

单击"高级"按钮,弹出"高级属性"对话框,如图 3-33 所示。选中"加密内容以便保护数据"复选框,单击"确定"按钮。

在文件夹属性对话框中单击"应用"按钮,弹出"确认属性更改"对话框,如图 3-34 所示。

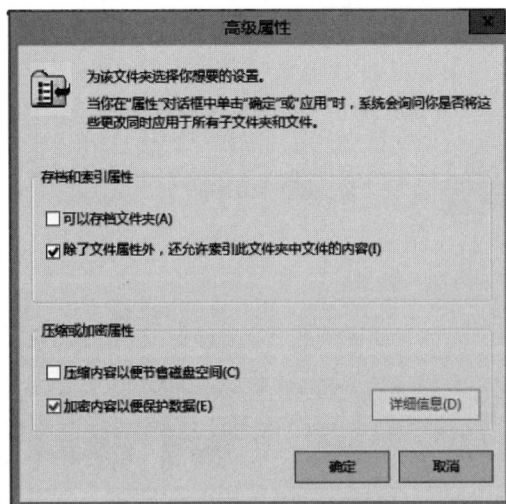

图 3-33　"高级属性"对话框　　　　　　图 3-34　"确认属性更改"对话框

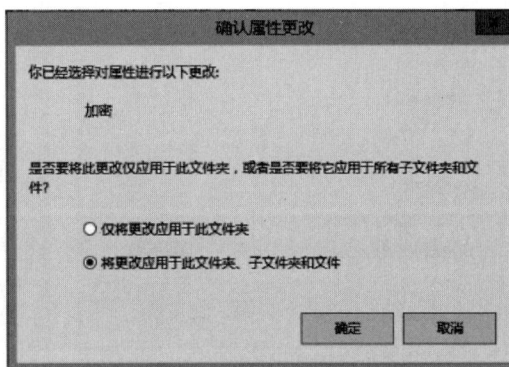

（1）选中"仅将更改应用于此文件夹"复选框,则将只加密选择的文件夹以及之后添加到这一文件夹下的所有文件和文件夹中的数据。

（2）选中"将更改应用于此文件夹、子文件夹和文件"复选框,将加密所有已经加入和之后加入这个文件夹下的文件和文件夹及子文件夹下的数据。按本项目要求,选中该项。

单击"确定"按钮,系统开始加密。加密后的文件夹名称颜色变为绿色。

文件加密后可以解密。解密文件夹的过程与上述过程基本相同,只要取消选择"加密内容以便保护数据"复选框,单击"应用"按钮时也会弹出如图 3-34 所示对话框,其中选项的意义和前面所述相同,只是加密改成解密。不再赘述。

> **小贴士**
>
> 用户还可以利用 cipher.exe 程序对文件、文件夹加密。cipher.exe 命令的使用方法请参阅"帮助和支持"。

2. 授权其他用户访问

对文件夹"E:\财务报表\二季度"加密后,其中的子文件夹和文件也被加密,只有该用户可以访问该文件。要让用户 wanglin 可以访问文件"E:\财务报表\二季度\test.txt",可以通过授权访问的方法,具体步骤如下。

右击文件"E:\财务报表\二季度\test.txt"|"属性",选择"高级"按钮,弹出文件高级属性对话框,如图 3-35 所示。单击"详细信息"按钮,弹出加密详细信息对话框,如图 3-36 所示。

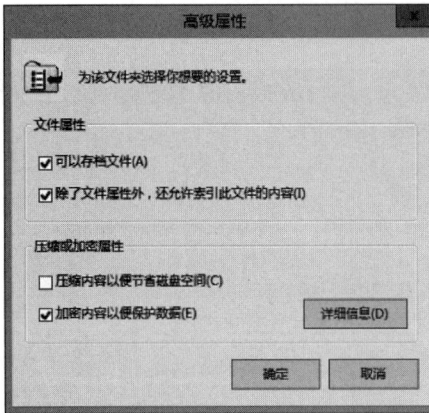

图 3-35　文件高级属性对话框

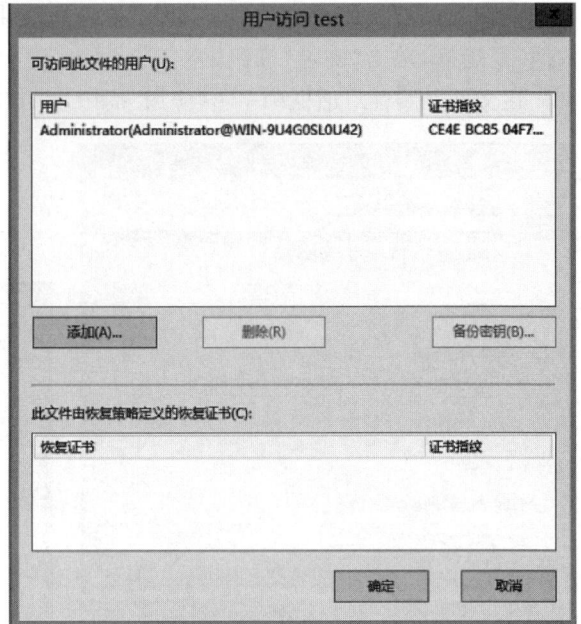

图 3-36　加密详细信息

在加密详细信息对话框中单击"添加"按钮，弹出选择用户对话框，选择 wanglin，然后单击"确定"按钮，如图 3-37 所示。

此时，wanglin 出现在加密详细信息对话框中，可以访问被 Administrator 加密的文件了，如图 3-38 所示。

图 3-37　选择用户

图 3-38　wanglin 出现在加密详细信息框

小贴士

（1）只有具备 EFS 证书的用户才可以被授权。如果用户不具备 EFS 证书，列表中就没有该用户名，可以单击"寻找用户"按钮查找到该用户。但添加时会弹出对话框警告信息"没有适当的证书符合选择的用户"。一般用户在第一次开始执行加密的操作后，就被自动赋予一个 EFS 证书。

（2）具备"EFS 恢复代理程序"证书的用户，在被通过组策略指派为"数据恢复代理程序"后，也可以访问被加密的文件。

3.3.4　文件压缩

服务器文件夹"E:\财务报表\历史报表"中保存了过去 5 年的财务报表，是一些重要但并不常用的数据，且占用的磁盘空间较大。为节省磁盘空间，可以对其进行压缩，并将更改应用于该文件夹、子文件夹和文件。

压缩 NTFS 分区上的数据有两种方法，可根据实际情况选择使用。

1. NTFS 压缩

打开"Windows 资源管理器"，在"Windows 资源管理器"中右击要压缩的文件或文件夹"E:\财务报表\历史报表"，在弹出的快捷菜单中选择"属性"命令，打开文件或文件夹属性对话框，如图 3-39 所示。

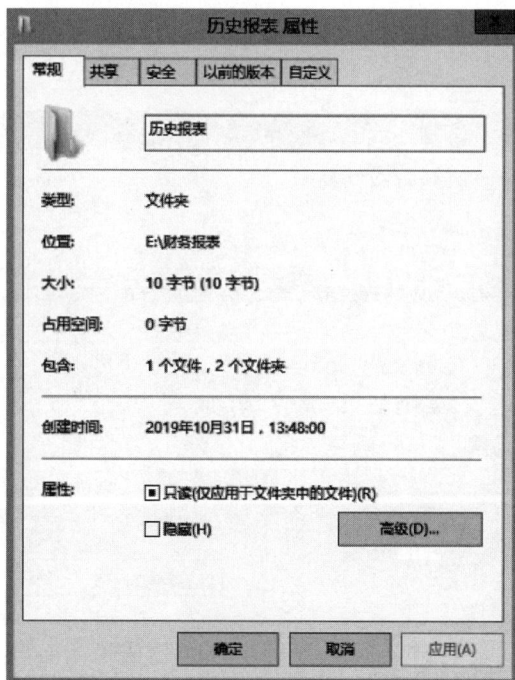

图 3-39　"属性"对话框

单击"高级"按钮，打开"高级属性"对话框，选中"压缩内容以便节省磁盘空间"复选框，如图 3-40 所示。单击"确定"按钮，返回图 3-39。

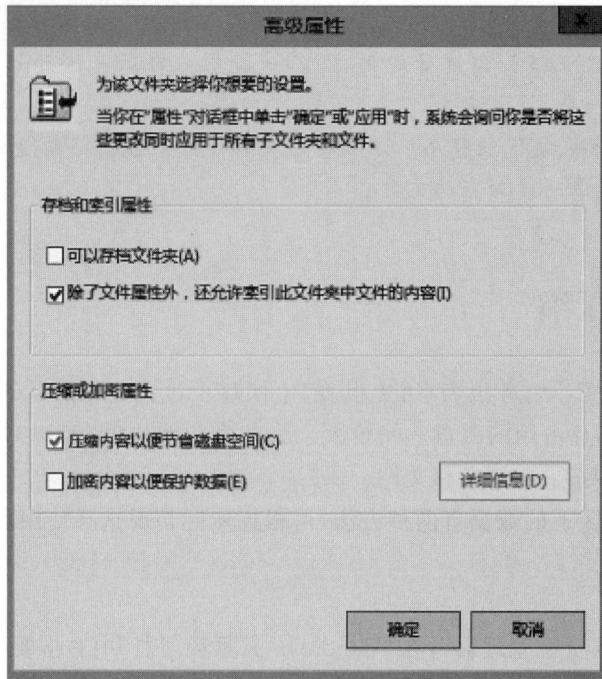

图 3-40　"高级属性"对话框

在图 3-39 的文件夹属性对话框中单击"应用"按钮，弹出"确认属性更改"对话框，如图 3-41 所示。

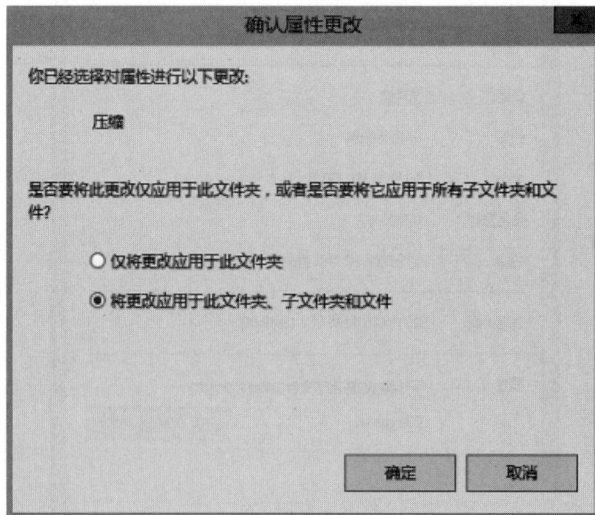

图 3-41　"确认属性更改"对话框

若选中"仅将更改应用于此文件夹"单选按钮,将只压缩选择的文件夹以及之后添加到这一文件夹中的所有文件和文件夹。

若选中"将更改应用于此文件夹、子文件夹和文件"单选按钮,将压缩该文件夹和所有已经加入、之后加入这个文件夹下的文件、文件夹及子文件夹,本项目选中此项。

单击"确认"按钮结束操作。

> **小贴士**
>
> (1) 在图 3-40 的"高级属性"对话框中,压缩或加密属性虽然是复选框,但两者只能选择一个,也就是说,已压缩的文件与文件夹不能加密,已加密的文件与文件夹不能压缩。
>
> (2) 如果要压缩已加密的文件与文件夹,必须先解密。
>
> (3) 解压缩的操作与压缩过程基本相同,只要取消选择"加密内容以便保护数据"复选框,单击"应用"按钮时也会弹出如图 3-41 所示对话框,其中选项的意义和前面所述相同,只是压缩改成解压缩。

2. 利用"压缩(zipped)文件夹"

如图 3-42 所示,单击"开始"|"资源管理器",然后右击要压缩的文件或文件夹"E:\财务报表\历史报表",选择"发送到"|"压缩(zipped)文件夹",创建一个存放这些文件的压缩文件夹。

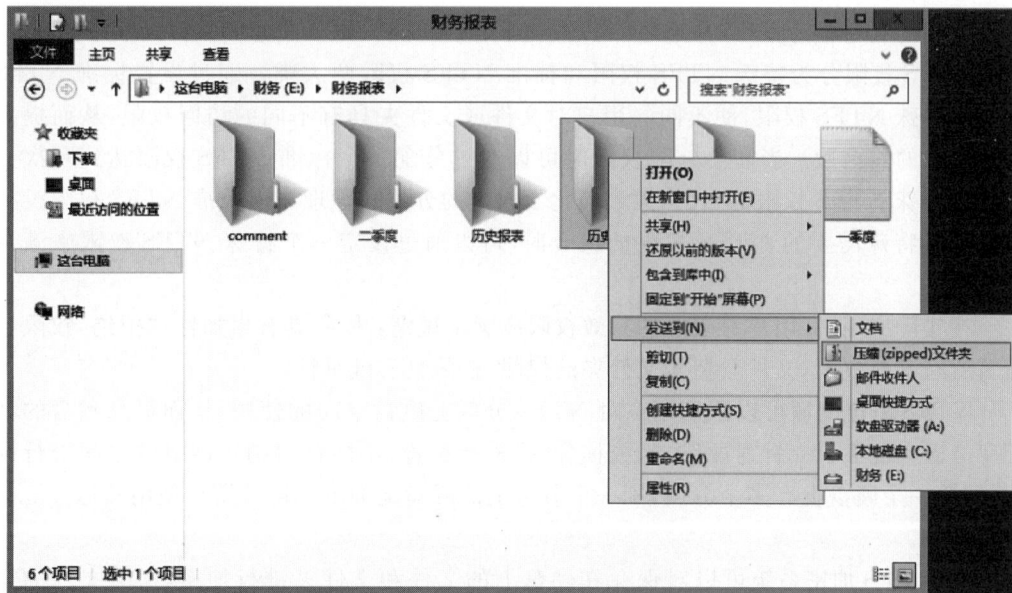

图 3-42　快捷菜单创建压缩文件夹

也可以在图 3-43 中右击空白处,在弹出的快捷菜单中单击"新建"|"压缩(zipped)文件夹"的方式创建"压缩文件夹"。

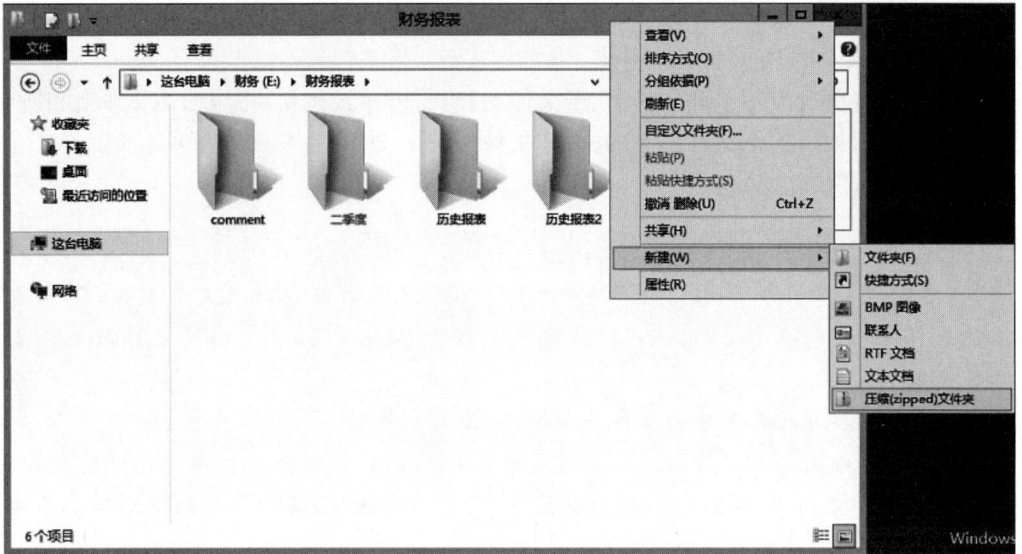

图 3-43　右击快捷键创建压缩文件夹

3.4　项目验收总结

本项目主要以提高 Windows Server 2019 文件系统的数据安全性、存储有效性以及磁盘空间的利用率为目标，并通过 NTFS 权限、文件加密、磁盘配额和文件压缩来实现。

NTFS 权限分为特殊 NTFS 权限和标准 NTFS 权限两大类。通过设置标准 NTFS 权限和特殊 NTFS 权限，使不同的用户对文件或文件夹具有不同的访问权限，从而提高文件系统的安全性。当需要分配权限时可以通过分配一个标准 NTFS 权限达到一次分配多个特殊 NTFS 权限的目的，大大简化了权限的分配和管理。当标准 NTFS 权限没有提供一些特殊需要的 NTFS 权限的组合时，可以通过设定一个特殊 NTFS 权限来满足要求。

在实际应用中，用户对资源的有效权限应满足规则：权限具有累加性；"拒绝"权限会覆盖所有其他权限；文件会覆盖文件夹的权限；权限具有继承性。

NTFS 磁盘配额可以限制用户对 NTFS 分区上磁盘空间的使用，从而提高磁盘的利用率。磁盘配额只能针对驱动器（或称分区）进行设置，不能针对物理硬盘的空间进行设置，即若一个硬盘上有多个分区，则一个分区上的磁盘配额不会影响用户使用其他分区的磁盘空间。

利用 EFS 加密系统可以对保存在硬盘上的文件和文件夹进行加密，保障文件的安全。EFS 加密系统只能在 Windows Server 2019 的 NTFS 分区上实现。如果将加密的文件复制或移动到非 NTFS 格式的卷上，该文件将会被解密。

Windows Server 2019 支持两种不同类型压缩的方式：NTFS 压缩和利用"压缩（zipped）文件夹"。NTFS 压缩只支持 NTFS 文件系统，利用"压缩（zipped）文件夹"可支持 FAT、FAT32 和 NTFS 文件系统。利用压缩功能,可以节省一定的硬盘使用空间。但是数据的压缩和解压缩过程要消耗 CPU 运算资源,是以牺牲 CPU 运算性能为代价来换取空间(这也是任何一种压缩软件的共性)。因此如果硬盘空间不是十分紧张,建议不要使用该功能。

3.5　项目巩固及拓展训练

3.5.1　管理 NTFS 权限

1. 实训目的

掌握 NTFS 权限的类型和管理。

2. 设备和工具

已安装 Windows Server 2019 版本的计算机等。

3. 实训内容及要求

(1) 对服务器 D 盘上的"财务部"和"销售部"两个文件夹进行权限设置。要求:
① "财务部"文件夹给财务组完全的控制权,销售组只能读;
② "销售部"文件夹给销售组完全的控制权,财务组只能读;
③ Linlin 账户对两个文件夹都有修改的权限。
(2) 用 Linlin 账户登录,测试两个文件夹"财务部"和"销售部"的权限。

4. 实训总结

本实训实现了 NTFS 磁盘上的文件和文件夹的标准权限设置。如果读者有兴趣,也可以自行尝试设置特殊权限,注意在项目实施后验证权限是否正确。

3.5.2　管理磁盘配额

1. 实训目的

掌握 NTFS 磁盘配额管理的方法。

2. 设备和工具

已安装 Windows Server 2019 Enterprise 版本的计算机等。

3. 实训内容及要求

(1) 对服务器的 D 盘进行磁盘配额管理。设置经理的最大空间为 300MB,警告级别为290MB；设置普通员工的最大空间为100MB，警告级别为90MB。同时记录用户超过配额警告级别和超过配额限制的事件。

（2）分别用经理和普通员工的账号登录，测试磁盘配额并查看配额的相关记录事件。

4. 实训总结

本实训实现了 NTFS 磁盘配额管理。注意在项目实施后验证超过配额警告级别和超过配额限制的事件记录。

3.5.3 加密与压缩文件夹

1. 实训目的

掌握加密文件系统和压缩方法。

2. 设备和工具

已安装 Windows Server 2019 Enterprise 版本的计算机等。

3. 实训内容及要求

（1）分别使用 NTFS 压缩和利用"压缩（zipped）文件夹"对 D 盘上的文件进行压缩。

（2）加密文件夹"C:\一季度"，并授权 Test 用户可以访问。观察加密后的文件夹是什么颜色，然后再压缩该文件夹。

（3）用 Test 用户账户登录，测试加密文件夹。

4. 实训总结

本实训实现了 NTFS 磁盘的加密和压缩方法。项目实施过程中请注意观察：

（1）能否压缩已加密的文件与文件夹？

（2）能否加密已压缩的文件与文件夹？

3.6 课 后 习 题

一、选择题

1. 以下不是 NTFS 文件系统的功能的是（　　）。

　　A. 文件权限　　　　　B. 文件压缩　　　　　C. 数字签名　　　　　D. 磁盘配额

2. 标准 NTFS 文件权限的类型不包括（　　）。

　　A. 读取　　　　　　　B. 列出文件夹目录　　C. 读取和执行　　　　D. 完全控制

3. 你是公司的网络管理员。网络中只有一个域，所有服务器安装 Windows Server 2019 系统，所有的客户计算机安装 Windows 7，所有经理的账户在一个全局组 Managers 中。

Tom 经理在一台计算机上创建文件夹 ManagerData,其他的经理可以浏览文件夹中的文档,但不能有其他权限。你应当在 Managers 组"安全"属性页中的 ACL 中选择(　　)三种权限。

A. 完全控制　　　　　B. 修改　　　　C. 读取和执行

D. 显示文件夹内容　　E. 读取　　　　F. 写入

二、填空题

1. NTFS 的权限具有_____性,用户对某个资源的有效权限是其所有权限来源的总和;_____权限会覆盖所有其他的权限。

2. Windows Server 2019 利用_____提供文件加密功能。

3. 通过设置_____可以限制用户对磁盘空间大小的使用。

三、简答题

1. Windows Server 2019 支持哪些文件系统?

2. 为什么 NTFS 文件系统比 FAT 文件系统更优越?

3. 标准 NTFS 权限中,"修改"权限和"写入"权限有什么区别?

4. Windows Server 2019 系统的磁盘配额有什么功能?

5. 复制由 NTFS 文件系统压缩的文件时,其压缩属性会有哪些变化?

6. 移动由 NTFS 文件系统压缩的文件时,其压缩属性会有哪些变化?

项目 4　共享文件夹配置

◆ 内容结构图

本项目为服务器上的资源设置共享并配置共享权限,然后在客户端计算机上测试是否可以共享资源的访问,最后通过 DFS 文件系统将网络中的分散共享资源进行集中管理。

完成该典型任务的过程中所需的理论知识和实施步骤如图 4-1 所示。

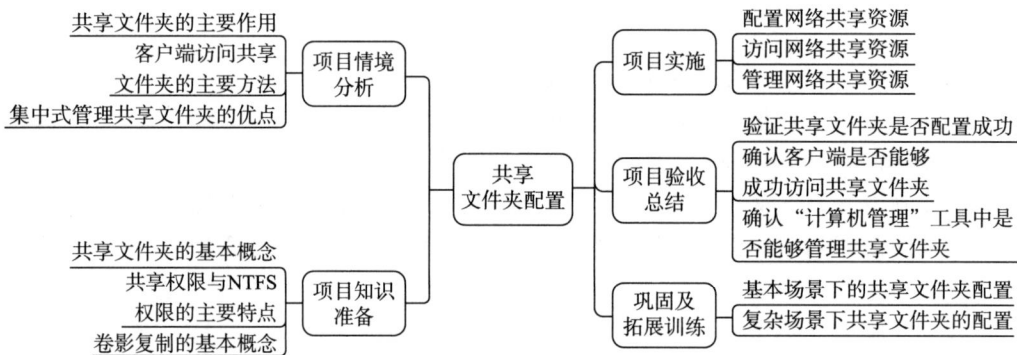

图 4-1　完成典型任务所需知识结构和实施步骤

4.1　项目情境分析

网络最重要的功能之一就是资源共享,共享文件夹是实现共享的主要途径之一。

某公司财务部文件服务器 JSFILE 的 E 分区上有一个文件夹 E:\common 用来存放公司财务方面的规章制度,可以共享给所有人读取访问。另一个文件夹 E:\secret 用来存放公司机密的财务文件,为提高安全性能,必须隐藏共享,且仅允许公司经理 manager 完全控制和出纳员 cashier 读取,其他所有用户都不允许访问。项目的实施流程如图 4-2 所示。

◇ 项目目标

1. 设置共享文件夹

当用户将计算机中某个文件夹设为"共享文件夹"后,具有适当权限的用户就可以通

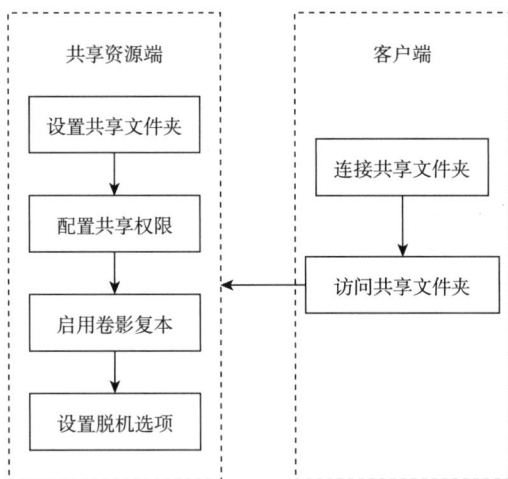

图 4-2　资源共享及管理流程图

过网络访问该文件夹内的子文件夹、文件等数据。

在财务部文件服务器 JSFILE 上设置共享文件夹,并配置相应的共享权限。

(1) 文件夹 E:\ common,设置简单共享,所有人都可以读取。

(2) 文件夹 E:\ secret,设置隐藏共享,公司经理 manager 完全控制,出纳员 cashier 读取,其他所有用户都不允许访问。

(3) 启用 E:\磁盘的卷影副本功能。

2. 客户端访问共享文件夹

访问共享文件夹主要有以下三种方式:

(1) 利用"网上邻居";

(2) 利用"运行"命令;

(3) 利用"映射网络驱动器"。

在客户端分别利用这三种方法访问已经创建的共享文件夹,然后进行脱机处理设置和访问。

3. 集中管理共享文件夹

使用管理工具"计算机管理"集中查看并管理本机的所有共享文件夹。

4.2　项目知识准备

4.2.1　共享文件夹的概念

当用户将计算机中某个文件夹设为"共享文件夹"后,具有适当权限的用户就可以通过网络访问该文件夹内的子文件夹、文件等数据。如图 4-3 所示，可在管理工具"计算机管理"中查看本机所有共享文件夹。

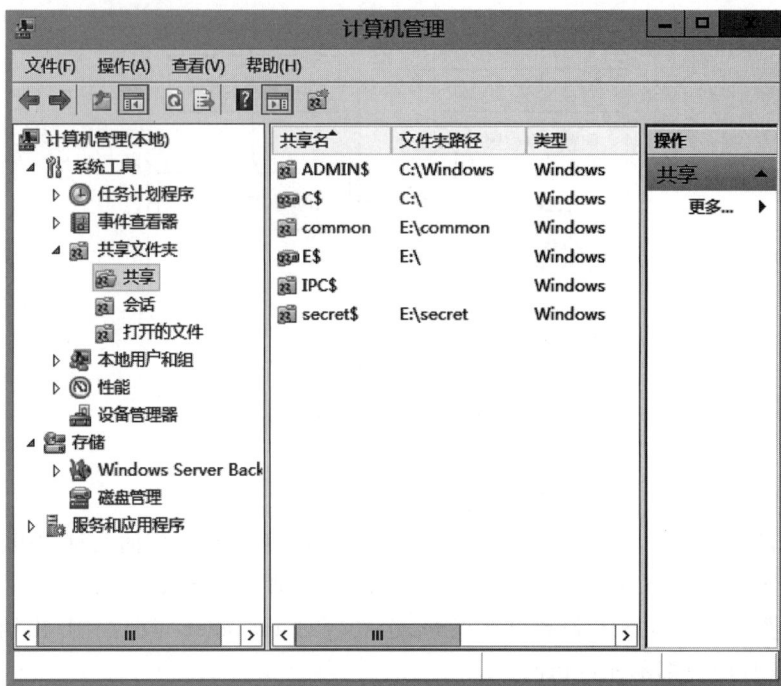

图 4-3　查看本机共享文件夹

位于 FAT、FAT32、NTFS 磁盘内的文件夹都可以被设置为共享文件夹，然后通过共享权限设置用户的访问权限。

4.2.2　共享权限与 NTFS 权限

为了保证网络中共享文件夹的安全，需要设置共享文件夹的访问权限，只有拥有足够权限的用户才可以访问与其权限相对应的共享文件夹，并对共享文件夹进行相应操作。

1. 共享权限的类型

共享权限有三种：完全控制、更改、读取。系统默认所有用户的权限为"读取"。表 4-1 列出了共享权限的类型及其所具备的访问能力。

> **小贴士**
> 共享权限只对通过网络访问该共享文件夹的用户有效。如果用户是从本地登录，即直接按 Ctrl＋Alt＋Delete 组合键登录，则共享权限对该用户不起任何约束作用。

表 4-1　共享权限的类型及其所具备的访问能力

具备的访问能力	权限类型		
	读取	修改	完全控制
查看子文件夹名称、文件名称	√	√	√
查看文件内的数据、运行程序	√	√	√
遍历子文件夹	√	√	√
向该共享文件夹内添加文件、子文件夹		√	√
修改文件内的数据		√	√
删除文件、子文件夹			√
修改权限（仅适用于 NTFS 内的文件或文件夹）			√
取得所有权			√

2. 共享权限的应用原则

如果用户同时属于多个组，这些组对某个共享文件夹分别拥有不同的共享权限，则该用户对它的有效权限是什么呢？

1）权限的累加性

用户对某个共享文件夹的有效权限是其所有权限来源的总和。

例如，若用户 Test 同时属于 ZDGROUP 和 JSGROUP 两个用户组，它们对共享文件夹 text 的权限如表 4-2 所示，则用户 Test 最后对于该文件的有效权限就是"读取＋更改"。事实上这个权限就是"更改"所具备的权限。

表 4-2　权限的累加性

用户或组	权限
用户 Test	读取
组 ZDGROUP	更改
组 JSGROUP	未指定
用户 Test 最后的有效权限	读取＋更改

2）"拒绝"权限会覆盖所有其他权限

当用户对某个共享文件夹有拒绝权限时，该权限覆盖其他任何权限，即在访问该共享文件夹时只有拒绝权限是有效的。

虽然用户的有效权限是所有权限来源的总和，但是只要其中有一个权限被设为拒绝访问，则用户最后的有效权限将是无法访问此资源。因此对于拒绝权限的授予应该慎重。

例如，若用户 Test 同时属于 ZDGROUP 和 JSGROUP 两个用户组，它们对共享文件夹 text 的权限如表 4-3 所示，则用户 Test 最后对于该文件的有效权限就是"拒绝访问"，也就是无权访问该文件。

表 4-3　共享文件夹 text 的用户权限

用户或组	权　限
用户 Test	读取
组 ZDGROUP	更改
组 JSGROUP	拒绝访问
用户 Test 最后的有效权限	拒绝访问

小贴士

"未指定"与"拒绝访问"对最后的有效权限有着不同的影响："未指定"并不参与权限累加的过程，而"拒绝访问"在累加的过程中会覆盖所有其他的权限。

3）复制或移动对共享文件夹的影响

如果复制共享文件夹到其他地方（不论是同一个磁盘分区还是不同的磁盘分区），则原始的文件夹仍然保留共享的状态，但是复制的新文件夹并不会被设为共享文件夹。

如果移动共享文件夹到其他地方（不论是同一个磁盘分区还是不同的磁盘分区），则该文件夹将不再是共享文件夹。

3. 共享权限与 NTFS 权限结合

共享权限只对通过网络访问的用户有效，所以有时需要和 NTFS 权限配合（如果分区是 FAT/FAT32 文件系统则不需要考虑），才能严格地控制用户的访问。当一个共享文件夹设置了共享权限和 NTFS 权限后，就要受到两种权限的约束。

当用户从网络访问一个存储在 NTFS 文件系统上的共享文件夹时会受到两种权限的约束，用户最后的有效权限是共享权限与 NTFS 权限两者之中最严格的设置（也就是两种权限的交集）。而当用户从本地计算机直接访问文件夹时，不受共享权限的约束，只受 NTFS 权限的约束。

例如，若用户 Test 同时属于 ZDGROUP 和 JSGROUP 两个用户组，它们对共享文件夹 text 的权限如表 4-4 所示，则用户 Test 最后对该文件的有效权限就是"读取"。

表 4-4　共享权限与 NTFS 权限结合

用 户 或 组	权　限
D:\Text 的共享权限	读取
D:\Text 的 NTFS 权限	完全控制
用户 Test 通过网络访问 D:\Text 的有效权限	读取

小贴士

如果希望用户能够完全控制共享文件夹,首先要在共享权限中添加此用户(组),并设置完全控制的权限。然后在 NTFS 权限设置中添加此用户(组),也设置完全控制权限。只有这两个地方都设置了完全控制权限,才最终拥有完全控制权限。

再如,若用户 Test 同时属于 ZDGROUP 和 JSGROUP 两个用户组,它们对共享文件夹 text 的权限如表 4-5 所示,则用户 Test 最后对于该文件的有效权限就是"拒绝访问",也就是无权访问该文件。

表 4-5　共享权限与 NTFS 权限冲突

用户 或 组	权限
D:\Text 的共享权限	读取
D:\Text 的 NTFS 权限	写入
用户 Test 通过网络访问 D:\Text 的有效权限	拒绝访问

小贴士

这里要考虑两个权限的冲突问题,共享权限为只读,NTFS 权限是写入,因为这两个权限的组合权限即两个权限的交集为空,所以最终权限是拒绝。

4.2.3　卷影复制

在之前版本的 Windows 文件服务器资源共享中,当客户端不小心将共享文件删除或覆盖时,管理员必须重建共享文件以便共享资源能够恢复正常。在 Windows Server 2019 中,这一切都由于共享文件夹的卷影复制功能发生了彻底改变。

卷影复制功能实质上就是可以对现有的共享资源进行复制的技术。在使用卷影复制功能后,服务器会按指定的时间自动(也可以使用手工方式)、不断地按时(默认状态为两天进行一次卷影复制操作)对共享文件夹的属性进行复制。

当客户端对服务器中的共享资源进行了删除、更改、覆盖等操作,就可以调用这些共享资源在服务器上使用卷影复制功能生成的版本进行恢复了。

4.3　项 目 实 施

本项目所要创建的共享文件夹如图 4-4 所示。下面首先在服务器 server 上简单共享文件夹 E:\ common,然后高级共享文件夹 E:\ secret 并配置共享权限,接着在客户端计算机 client 上测试共享文件夹能否正常访问,最后在服务器 server 上使用管理工具"计算机管理"集中管理这些分散的共享资源。

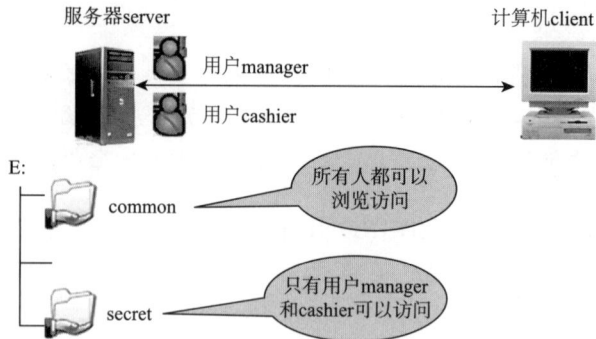

图 4-4　共享文件夹示意图

4.3.1　配置共享资源

在财务部文件服务器 JSFILE 上设置共享文件夹，并配置相应的共享权限。

（1）文件夹 E:\common，设置简单共享，所有人都可以读取。

（2）文件夹 E:\secret，设置隐藏共享，公司经理 manager 的权限是"完全控制"，出纳员 cashier 的权限是"读取"，其他所有用户都不允许访问。

（3）启用 E:\磁盘的卷影副本功能。

下面主要以创建服务器 JSFILE 上的文件夹 E:\common 和 E:\secret 共享为例，详细描述如何设置共享文件夹及共享权限，以及如何启动卷影副本和脱机文件功能。

1. 设置简单共享

在 NTFS 分区上找到文件夹 E:\common，在该文件夹上右击，选择"属性"命令，如图 4-5 所示。在弹出的对话框中打开"共享"选项卡，如图 4-6 所示，默认情况下不共享此文件夹。

简单共享

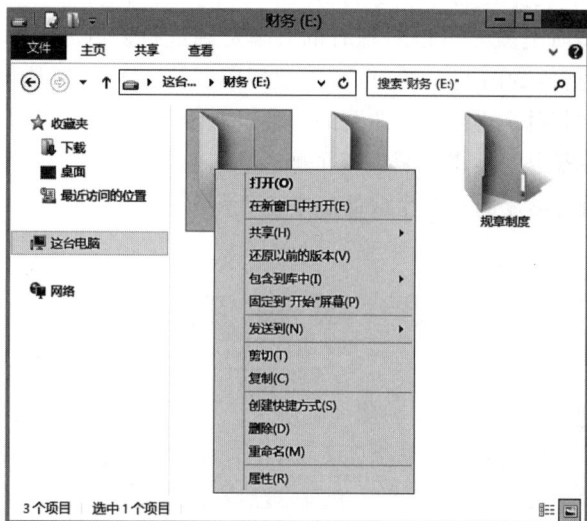

图 4-5　设置共享文件夹

单击图 4-6 中的"共享"按钮，打开"文件共享"窗口，如图 4-7 所示。

图 4-6 "共享"选项卡

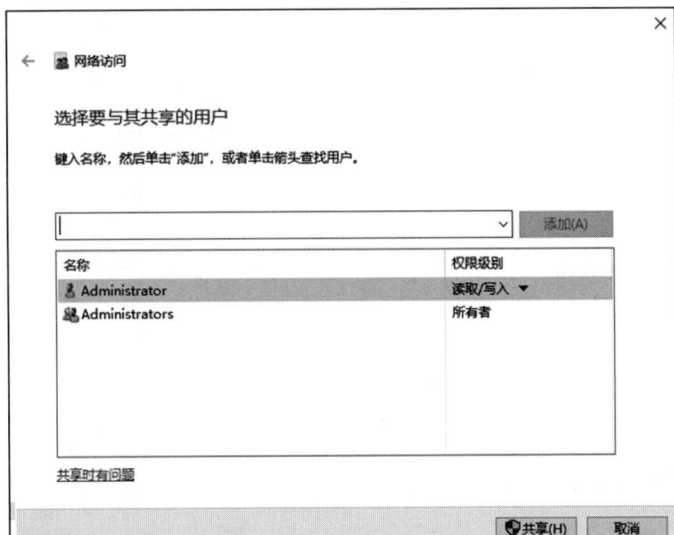

图 4-7 "文件共享"窗口

由于本例要求所有人都能读取访问，所以在文本框中输入组账户 Everyone，单击"添加"按钮将 Everyone 组添加到用户列表中，如图 4-8 所示。然后在用户列表中设置

Everyone 组的权限级别为“读取”，如图 4-9 所示，最后单击“共享”按钮进行共享。

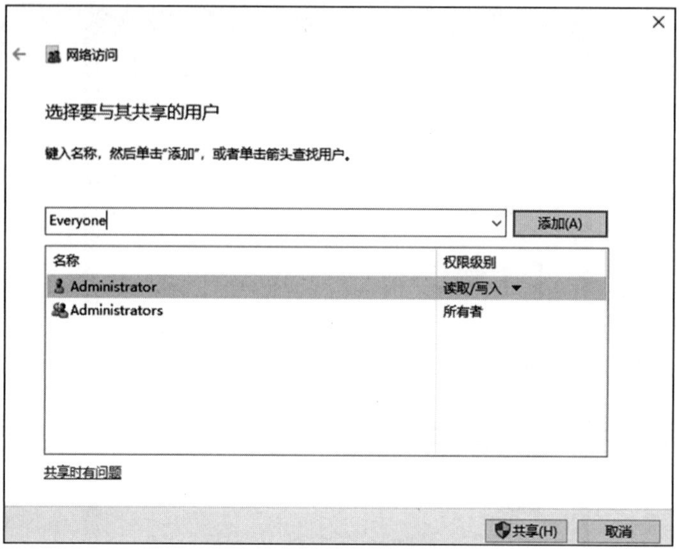

图 4-8　添加 Everyone 组

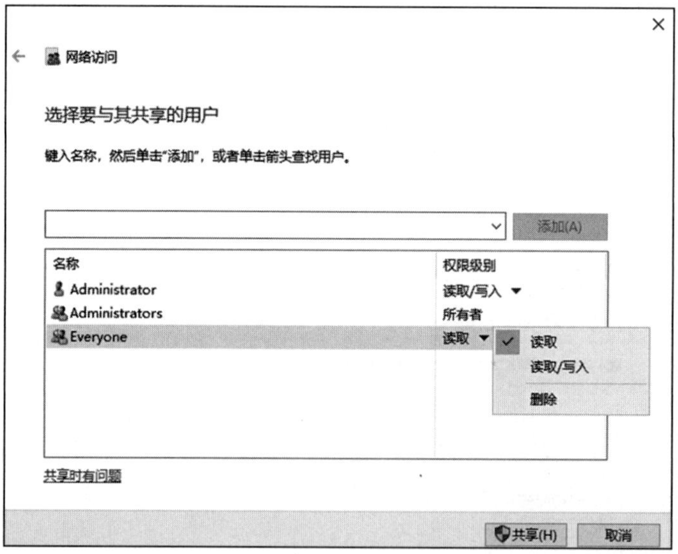

图 4-9　设置 Everyone 权限级别

E:\ common 设置为共享文件夹后如图 4-10 所示，共享名默认为原文件夹的名称 common，网络路径是\\JSFILE\common。

小贴士

用户可以使用网络路径\\JSFILE\common 访问共享文件夹。具体方法在 4.3.2 小节中介绍。

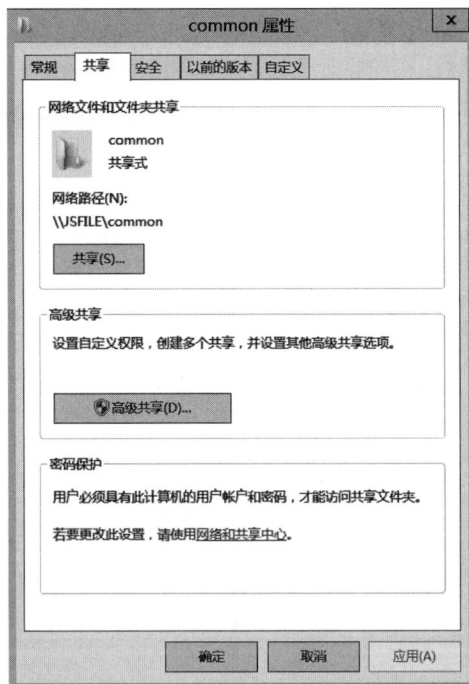

图 4-10 将 E:\ common 设置为共享文件夹

2. 设置高级共享

下面对文件夹 E:\ secret 设置隐藏共享。公司经理 manager 的权限是"完全控制",出纳员 cashier 的权限是"读取",其他所有用户都不允许访问。

右击文件夹 E:\ secret,选择"属性"命令,然后在属性窗口中单击"共享"标签,接着单击"高级共享"按钮,弹出如图 4-11 所示的"高级共享"对话框,默认不共享。

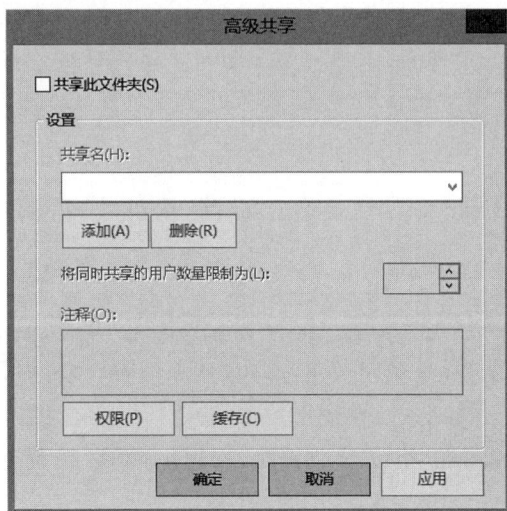

设置高级共享

图 4-11 "高级共享"对话框

勾选图 4-11 中的"共享此文件夹"复选框，然后设置共享名为 secret ＄，如图 4-12 所示。接着单击"权限"按钮打开权限设置窗口，如图 4-13 所示。

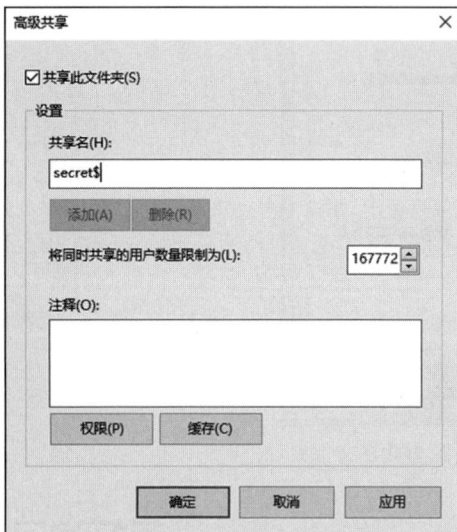

图 4-12　设置共享名

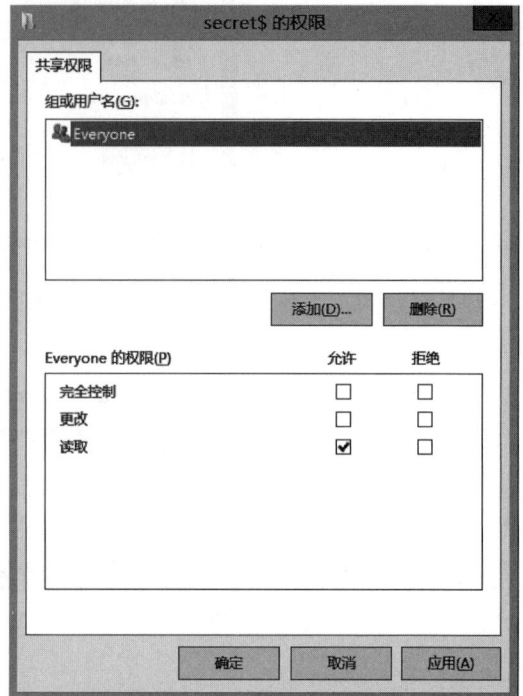

图 4-13　权限设置窗口

默认情况下 Everyone 具备"读取"权限。因为本项目要求普通员工没有共享权限，所以首先删除 Everyone 组的权限，然后再添加其他用户或组的权限。

> **小贴士**
>
> 共享名最后一个字符使用"＄"可以隐藏共享文件夹，这样用户在网上邻居中就看不到该共享文件夹了。隐藏后，虽然网络上的用户看不到该共享文件夹，但是用户只要知道该共享名，还是可以访问该共享文件夹，具体方法在 4.3.2 小节中介绍。

1）删除共享权限

在图 4-13 中选中 Everyone，然后单击"删除"按钮，即可删除该组的权限，如图 4-14 所示。

2）添加共享权限

在图 4-14 中单击"添加"按钮，在打开的"选择用户和组"对话框中输入用户 manager，如图 4-15 所示；或者依次单击"高级"|"立即查找"按钮，然后在"搜索结果"列表框中选择用户或组（如 manager），并依次单击"确定"|"确定"按钮。

添加的 manager 显示在"组或用户名称"列表中，然后设置"更改"权限为"允许"，如图 4-16 所示。

重复上述步骤，添加 cashier 用户并设置共享权限，如图 4-17 所示。

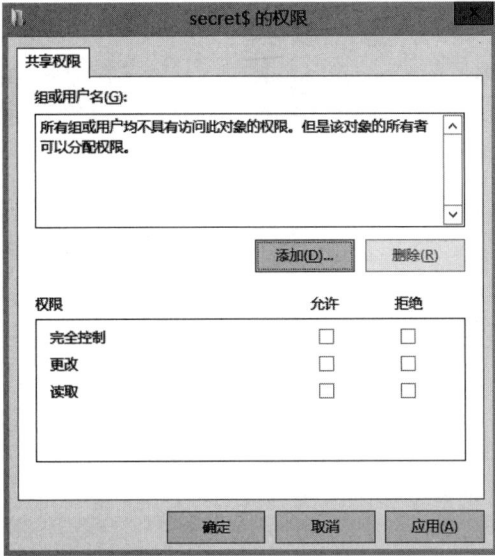

图 4-14　删除 Everyone 共享权限

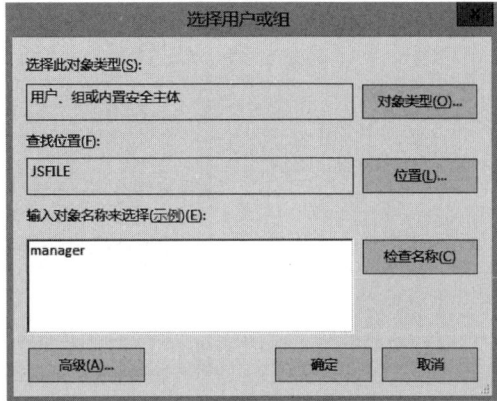

图 4-15　添加用户 manager

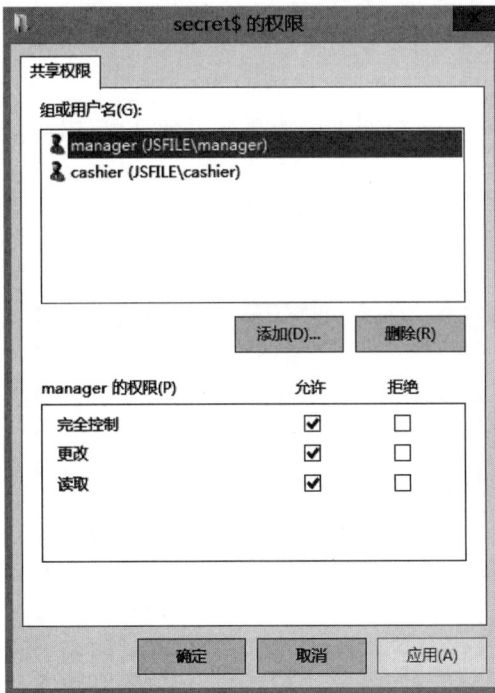

图 4-16　设置 manager 权限

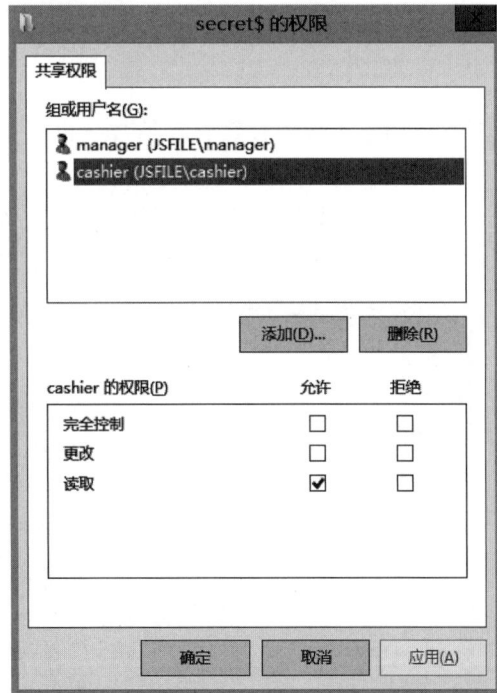

图 4-17　设置 cashier 权限

　　将 E:\ secret 设置为共享文件夹,结果如图 4-18 所示,共享名为 secret＄,网络路径是\\JSFILE\ secret＄。

　　3) 设置 NTFS 安全权限

　　当用户从网络访问一个存储在 NTFS 文件系统上的共享文件夹时会受到两种权限

119

图 4-18　将 E:\secret 设置为共享文件夹

的约束,用户最后的有效权限是共享权限与 NTFS 权限两者之中最严格的设置,因此接下来还需要设置 NTFS 权限。

　　NTFS 权限的详细设置方法可参见项目 3,此处不再赘述。文件夹 E:\ secret 的 NTFS 权限如图 4-19 和图 4-20 所示。

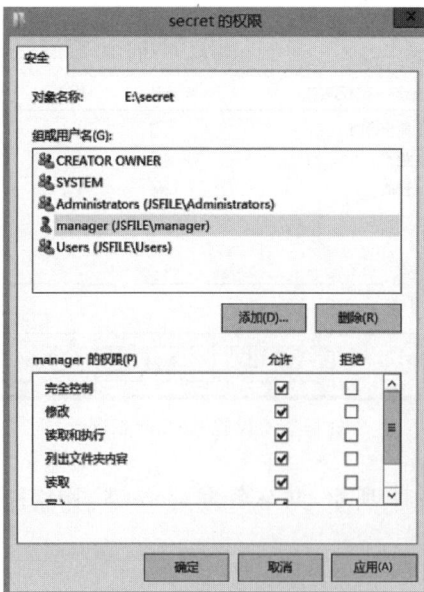

图 4-19　manager 的安全权限

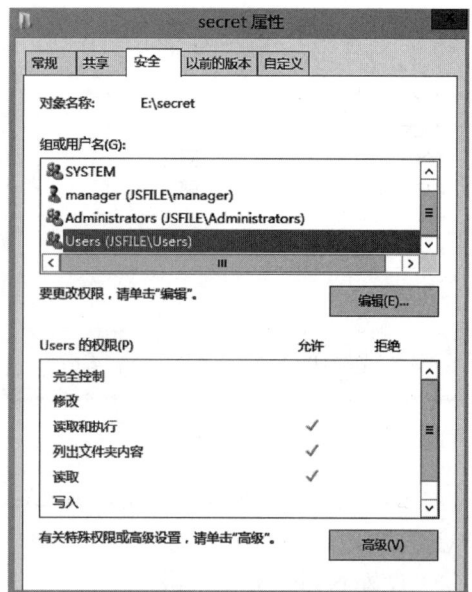

图 4-20　cashier 的安全权限

3. 启用卷影副本

在计算机 Dcm 上的 E 盘启用"卷影副本"功能,具体步骤如下。

右击 E 盘,在出现的菜单中单击"属性",在属性窗口中单击"卷影副本"选项卡,在"选择一个卷"中选中 E 分区,单击"启用"按钮,如图 4-21 所示。在弹出的消息窗口中选择"是"确认,如图 4-22 所示。

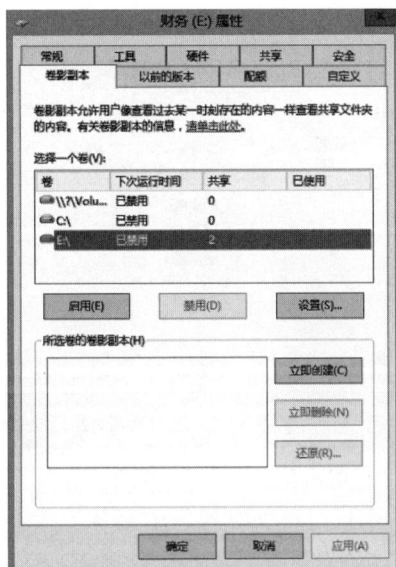

图 4-21　"卷影副本"选项卡

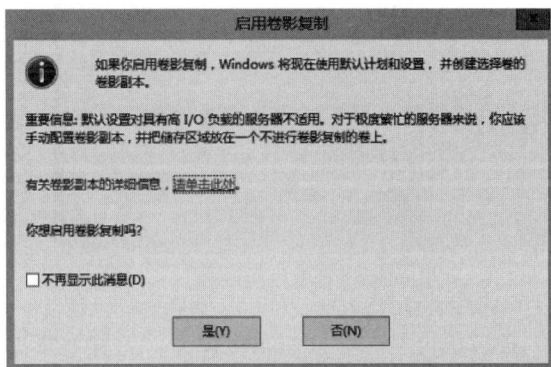

图 4-22　消息窗口

此时就启用了卷影副本。在启用了卷影副本功能后,系统就创建了第一个卷影副本,如图 4-23 所示。

创建卷影副本要占用一定的磁盘空间,用户可以通过"设置"调整存储限制和生成卷影副本的时间计划。单击设置按钮进入设置窗口,如图 4-24 所示。

首先为卷影副本设置一个存储限制,这个限制就是卷影副本存放副本所占用的空间。如果空间满了,新生成的卷影副本将会覆盖最老版本的卷影副本,被覆盖的老版本卷影副本是不可恢复的。本项目设置最大值使用限制为 599MB。

其次单击图 4-24 中的"计划"按钮设置生成卷影副本的时间计划,如图 4-25 所示。可以选择卷影副本在什么时间生成,如每天、每周等,如选择每周,可以选择在每周哪几天生成卷影副本。最后设

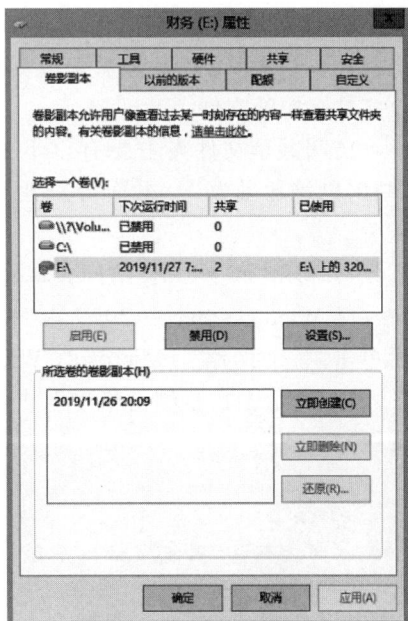

图 4-23　第一个卷影副本

置卷影副本生成的具体时间。如输入时间为每天早上 7：00，那么每天早上7：00 就会为服务器上所有的共享文件夹创建卷影副本。

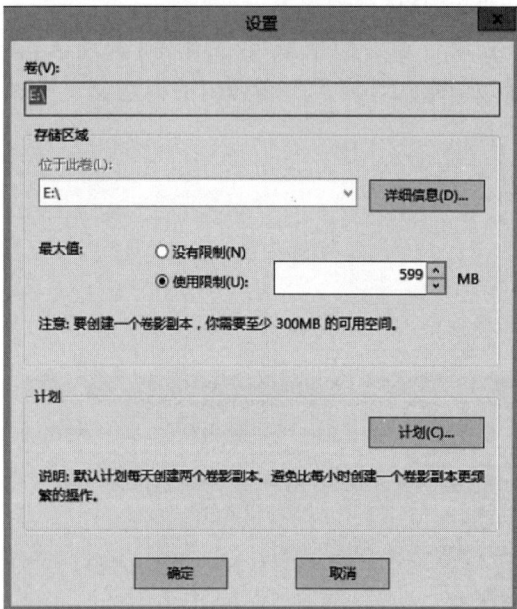

图 4-24　设置存储限制

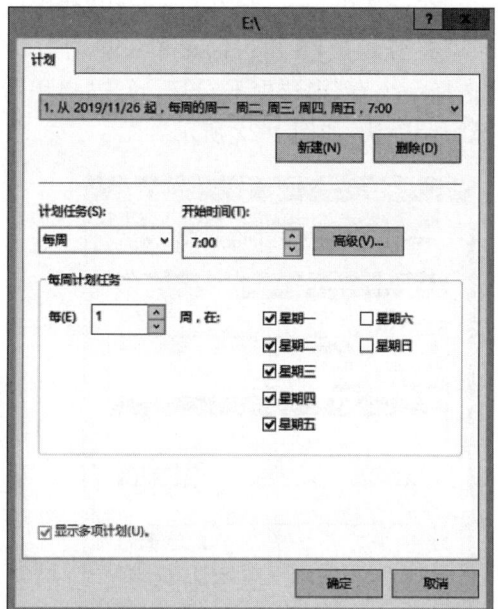

图 4-25　设置时间计划

最后单击"确定"按钮结束操作。这样卷影副本就配置完成了。

4.3.2　访问共享资源

4.3.1 小节已经对共享文件夹进行了详细的配置，网络上的用户就可以访问这些共享文件夹中的文件了。

访问共享文件夹主要有以下三种方式：利用"网上邻居"、利用"运行"命令、利用"映射网络驱动器"。下面分别用上述三种方法访问共享文件夹，测试共享文件夹的配置。

1）利用"网上邻居"访问共享文件夹

以 Windows Server 2019 为例。首先单击"开始"|"资源管理器"|"网上邻居"，然后单击"整个网络"|Microsoft Windows Network 下面的工作组或域中的计算机，如图 4-26 所示。在右侧窗格中双击相应的计算机图标就可以看到这台计算机上的共享资源。

> **小贴士**
>
> "网上邻居"不能显示出隐藏的共享文件夹，如图 4-26 中看不到"secret＄"共享文件夹。

图 4-26　网上邻居

2）利用"运行"命令访问共享文件夹

利用"运行"命令可以访问共享文件夹。虽然在网上邻居中看不到隐藏的共享文件夹，但可以通过运行命令进行访问。

单击"开始"|"Windows 系统"|"运行"，然后在"运行"对话框中输入 UNC 路径\\JSFILE\common，如图 4-27 所示。然后单击"确定"按钮，打开共享文件夹窗口，如图 4-28 所示。

用 UNC 访问
简单共享

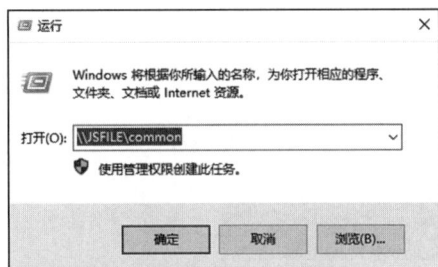

图 4-27　"运行"对话框

图 4-28　访问共享文件夹

小贴士

UNC（Universal Naming Convention，通用命名约定）路径就是\\计算机名称\共享名，例如图中的\\jsfile\common，其中的 jsfile 为计算机名称，common 为共享名（不是共享文件夹的名称）。如果计算机已经加入域，还可以输入包含域名的完整计算机名称，例如\\jsfile.mywin.com\common，其中的 mywin.com 就是域名。

3）利用"映射网络驱动器"访问共享文件夹

使用运行命令浏览共享文件会让用户觉得很麻烦，因为每次都要输入 UNC 路径。

为避免麻烦，可以映射共享的网络驱动器或文件夹到自己的计算机。映射是指为资源指定驱动器盘符，从而在计算机上以另一个磁盘驱动器的形式出现。

映射网络文件夹到本地驱动器盘符的另一个原因是能让某些程序访问网络文件夹。一些程序不能识别网络的程序，如果试图保存文件到网络文件夹时，程序会显示错误或者提示保存的位置不在磁盘空间内。大多数情况下，通过映射文件夹到驱动器盘符可以解决这个问题，它能使程序将其作为本地文件夹进行处理。

映射网络驱动器
manager 完全控制

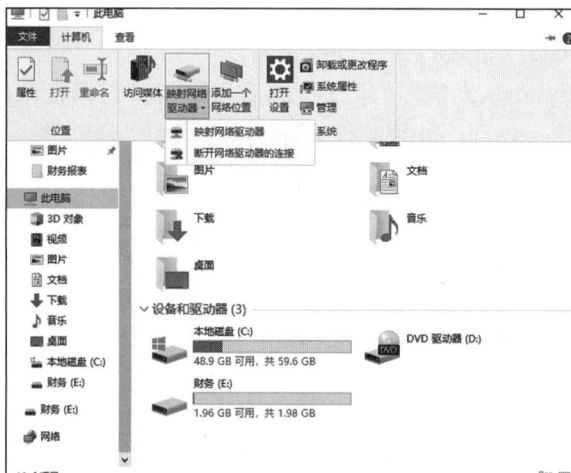

映射共享驱动器或文件夹可以通过资源管理器或者命令的方式。下面首先使用资源管理器将共享文件夹\\jsfile\secret$ 映射为 Z 盘，然后使用命令的方式将共享文件夹\\jsfile\secret$ 映射为 Y 盘。

打开"这台电脑"窗口，单击"计算机"菜单，在工具栏中单击"映射网络驱动器"，选择"映射网络驱动器"，如图 4-29 所示，弹出"映射网络驱动器"对话框，如图 4-30 所示。

图 4-29　选择"映射网络驱动器"

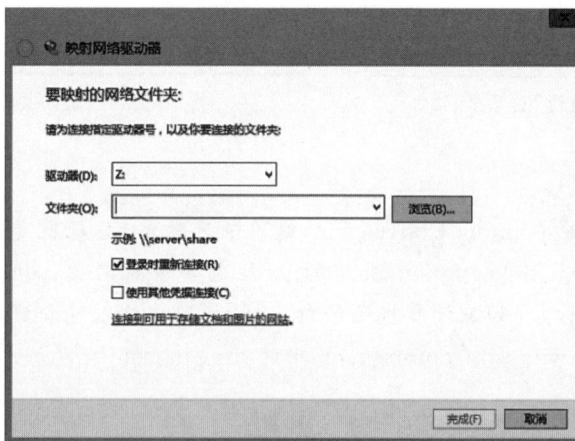

图 4-30　"映射网络驱动器"对话框

"驱动器"的下拉列表显示系统中最后一个可用的驱动器盘符。单击下拉列表选择×盘符;在"文件夹"文本框中输入共享文件夹的 UNC 路径,或者单击"浏览"按钮,在"浏览文件夹"对话框中选择共享文件夹;选择"登录时重新连接"复选框和"使用其他凭据连接",如图 4-31 所示,单击"完成"按钮,弹出如图 4-32 所示的对话框,输入用户名和密码,单击"确定"按钮。

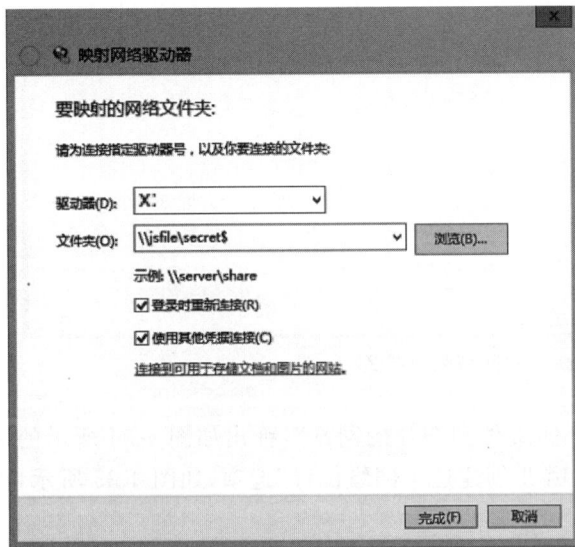

管理员没有权限访问
secret 截取视频

图 4-31　直接输入 UNC 路径

图 4-32　连接身份对话框

> **小贴士**
>
> 如果使用可移动的驱动器(例如记忆卡或闪存驱动器),Windows 会为这些驱动器分配第一个可用的驱动器盘符。如果映射网络驱动器时使用较低的驱动器盘符,可能会造成冲突,因此最好为映射的网络资源指定较高的驱动器盘符(如 X、Y、Z)。

单击图 4-31 中的"完成"按钮,映射的网络驱动器 Z:\ 出现在"这台电脑"中,如图 4-33 所示。

下面对图 4-31 对话框的部分选项进行说明。

1) 登录时重新连接

表示以后每次登录系统时,系统都会自动利用所指定的驱动器连接该共享文件夹。

2) 使用其他凭据连接

系统默认是利用登录时所输入的用户账户和密码连接共享文件夹,若该账户没有权限连接时,则可以在此处利用其他有权限的用户账户与密码进行连接。

3) 连接到可用于存储文档和图片的网站

可以单击此处在"网上邻居"内创建一个快捷方式,并且该快捷方式是连接到此共享文件夹的。该快捷方式还可以连接到网站内的文件夹或者 FTP 服务器内的文件夹。此处以连接到共享文件夹\\jsfile\common 为例进行说明。

125

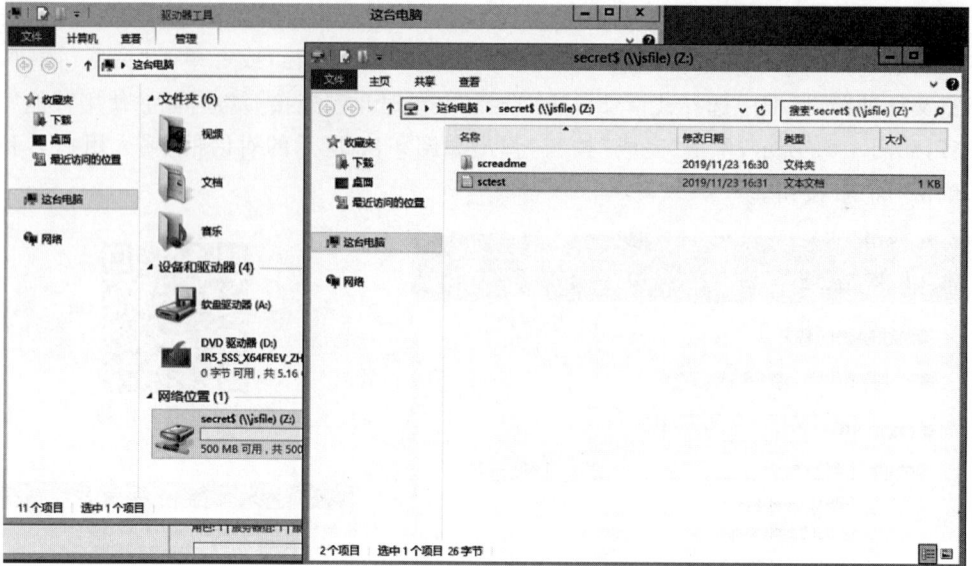

图 4-33 映射的网络驱动器 Z:\

单击图 4-31 中的"连接到可用于存储文件和图片的网站"，弹出如图 4-34 所示的对话框，单击"下一步"按钮，弹出"你想在哪儿创建这个网络位置"选项，如图 4-35 所示，再单击"下一步"按钮。

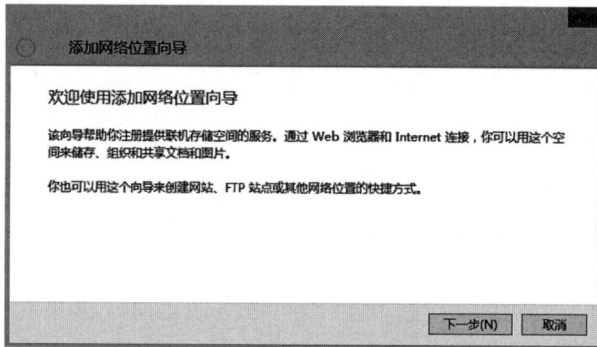

图 4-34 "添加网络位置向导"页面

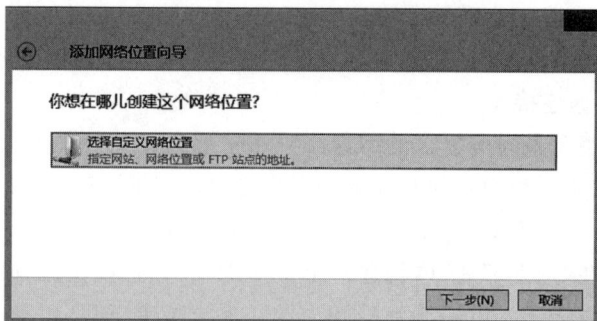

图 4-35 询问创建网上邻居的位置

在图 4-36 中输入网络地址\\jsfile\common,单击"下一步"按钮,在图 4-37 中输入网上邻居的名称 common(JSFILE),单击"下一步"按钮出现完成信息,如图 4-38 所示,最后单击"完成"按钮,结束操作。

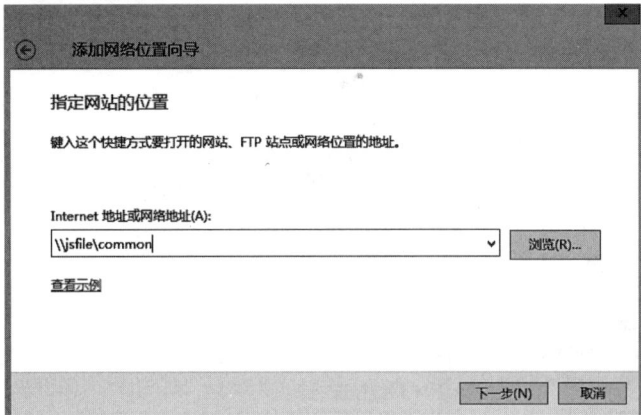

图 4-36 添加网络地址

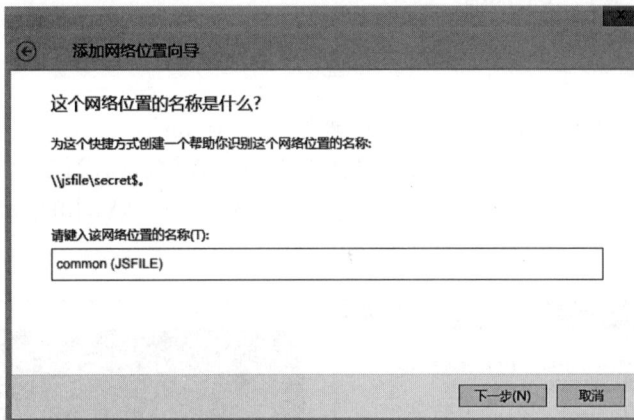

图 4-37 输入网上邻居的名称

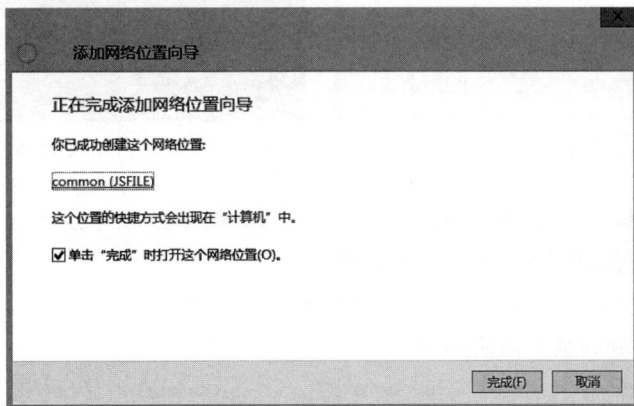

图 4-38 添加完成界面

新创建的快捷方式"common(JSFILE)"出现在"网络位置"中，如图 4-39 所示。

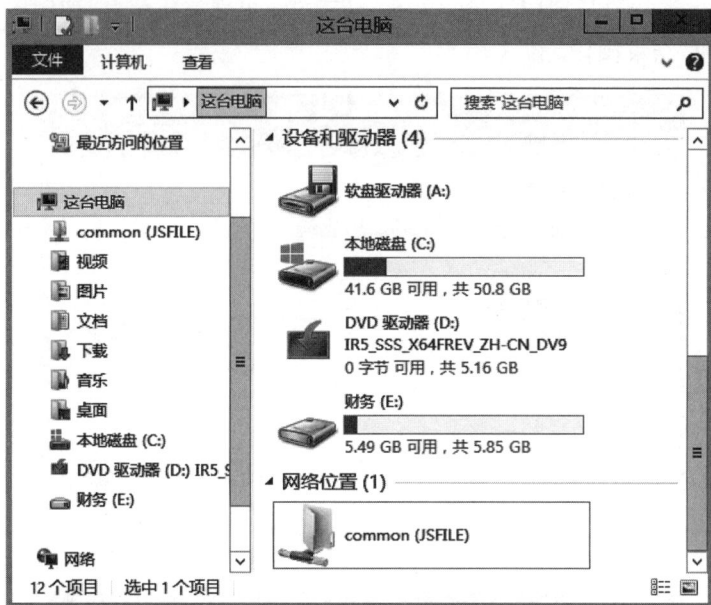

图 4-39 生成网络位置

下面使用 NET USE 命令的方式将共享文件夹\\jsfile\common 映射为 Y 盘。

单击"开始"|"运行"，然后在"运行"对话框中输入命令 cmd，如图 4-40 所示，单击"确定"按钮，出现"命令提示符"窗口，输入命令"NET USE Y：\\jsfile\common"并按回车键，如图 4-41 所示。

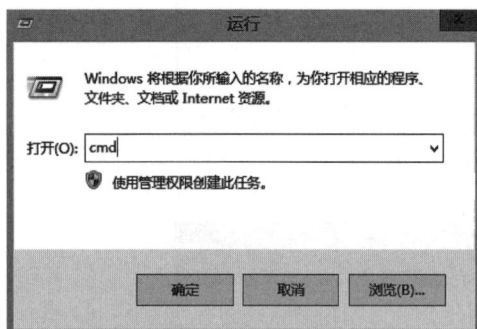

图 4-40 "运行"对话框

图 4-41 "命令提示符"窗口

映射的网络驱动器 Y:\出现在"这台电脑"中，如图 4-42 所示。

如果要检查连接，使用命令：NET USE

如果要中断连接，使用命令：NET USE Y： /delete

NET USE 命令的基本语法如下。

NET USE ［drive］［share］［password］［/USER：user］［/PERSISTENT：［YES ｜ NO］｜/DELETE］

图 4-42　映射的网络驱动器

各参数作用如表 4-6 所示。

表 4-6　NET USE 命令参数表

参　　数	作　　用
drive	共享文件夹所映射的本地驱动器盘符（紧跟冒号）
share	共享文件夹的 UNC 路径
password	连接共享文件夹所需的密码（即与下面指定的用户名相关的密码）
/USER：user	用于连接共享文件夹的用户名
/PERSISTENT：	添加 YES 以在下次登录系统时重新连接映射的网络驱动器
/DELETE	删除已存在的映射到 drive 的共享文件夹

4.3.3　管理共享资源

Windows Server 2019 可以设置多个共享文件夹。除了使用 4.3.1 小节的方法进行设置以外，还可以使用管理工具"计算机管理"对本机所有共享文件夹的设置、停止共享等进行管理。

1. 查看共享资源

右击"开始"图标，单击"计算机管理"打开"计算机管理"窗口，如图 4-43 所示。单击左侧的"系统工具"|"共享文件夹"|"共享"可以查看所有共享资源，如图 4-44 所示。

单击共享资源 common，右侧的操作栏显示可以操作的命令，如打开、停止共享、属性等，如图 4-45 所示。单击"属性"选项，弹出 common 的属性窗口，如图 4-46 所示。

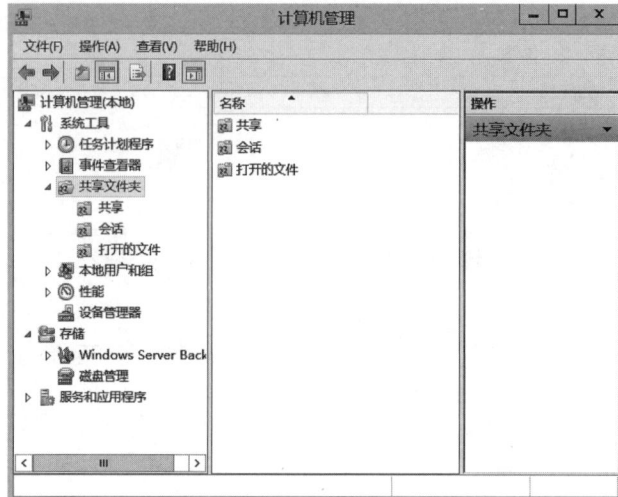

图 4-43 "计算机管理"窗口

图 4-44 显示所有共享资源

图 4-45 common 操作命令

图 4-46　查看 common 属性窗口

2. 新建共享

在图 4-47 窗口中,单击右侧操作栏"共享"右侧的三角形,单击"新建共享"选项,打开"创建共享文件夹向导"对话框,如图 4-48 所示。

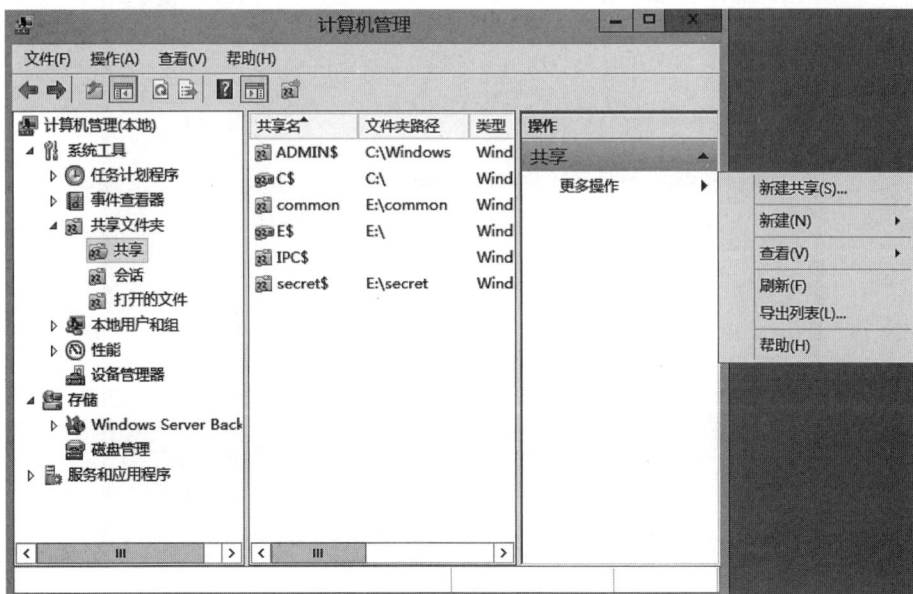

图 4-47　选择"新建共享"选项

单击图 4-48 的"下一步"按钮，在图 4-49 中输入文件夹路径"E:\财务报表"，单击"下一步"按钮；在图 4-50 中输入共享名"财务报表"，单击"下一步"按钮；在图 4-51 中设置文件夹权限，单击"完成"按钮；在图 4-52 "共享成功"窗口中单击"完成"按钮。

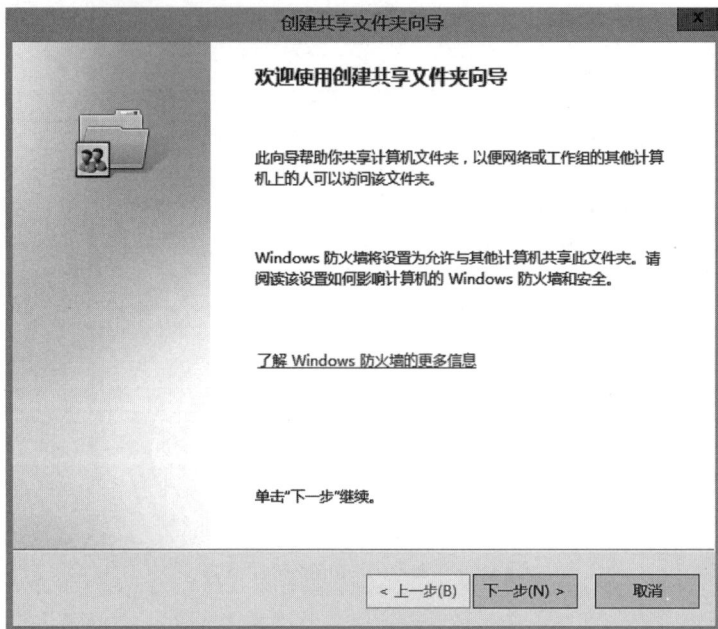

图 4-48　"创建共享文件夹向导"对话框

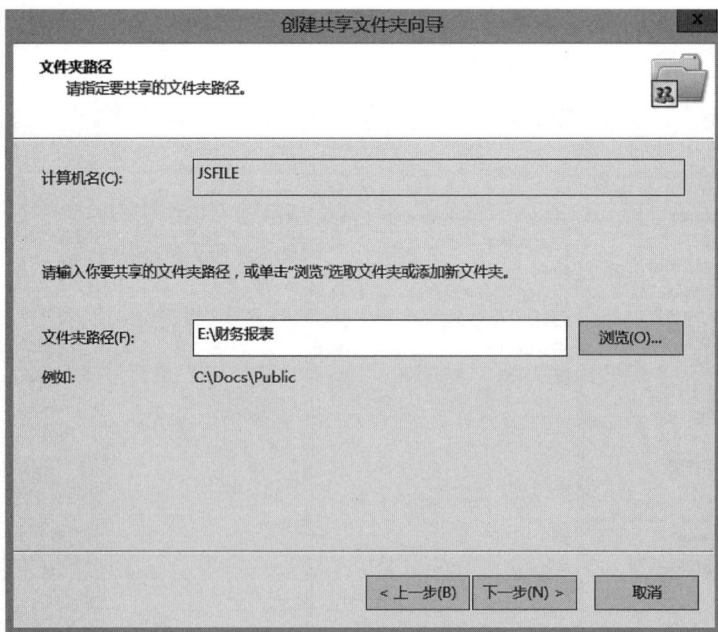

图 4-49　输入文件夹路径

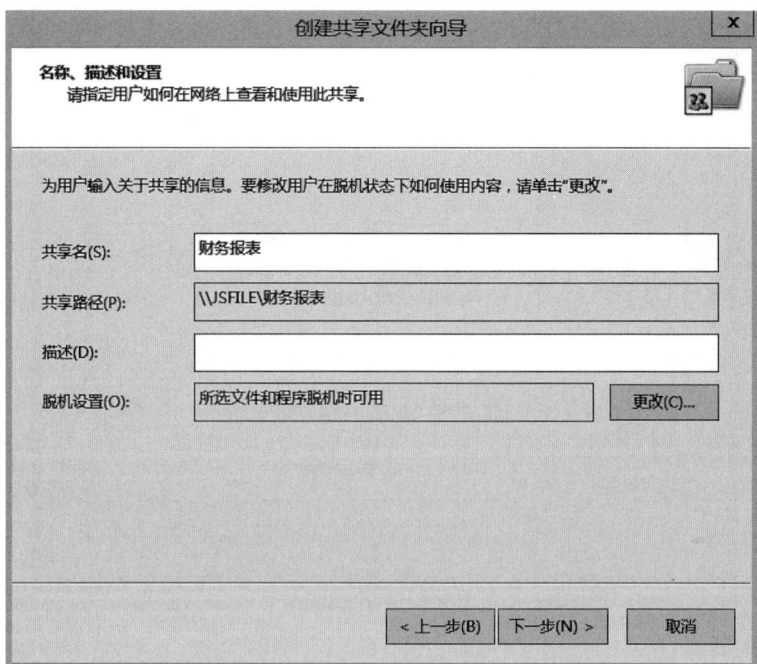

图 4-50　输入共享名

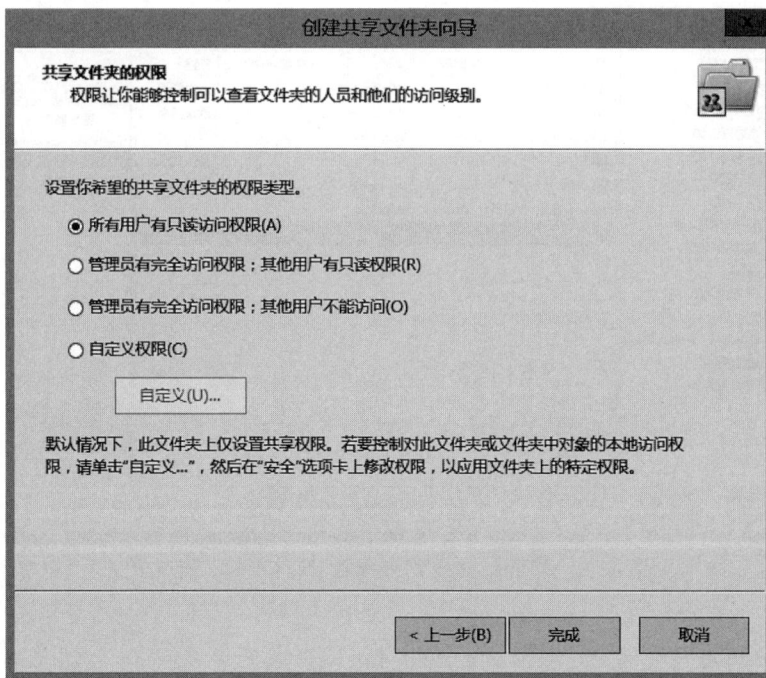

图 4-51　设置文件夹权限

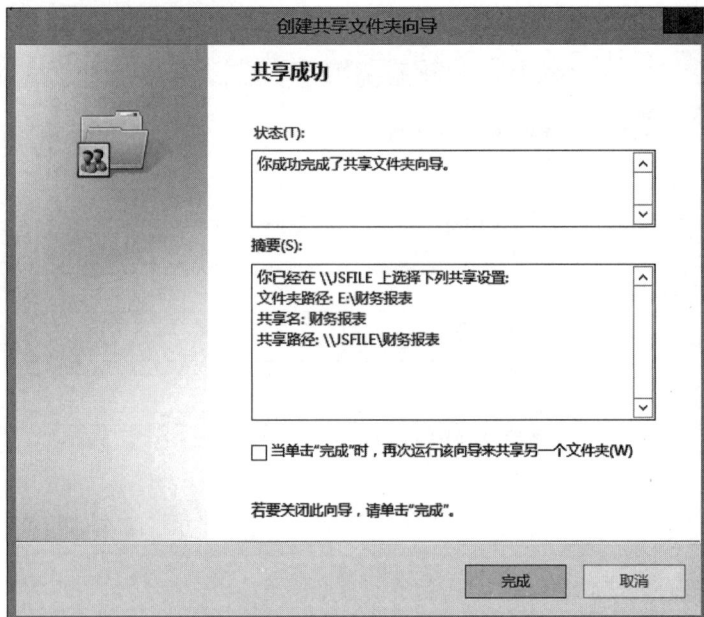

图 4-52　共享成功

此时共享文件夹"财务报表"显示在共享窗口中，如图 4-53 所示。

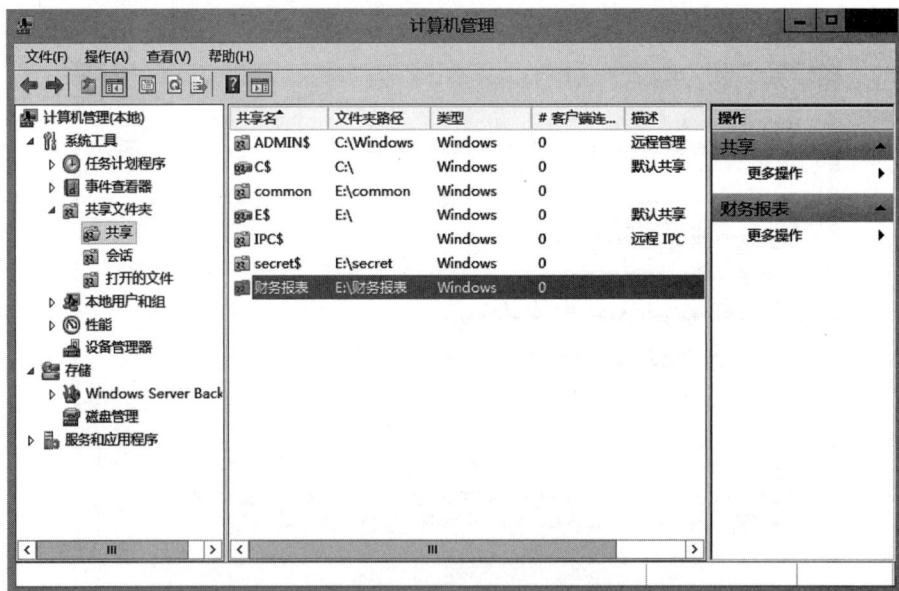

图 4-53　共享文件夹"财务报表"显示在共享窗口中

3. 停止共享

在图 4-53 的右侧操作栏中选择"财务报表"|停止共享，弹出提示信息"你确实要停止共享财务报表吗"，如图 4-54 所示，单击"是"按钮。"财务报表"不再共享，也不再显示在

共享窗口中,如图 4-55 所示。

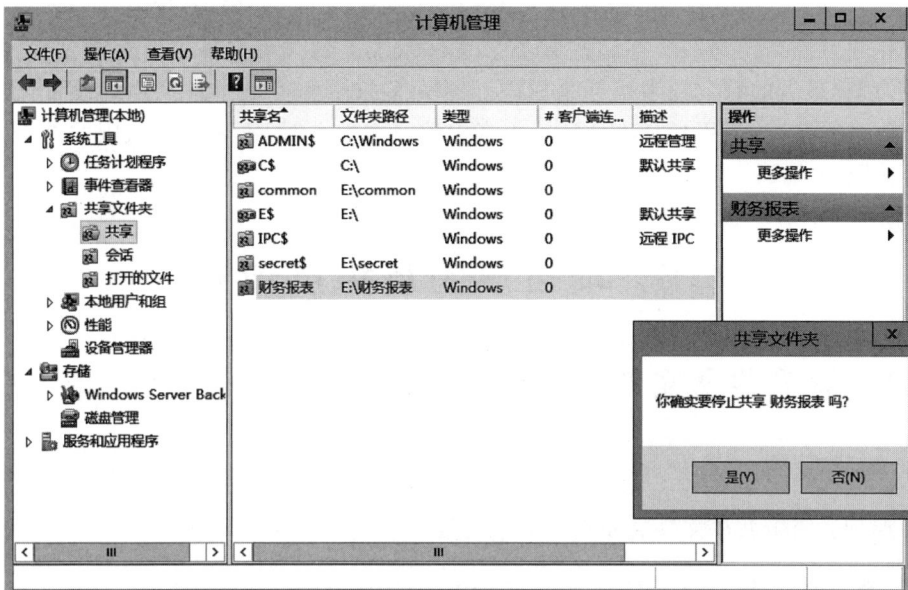

图 4-54　停止共享

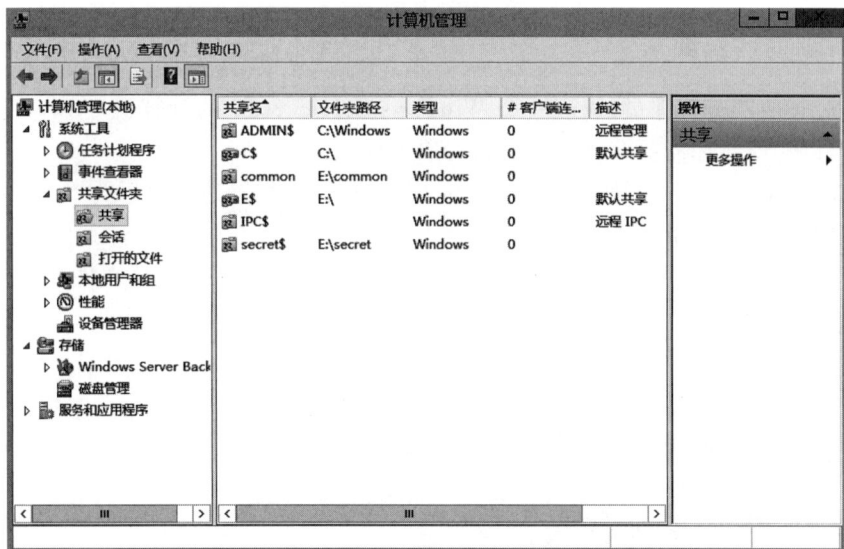

图 4-55　"财务报表"不再显示在共享窗口中

4.4　项目验收总结

　　共享文件夹是资源共享最常用的方式之一。位于 FAT、FAT32、NTFS 磁盘内的文件夹都可以被设置成共享文件夹,然后通过共享权限设置用户的访问权限。只有拥有权限的用户才可以访问与其权限相对应的共享文件夹，并对共享文件夹进行相应操作。共享权限有三种：完全控制、更改、读取。系统默认所有用户的权限为"读取"。

当用户从网络访问一个存储在 NTFS 文件系统上的共享文件夹时会受到两种权限的约束，用户最后的有效权限是共享权限与 NTFS 权限两者之中最严格的设置（也就是两种权限的交集）。当用户从本地计算机直接访问文件夹时，不受共享权限的约束，只受 NTFS 权限的约束。

4.5 项目巩固及拓展训练

4.5.1 简单共享文件夹

1. 实训目的

掌握创建简单共享文件夹及设置共享权限。

2. 设备和工具

已安装 Windows Server 2019 版本的计算机等。

3. 实训内容及要求

你是公司的网络管理员，管理一个 Windows Server 2019 的计算机 Test7，它是销售部门的文件服务器，你需要在 Test7 上执行以下任务。

（1）在 C:\test 文件夹中创建共享名为 test 的共享，配置访问权限为 SalesGroup 组仅有读取的权限，其他组没有访问权。

（2）分别用其他组和 SalesGroup 组内的某个用户账户登录，测试文件夹 C:\test 的共享权限。

4. 实训总结

本实训实现了共享文件夹的简单共享设置。

4.5.2 高级共享文件夹

1. 实训目的

掌握创建高级共享文件夹及设置共享权限。

2. 设备和工具

已安装 Windows Server 2019 版本的计算机等。

3. 实训内容及要求

你是公司的网络管理员,管理一个 Windows Server 2019 的计算机 Test7,它是销售部门的文件服务器,你需要在 Test7 上执行以下任务。

(1) 在 C:\sales 文件夹创建共享 sales,并隐藏共享,配置权限为:管理员级有完全控制的权限,其他组没有访问此共享的权限。

(2) 分别用管理员和 SalesGroup 组内的某个用户账户登录,测试文件夹 C:\sales 的共享权限。

4. 实训总结

本实训实现了共享文件夹的权限设置。项目实施过程中,注意先删除 Everyone 组的权限,项目实施后注意验证所设置的权限是否正确。

4.6　课后习题

一、选择题

1. 下列不属于共享文件夹的权限类型的是(　　)。

　　A. 读取　　　　　　　B. 修改　　　　　　　C. 读取和执行　　　　D. 完全控制

2. 在域中访问计算机 server 上共享名为 share 的共享文件夹,通过"映射网络驱动器"窗口中"路径"文本框,输入符合 UNC 格式的为(　　)。

　　A. //server/share　　　　　　　　　B. \\server\share

　　C. \\server\share $　　　　　　　　D. //server\share

3. 你是公司的网络管理员。网络中只有一个域,所有服务器安装 Windows Server 2019 系统,所有的客户计算机安装 Windows XP Professional。一名管理员已经创建了一个共享文件夹 Data,他允许用户在该文件夹中创建文件,但不能打开文件。当用户尝试连接该文件夹时,收到提示信息。你需要配置文件夹的权限使用户能在该文件夹中存放文件,你应当如何进行设置?

　　A. 在 NTFS 权限上设置"允许显示文件夹内容"和"写",在共享权限上设置"更改"

　　B. 在 NTFS 权限上设置"允许显示文件夹内容"和"写",在共享权限上设置"完全控制"

　　C. 在 NTFS 权限上设置"读"和"写",在共享权限上设置"更改"

　　D. 在 NTFS 权限上设置"修改"和"写",在共享权限上设置"更改"

4. 对于文件夹 C:\file,设置用户 test 的 NTFS 权限为完全控制,设置 test 的共享权限为更改,则 test 用户在本机 C 盘上访问该共享文件夹的权限是(　　)。

　　A. 读取　　　　　　　B. 更改　　　　　　　C. 写入　　　　　　　D. 完全控制

二、填空题

1. 在共享文件夹的共享名后加_____符号可以隐藏此共享。

2. 若服务器名为 HPS，共享名为 common，则要访问此共享文件夹的 UNC 路径为_____。

三、简答题

1. 简述共享权限的应用原则。

2. 你是公司的网络管理员，在文件服务器 fileserver 上的 E 盘共享了文件夹，共享名为 share＄，你有几种方法允许公司的员工访问？

3. 写出网络共享资源的三种访问方法。

项目 5　打印机的安装与配置

◆ 内容结构图

本项目主要实现为 Windows Server 2019 服务器安装打印机,使客户端计算机能够共享此外设,这不但可以减轻管理员的负担,也可以让用户方便地打印文件,而且节省了设备成本。通过对打印机权限的设置来限制用户的使用。

完成该典型任务的过程中所需的理论知识和实施步骤如图 5-1 所示。

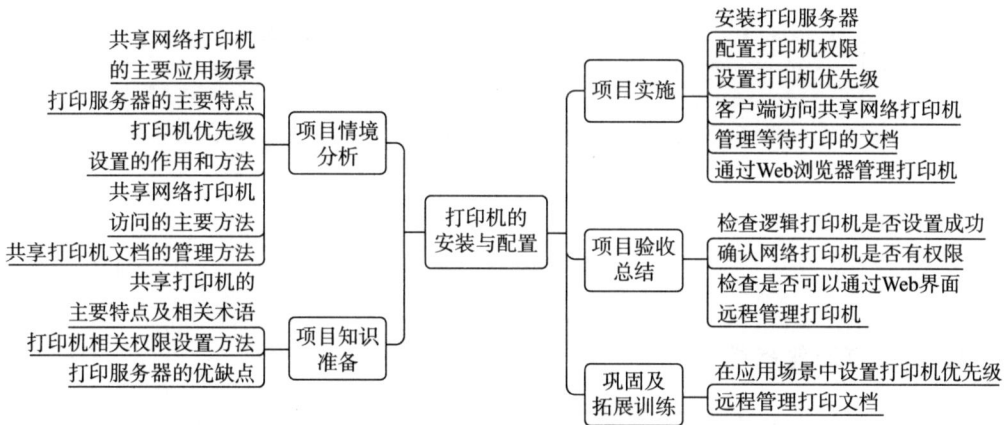

图 5-1　完成典型任务所需知识结构和实施步骤

5.1　项目情境分析

打印机是公司最基本的办公工具之一,也是计算机的一个基本外设。一般情况下,在一个公司的一个部门中往往会根据使用需求配置 1~2 台打印机,该打印机通常以共享打印机的形式提供给部门中每台能连接到网络中的计算机来使用,从而节省办公成本。为了更好地利用和管理打印机及其打印服务,可以通过设置打印服务器来对打印机进行有效的管理。

本项目将利用 Windows Server 2019 为用户提供打印管理功能,实现网络的打印机功能既满足多计算机共享打印机,又能合理地管理打印服务,并实现打印机的安全管理。

◇ 项目目标

公司内部计算机 JSPrint 作为打印服务器，连接一台打印设备 Generic IBM Graphics 9pin，它要让公司内的基层员工与经理共同打印文档，但要让经理的紧急文档能够优先打印。项目实施流程如图 5-2 所示。

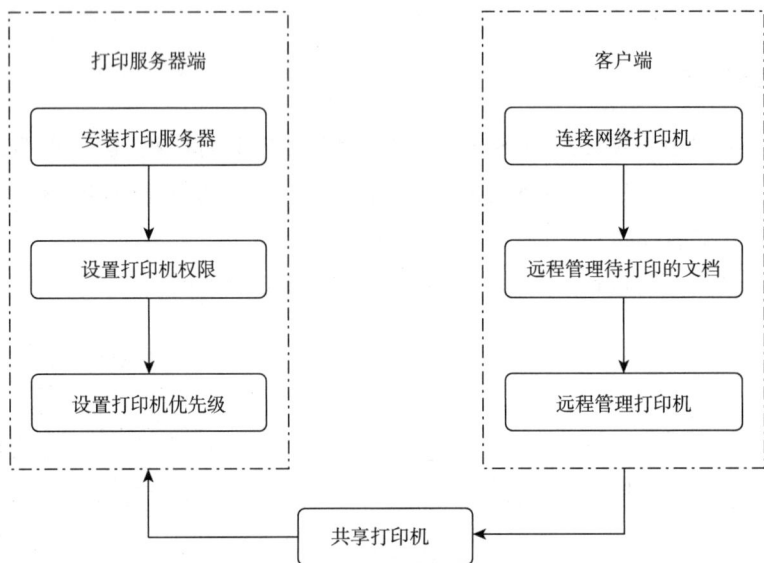

图 5-2 项目实施流程图

1. 安装打印服务器

计算机 JSPrint 作为打印服务器。将打印设备 Generic IBM Graphics 9pin 与计算机 JSPrint 连接（端口是 LPT1），并打开打印机电源。安装两个本地逻辑打印机 HPManag 和 HPAccount，将其设为共享打印机，最后为其他操作系统安装驱动程序。

2. 打印机权限设置

设置用户 wuyan 具有管理打印机和管理文档的权限。

打印机 HPManag 只能让 Managers 组（包含 wanglin 和 wuyan 两个用户）使用，打印机 HPAccount 可以让所有用户使用。

3. 打印机优先级设置

设置打印机 HPManag 的打印优先级为 5，打印机 HPAccount 的打印优先级为 1，这样可以使得 Managers 组的文档优先打印。

4. 客户端连接共享网络打印机

Managers 组内用户 wanglin 在计算机 dcw 上连接共享打印机 HPManag。

Accountants 组（包含 guojing 和 zhangyan 两个用户）内用户 guojing 在计算机 dcg 上连接共享打印机 HPAccount。

5. 管理等待打印的文档

用户 wuyan 管理等待打印的文档，可以暂停、继续、重新开始与取消打印文档。

6. 通过 Web 浏览器管理打印机

用户 wuyan 通过 Web 浏览器管理打印机。

5.2　项目知识准备

5.2.1　打印术语

在安装和管理打印机之前，首先介绍一些 Windows Server 2019 的打印术语。网络打印机工作示意图如图 5-3 所示。

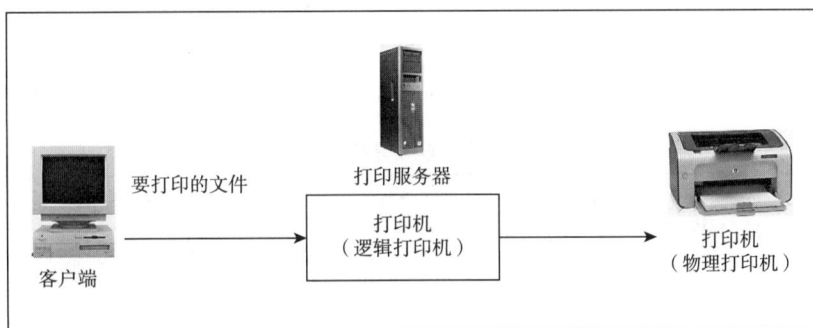

图 5-3　网络打印机工作示意图

（1）打印设备：即日常所说的打印机，也就是放打印纸、生成打印文档的物理设备。Windows Server 2019 支持本地打印设备和网络打印设备。

（2）打印机（逻辑打印机）：是操作系统和打印设备之间的软件接口，用户的打印文档就是通过它发送给打印设备的。

无论是打印设备，还是逻辑打印机，它们都可以被简称为打印机。为了避免混淆，在本章中以打印机表示逻辑打印机，以打印设备表示物理打印机。

（3）打印服务器：一般来说是一台计算机，并且连接着物理的打印设备。它负责接收用户端送来的文档，并将其发送到打印设备打印。

（4）打印机端口：打印机和计算机连接所使用的接口就是打印机端口，这个端口可能是 LPT（并行端口）、COM（串行端口）、USB 端口或者红外线端口。

（5）打印驱动程序：在打印服务器接收到要打印的文档后，打印驱动程序将其转换为打印设备所能识别的格式，以便发送到打印设备打印。不同的打印设备需要不同的打印驱动程序。

（6）打印队列：是用户发送的打印文件请求。通过查看打印队列可以获得要打印的文档的大小、所有者和打印状态信息。

（7）打印机池：如果打印工作量很大，一台打印设备无法满足工作要求，可将多个打印设备组合在一起，形成一个打印机池，由 Windows Server 2019 根据打印负荷情况，自动将打印任务分配到打印机池中各个打印设备上。

> **小贴士**
>
> 一般情况下，打印服务器由一台计算机扮演，但该计算机必须打开，才能为用户提供打印服务，比较浪费电源。市场上也有销售打印服务器的设备，例如 Intel、友讯科技等公司，它的体积较小（像一台 ADSL 调制解调器的大小），比较省电。

5.2.2　打印权限

在某些情况下，并不希望所有的用户都可以使用网络共享打印机。例如，某台高价的彩色打印机，每张纸打印成本很高，只有某些员工才可以使用该打印机。这时可以通过打印机权限进行设置。

打印机权限有三种：打印、管理文档、管理打印机。表 5-1 列出打印机权限种类及其所具备的能力。

表 5-1　打印机权限的类型及其所具备的能力

具备的能力	权 限 类 型		
	打印	管理文档	管理打印机
连接打印机和打印文档	√		√
暂停、继续、重新开始与取消打印用户自己的文档	√		√
暂停、继续、重新开始与取消打印所有的文档		√	√
更改所有文档的打印顺序、时间等设置		√	√
将打印机设为共享打印机			√
更改打印机属性			√
删除打印机			√
更改打印机的权限			√

系统默认赋予 Everyone 都有"打印"的权限；Creator Owner 有"管理文档"的权限；Administrators、Print Operators、Server Operator、Power Users 等组有"管理打印机"的权限。

小贴士

用户被赋予"管理文档"的权限后,他并不能管理已经在等待打印的文档,只能管理在被赋予"管理文档"的权限之后才送到打印机打印的文档。

5.2.3 使用打印服务器的优缺点

可用以下两种方法添加一台通过网络适配器直接连接到网络的打印机。

一是不使用打印服务器计算机而直接将打印机添加到每个用户的计算机上。

二是先将打印机添加到打印服务器上,然后通过打印服务器计算机将每个用户连接到打印机。

使用打印服务器打印具有以下优势。

(1) 打印服务器可以管理打印机驱动程序设置。

(2) 在连接打印机的每台计算机上都会显示一个完整的打印队列,每个用户都能看见自己的打印作业所处的位置。

(3) 由于错误信息出现在所有计算机上,每个用户都能了解打印机的真实状态。

(4) 某些处理任务可以从客户端计算机转移到打印服务器上进行。

(5) 可有一个日志供要审核打印机事件的管理员查阅。

使用打印服务器的唯一缺点是需要一台计算机来充当打印服务器。但是它并不需要一台专用计算机,通常由同时执行其他任务的服务器担任。

5.3 项 目 实 施

公司内的基层员工(Accountants 组)与经理(Managers 组)使用同一台打印设备,要让经理的紧急文档能够优先打印,可以通过设置打印机的优先级来实现。

本项目中,将一台安装了 Windows Server 2019 的计算机 JSPrint 作为打印服务器,将打印设备 Generic IBM Graphics 9pin 与计算机 JSPrint 连接(端口是 LPT1),并打开打印机电源。然后在打印服务器上安装两个本地逻辑打印机 HPManag 和 HPAccount(端口都指向 LPT1),将其设为共享打印机。最后对这两个打印机分别进行权限设置,使得打印机 HPManag 的优先级比打印机 HPAccount 的优先级高,且 Managers 组的用户连接打印机 HPManag,Accountants 组的用户连接打印机 HPAccount,如图 5-4 所示。

5.3.1 安装打印服务器

1. 安装本地打印机

安装本地打印机的具体操作步骤如下。

安装本地
打印机

143

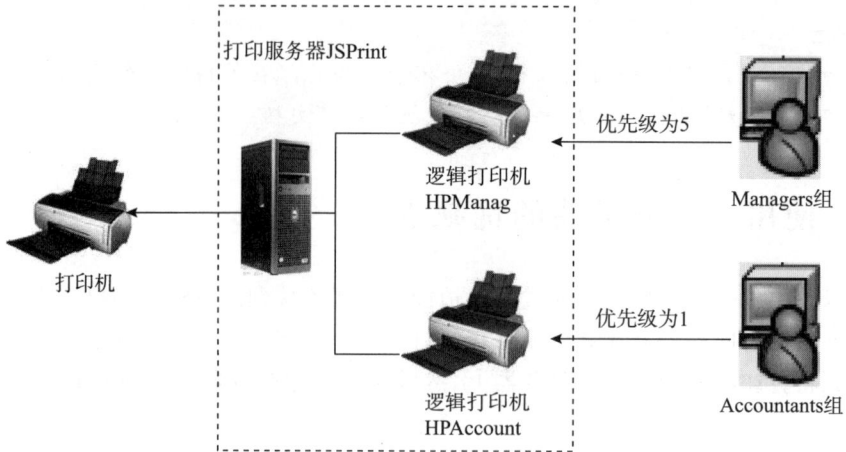

图 5-4　项目实施示意图

（1）单击"开始"|"控制面板"|"硬件"|"查看设备和打印机"|"添加打印机"，出现"添加打印机"窗口，单击"我所需的打印机未列出"，停止自动搜索。

（2）在弹出的"添加打印机"界面选择"通过手动设置添加本地打印机或网络打印机"，单击"下一步"按钮，如图 5-5 所示。

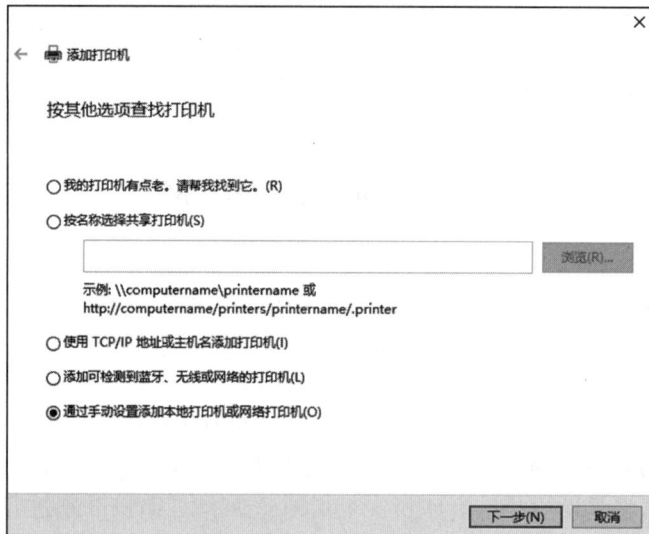

图 5-5　安装打印机选项界面

小贴士

现在常见的打印机驱动安装方式是执行打印机附带光盘中的安装程序，系统会自动检测并安装驱动，用户只需要按照提示操作即可。

（3）选择正确的打印机端口：LPT1，如图 5-6 所示。

（4）选择打印机型号，如果列表中不存在本地打印机型号，请单击从"磁盘安装"，手动选择打印机驱动,这里选择 Generic 厂商的 Generic IBM Graphics 9pin,如图 5-7 所示。

（5）设置打印机名称 HPManag,如图 5-8 所示。

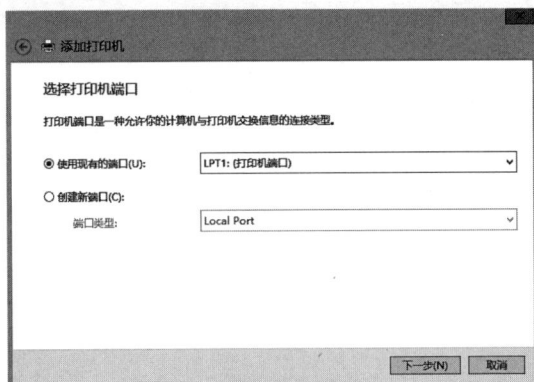

图 5-6　打印机端口

图 5-7　打印机型号

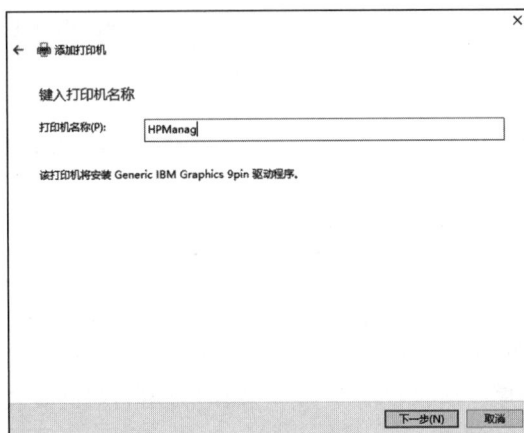

图 5-8　打印机名称

145

（6）设置共享名。此处暂时不设置共享，等安装完成以后再设置，如图 5-9 所示。

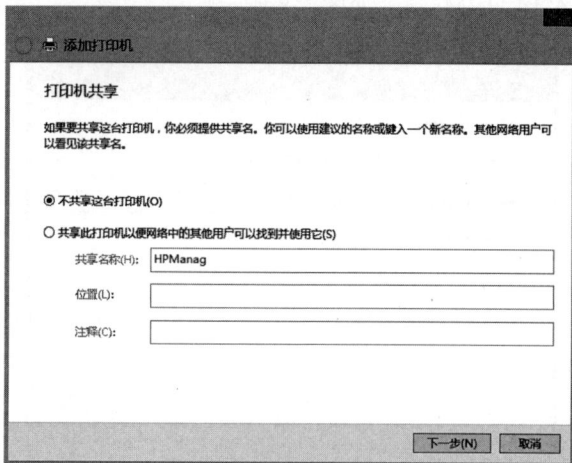

图 5-9　设置共享名

（7）打印测试页，测试打印机是否正常工作，如图 5-10 所示。

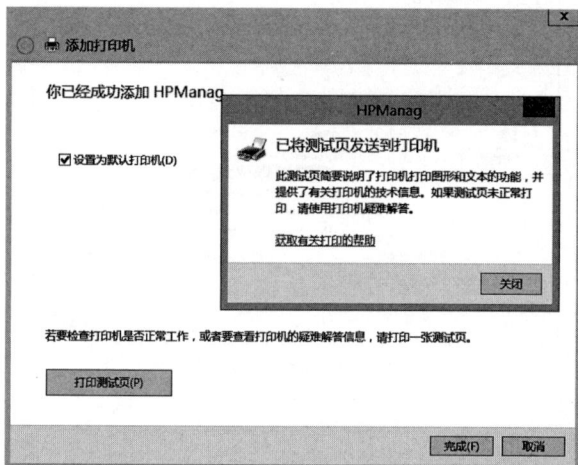

图 5-10　打印测试页

（8）完成打印机的安装。注意，这里单击"完成"按钮后会复制驱动程序，可能需要提供 Windows Server 2019 的系统安装盘，如图 5-11 所示。

（9）成功安装本地打印机 HPManag，如图 5-12 所示。

下面安装打印机 HPAccount，安装步骤和安装打印机 HPManag 类似。

按照上述步骤（1）～（4）执行之后，出现如图 5-13 所示的选项。由于 HPAccount 和 HPManag 对应同一个物理打印机（端口为 LPT1 的 Generic IBM Graphics 9pin），而该打印机已经安装了驱动程序。所以在图 5-13 中选择"使用当前已安装的驱动程序（推荐）"，然后单击"下一步"按钮。在图 5-14 中输入打印机名 HPAccount，设置 HPAccount 为默认打印机，单击"下一步"按钮。之后的步骤请参考图 5-9～图 5-11。

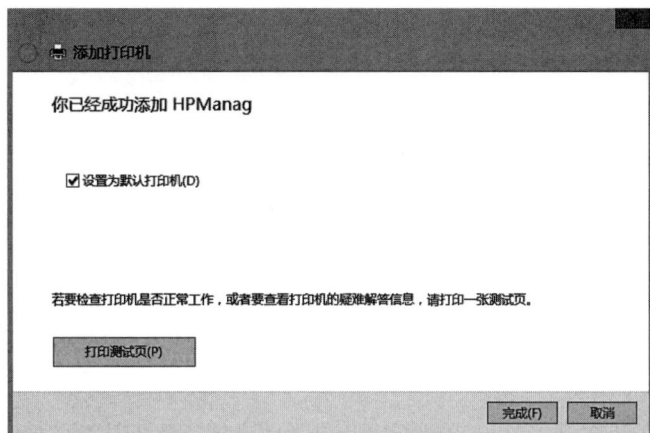

图 5-11　完成打印机的安装

图 5-12　成功安装本地打印机 HPManag

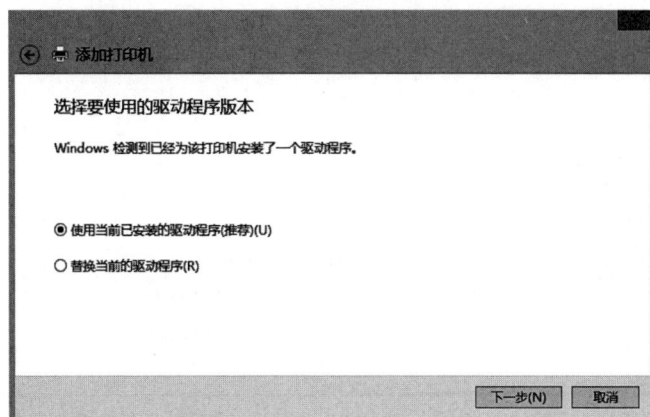

图 5-13　使用现有驱动程序

图 5-14　默认打印机

　　成功安装打印机后如图 5-15 所示，虽然仅显示默认打印机 HPAccount，但右击 HPAccount 图标，打开属性窗口，可以看到实际有两个打印机 HPAccount 和 HPManag。这两个打印机对应同一个物理打印机，打印机 HPAccount 准备给所有的用户使用，而打印机 HPManag 是为经理（Managers 组）准备的。

图 5-15　打印机 HPAccount 和 HPManag 对应同一个物理打印机

2. 共享现有打印机

本地打印机 HPAccount 和 HPManag 安装成功后,必须共享才能被网络用户连接并使用。
共享打印机 HPAccount 的具体步骤如下。

(1) 右击打印机 HPAccount,单击"打印机属性"选项,选择 HPAccount 选项,如
图 5-16 所示。

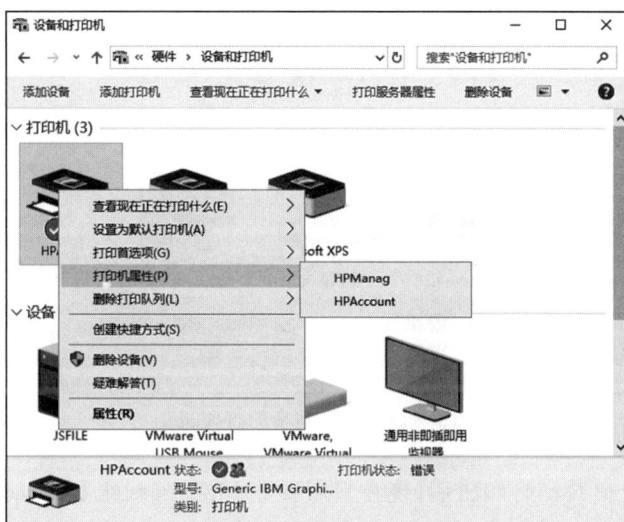

图 5-16　右击打印机

(2) 在弹出的窗口中选择共享标签,选中复选框"共享这台打印机",输入共享名,如
图 5-17 所示,单击"确定"按钮。然后按照上述步骤共享打印机 HPManag。打印机共享
成功之后如图 5-18 所示。

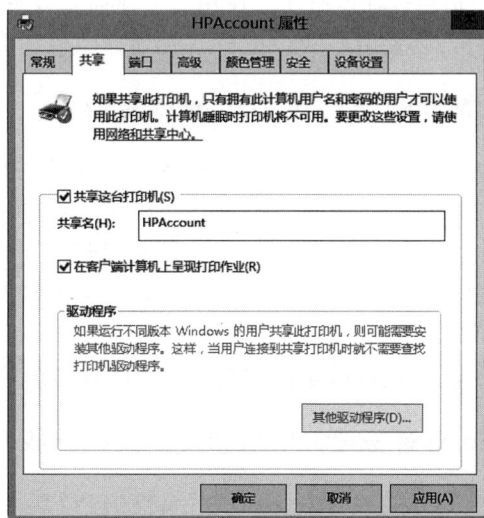

图 5-17　共享打印机

图 5-18 已经共享的打印机

设置好两台虚拟共享打印机后，现在只需要让 Managers 组和 Accountants 组分别访问一台虚拟共享打印机，并对每台虚拟共享打印机的访问参数进行合适地设置就能实现对同一台物理打印机的打印优先级进行分别管理的目的了。

5.3.2 设置打印机权限

由于默认情况下打印机可以让所有用户使用。下面需要设置打印机 HPManag 只能让 Managers 组使用，然后再设置用户 wuyan 具有管理打印机和管理文档的权限。

1. 设置打印机 HPManag 只能让 Managers 组使用

下面首先删除 Everyone 组，然后添加 Managers 组并设置共享权限。

（1）右击打印机 HPManag，选择"属性"|"安全"标签，如图 5-19 所示，选中 Everyone，单击"删除"按钮，即可删除 Everyone 组及其权限。

（2）单击图 5-19 中的"添加"按钮，在图 5-20 中输入对象名 Managers，然后单击"确定"按钮。

（3）在图 5-21 中，设置 Managers 组的权限为"允许"打印。

2. 设置用户 wuyan 具有管理打印机和管理文档的权限

分别在打印机 HPManag 和 HPAccount 的"属性"窗口的"安全"标签中添加用户 wuyan，然后设置其具有管理打印机和管理文档的权限，如图 5-22 和图 5-23 所示。

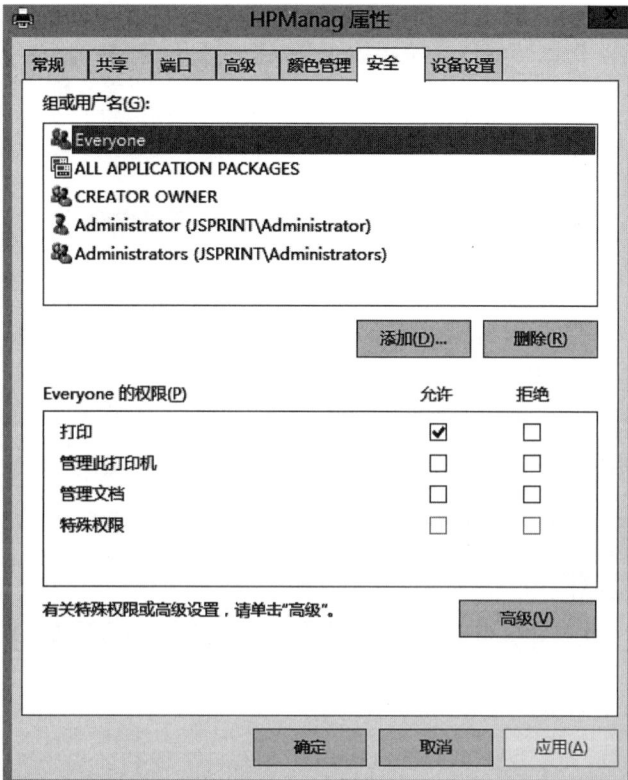

图 5-19　删除 Everyone

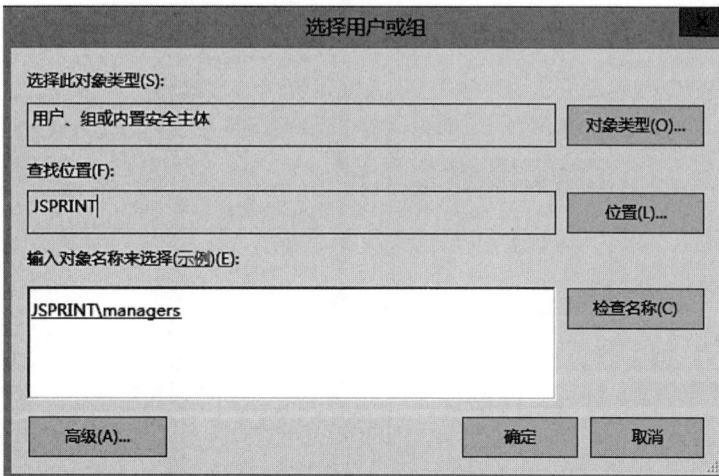

图 5-20　添加 Managers 组

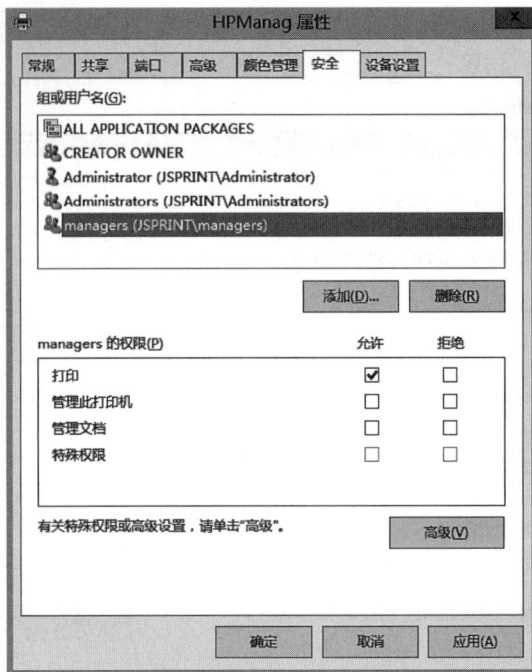

图 5-21　设置 Managers 组的权限

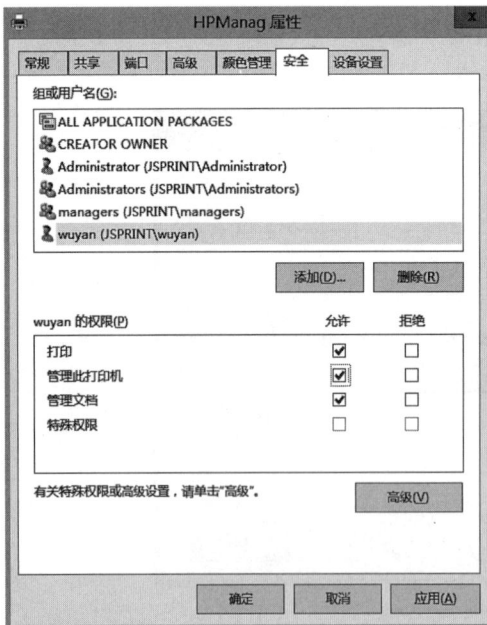

图 5-22　设置管理打印机的权限

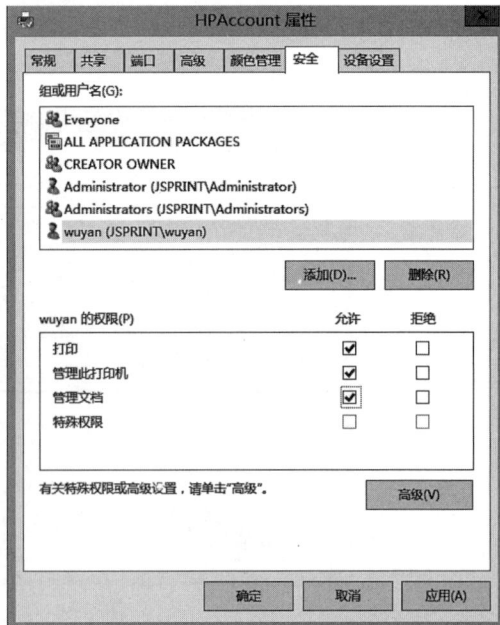

图 5-23　设置管理文档的权限

5.3.3 设置打印机优先级

优先级别的数值设置得越高表示对应打印机的打印任务越是被优先打印,优先级可以设置的数值范围通常为 $1 \sim 99$。

(1) 设置打印机 HPManag 的优先级为 5。

单击"开始"|"控制面板"|"硬件和声音"|"查看设备和打印机"|,右击打印机 HPManag,选择"属性"|"高级",设置优先级为 5,单击"确定"按钮,如图 5-24 所示。

(2) 设置打印机 HPAccount 的优先级为 1,如图 5-25 所示。

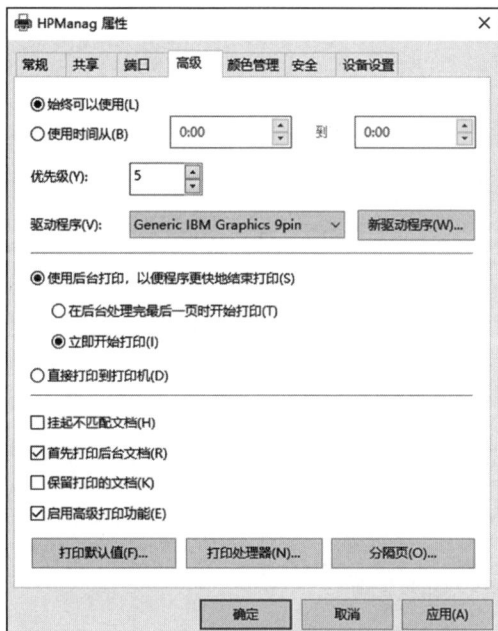

图 5-24 设置打印机 HPManag 的优先级

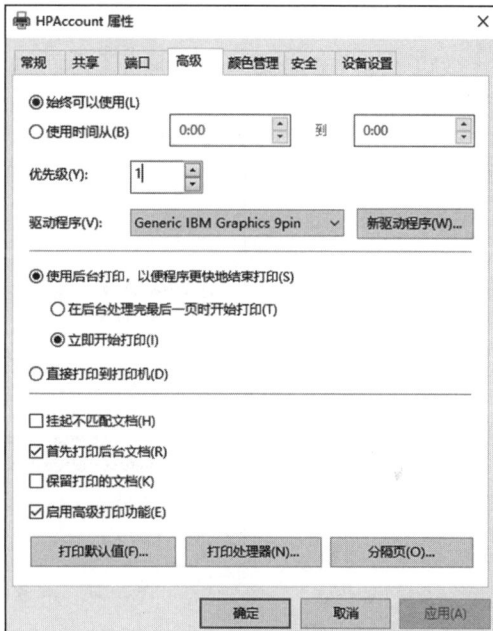

图 5-25 设置打印机 HPAccount 的优先级

这样,打印机 HPManag 的优先级比打印机 HPAccount 的优先级高。当同时有文档发送到这两个打印机时,发送到前者的打印文档比发送到后者的打印文档先打印。

5.3.4 客户端连接共享网络打印机

通过以上操作安装了打印服务器,并对打印机进行共享、权限、优先级等属性设置。此后网络用户就可以在客户端连接共享打印机来打印文件了。

1. Managers 组内用户 wanglin 在客户端连接共享打印机 HPManag

(1) 单击"开始"|"控制面板"|"硬件"|"查看设备和打印机"|"添加打印机",出现"添加打印机"欢迎窗口,如图 5-26 所示,单击"下一步"按钮。

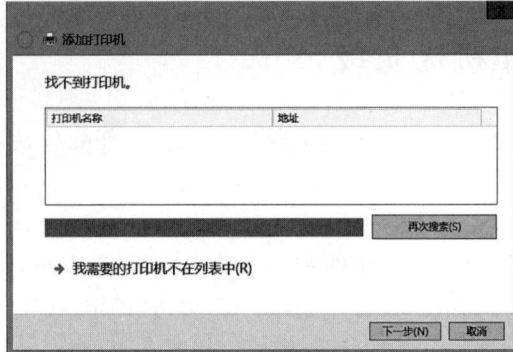

图 5-26　打印机向导

（2）出现"本地或网络打印机"界面，如图 5-27 所示，选择"网络打印机"，然后单击"下一步"按钮。

图 5-27　本地或网络打印机选项

（3）出现"指定打印机"界面，如图 5-28 所示，选择"按名称选择共享打印机"，在名称框中输入打印机的 UNC 路径\\jsprint\HPManag，单击"下一步"按钮。

图 5-28　指定打印机

（4）连接到计算机 JSPrint 时，可输入修改的打印机名称，如图 5-29 所示。

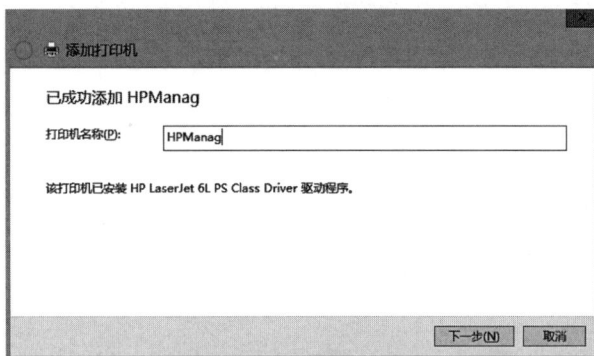

图 5-29　输入打印机名称

（5）完成打印机的安装，如图 5-30 所示。

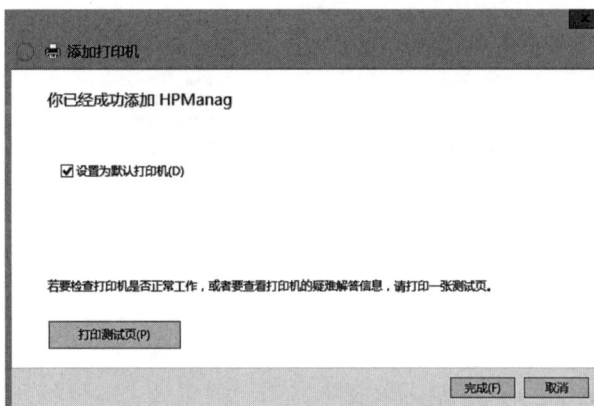

图 5-30　完成打印机的安装

（6）成功安装网络打印机，HPManag 就是我们安装的打印机，如图 5-31 所示。

图 5-31　成功安装网络打印机 HPManag

2. Accountants 组内用户 guojing 在客户端连接共享打印机 HPAccount

参考以上步骤，Accountants 组内用户 guojing 在客户端连接共享打印机 HPAccount，安装成功后如图 5-32 所示。

图 5-32　成功安装共享打印机 HPAccount

成功安装共享打印机后，用户可以在客户端发送打印文档到打印机进行打印。

5.3.5　管理等待打印的文档

打印队列是存放等待打印文档的地方。当应用程序选择了"打印"命令后，Windows 就创建一个打印工作且开始处理它。若打印机这时正在处理另一项打印工作，则在打印机文件夹中将形成一个打印队列，保存着所有等待打印的文档。如果用户具备管理打印文档的权限，则可以针对打印文档进行管理。

单击"开始"|"控制面板"|"硬件"|"查看设备和打印机"，右击打印机 HPManag，单击"查看现在正在打印什么"，弹出打印机窗口，如图 5-33 所示。

1. 在打印机窗口中显示等待打印和正在打印的文档内容

（1）文档名：显示将打印或正在打印的文档名。

（2）状态：显示各打印文档当前所处的打印状态。

（3）所有者：显示队列中文档所属者的名称。

（4）页数：显示队列中各打印文档的页数以及打印进度。

（5）大小：显示队列中各打印文档的内容大小。

（6）提交时间：显示各打印文档到打印队列中的时间。

图 5-33 打印机窗口

2. 打印文档的控制

打印文档的控制一般在打印机窗口内实现,主要包括暂停打印,取消打印和改变打印队列中文档的顺序。

(1) 暂停打印:在打印队列中选中要暂停打印的文档,右击,在弹出的快捷菜单中选择"暂停"命令。

(2) 取消打印:在打印队列中选中要清除打印的文档,按 Delete 键;或选择打印机窗口中"文档"菜单中的"取消"命令。

(3) 改变打印队列中文档的顺序:在打印队列中选中要改变打印队列的文档名,用键盘上光标键的"↑"和"↓"移动;或用鼠标选中该打印文档,按住左键不放,拖曳打印文档名到合适的位置,再放开鼠标左键。

5.3.6 通过 Web 浏览器管理打印机

本项目中,用户 wuyan 具有管理打印机的权限。该用户也可以在公司内其他计算机上通过 Web 界面远程管理打印机。

1. 安装打印服务器和 IIS 服务

安装打印服务器和 IIS 服务

用户 wuyan 可以通过 Web 界面管理远程打印机。首先需要安装打印服务中的 Internet 打印服务,同时也需要安装 IIS 服务,安装过程中可能会提示插入 Windows Server 2019 系统盘。具体安装步骤如下。

(1) 在"服务器管理器"窗口中单击"管理"|"添加角色和功能",在"添加角色和功能向导"窗口中选择"基于角色或基于功能的安装",单击"下一步"按钮;然后选择默认的本地服务器,继续单击"下一步"按钮,出现如图 5-34 所示的"选择服务器角色"窗口。选中"Web 服务器(IIS)"和"打印和文件服务",然后单击"下一步"按钮。

(2) 如图 5-35 所示,选中"打印服务器"和"Internet 打印",然后单击"下一步"按钮。

157

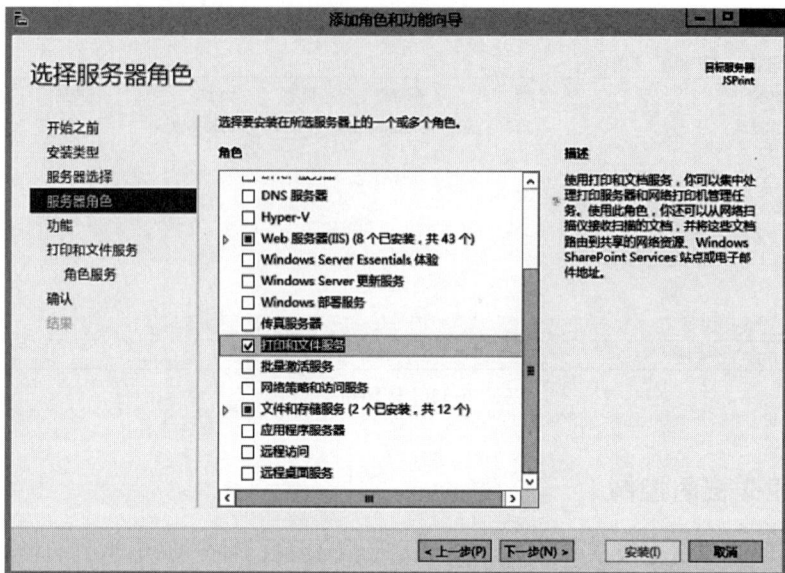

图 5-34　选择"服务器角色"

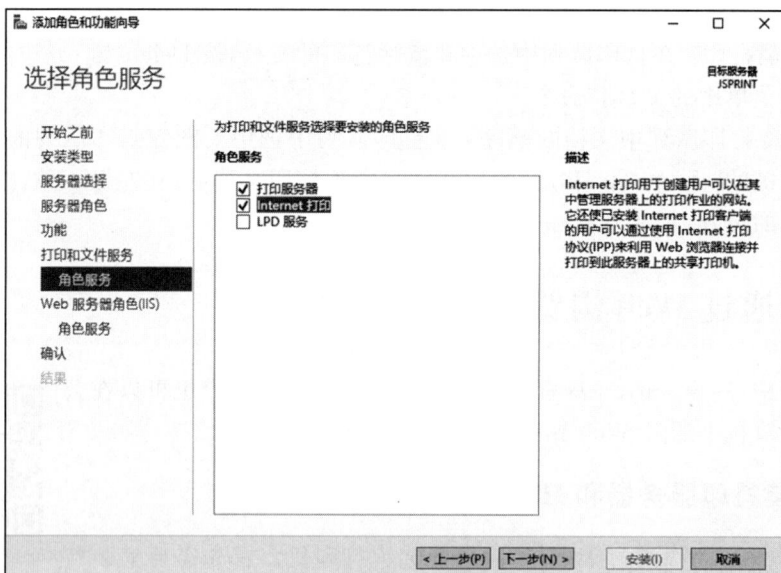

图 5-35　选择"角色服务"

（3）如图 5-36 所示，选中"如果需要，自动重新启动目标服务器"，然后单击"是"按钮，再单击"安装"按钮。

（4）正在安装组件的过程如图 5-37 所示，安装成功后如图 5-38 所示。

2. 通过 Web 浏览器管理打印机

IIS 安装完成后，只需要在地址栏中输入服务器的 IP 地址＋Printers 就可以访问了。

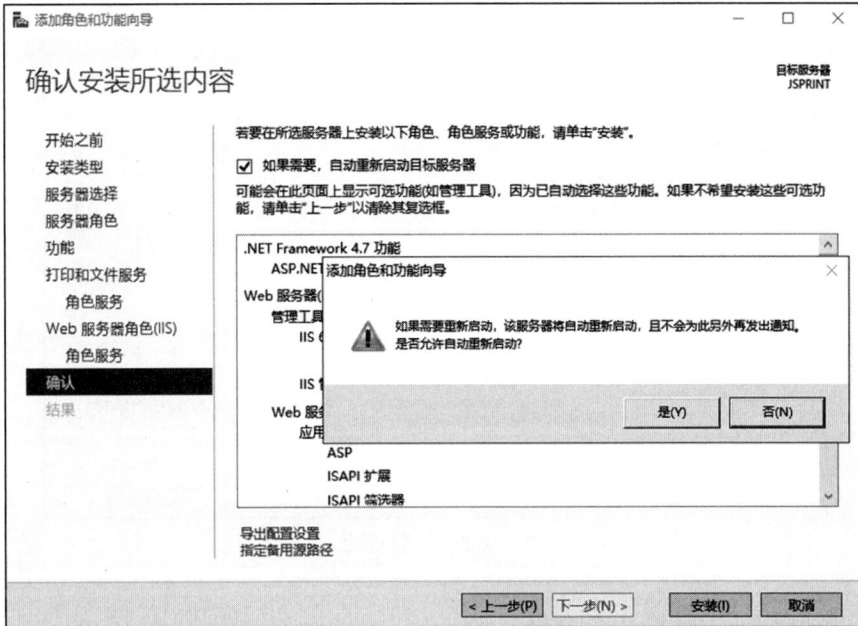

图 5-36　Internet 信息服务

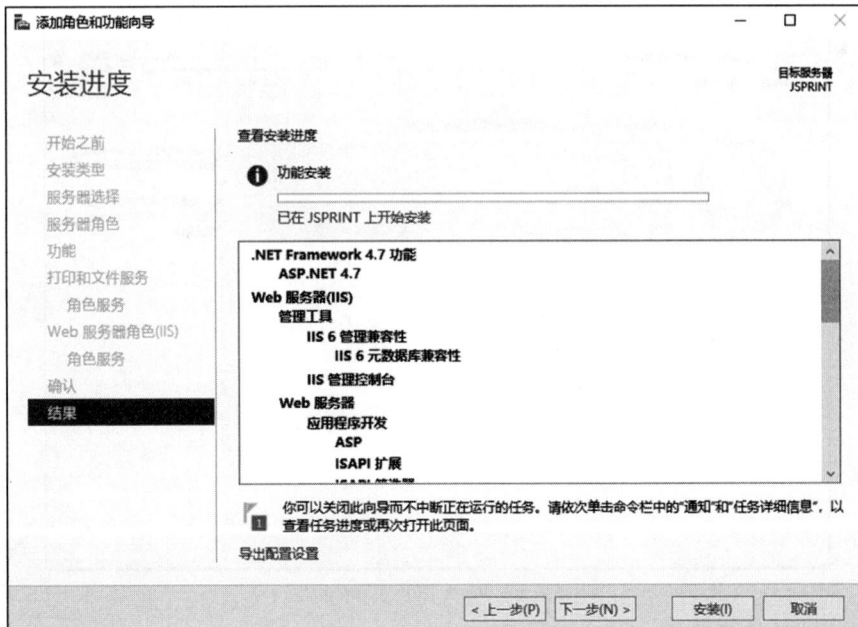

图 5-37　正在安装组件

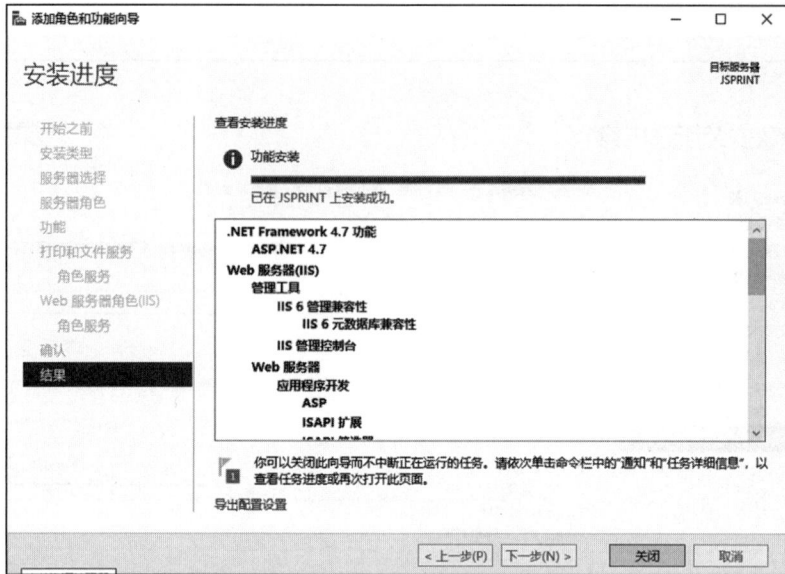

图 5-38　安装成功

（1）在地址栏中输入 http://10.10.10.99/printers/（10.10.10.99 是打印服务器 JSPrint 的 IP 地址）并回车。

（2）访问后会提示输入管理员账号密码。本例中输入用户 wuyan 的账号和密码，如图 5-39 所示。

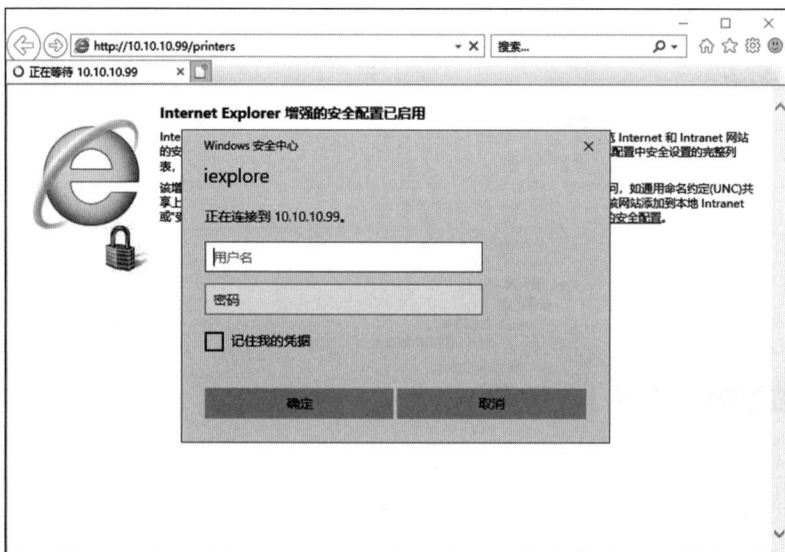

图 5-39　输入用户名和密码

（3）账号 wuyan 确认后，显示出用户 wuyan 可以管理的所有打印机。表中列出打印机 HPAccount 和 HPManag，如图 5-40 所示。

（4）管理打印机。单击图 5-40 中的超链接 HPAccount，进入"10.10.10.99 上的

HPAccount"页面,如图 5-41 所示。

图 5-40　所有打印机的窗口

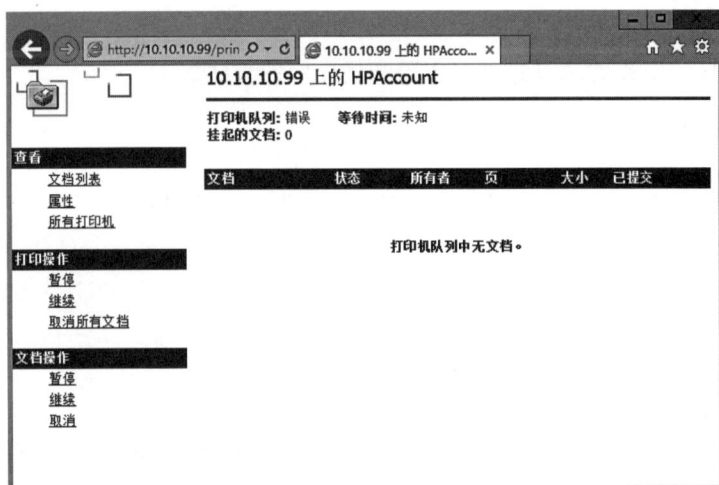

图 5-41　10.10.10.99 上的打印机 HPAccount 窗口

此时可以通过该页面管理打印机 HPAccount。可以暂停、继续、删除打印作业,查看打印机和打印作业的状态。

5.4　项目验收总结

打印机是当前基本的办公工具之一,也是计算机的一个基本外设。Windows Server 2019 为用户提供了强大的打印管理功能,从而使网络打印机功能得到充分而安全的应用。

默认情况下打印机可以让所有用户使用。但在某些情况下,并不希望所有的用户都可以使用网络共享打印机,这时可以通过打印机权限进行设置。打印机权限有三种:打印、管理文档、管理打印机。

公司内的基层员工与经理使用同一台打印设备，要让经理的紧急文档能够优先打印，可以通过设置打印机的优先级来实现。通常优先级别的数值设置得越高，就表示对应打印机的打印任务越是被优先打印，优先级可以设置的数值范围通常为 1～99。

打印队列是存放等待打印文档的地方。如果用户具备管理打印文档的权限，则可以针对打印文档进行管理。用户可以通过 Web 界面对远程打印机进行管理，此时需要安装 IIS 服务及其中的一个 Internet 打印服务。安装完成后，只需要在地址栏中输入服务器的 IP 地址＋Printers 就可以访问了。

5.5 项目巩固及拓展训练

5.5.1 设置打印优先级

1. 实训目的

掌握安装打印服务器及设置共享权限和优先级的方法。

2. 设备和工具

已安装 Windows Server 2019 Enterprise 版本的计算机等。

3. 实训内容及要求

你是 Testg.com 的网络管理员，财务部门有一台打印机。
（1）设置打印机共享，由普通员工和高级主管共同使用。
（2）让高级主管的紧急文档能够优先打印。
（3）分别用普通员工和高级主管用户账号登录，测试打印机的共享权限。

4. 实训总结

本实训实现了打印服务器的安装、共享权限和优先级设置。项目实施过程中，注意在打印服务器上添加两台逻辑打印机。

5.5.2 通过 Web 浏览器管理打印文档

1. 实训目的

掌握通过 Web 浏览器管理打印文档。

2. 设备和工具

已安装 Windows Server 2019 Enterprise 版本的计算机等。

3. 实训内容及要求

你是 Testg.com 的网络管理员,公司内部有一台打印机 HP1。

(1) 让员工 Mary 具有管理该打印机的权限。

(2) 让 Mary 可以通过 Web 浏览器管理打印机及打印文档。

(3) 用 Mary 用户账号登录,打开 Web 浏览器,测试管理打印机及打印文档。

4. 实训总结

本实训可以在上一个实训之后实施。项目实施之前,注意先安装打印服务和 IIS 服务。

5.6　课 后 习 题

一、选择题

1. 你是公司的网络管理员,所有的网络服务器运行 Windows Server 2019 系统。一台名为 Print1 的服务器上有你办公室所有用户共享的打印队列。Tom 是办公室的经理。他提出有用户经常在吃午饭前提交大量打印作业。这些打印作业需要很长的时间打印。这会让其他用户不能打印重要文件。你要让 Tom 具有删除打印作业的权限,你应当(　　)。

　　A. 配置打印机权限分配 Tom 允许"管理打印机"

　　B. 配置打印机权限分配 Tom 允许"管理文档"

　　C. 在 Tom 的客户计算机上创建一个新的打印队列指向同一台打印机,配置打印机权限分配 Tom 允许"管理打印机"

　　D. 在 Tom 的客户计算机上创建一个新的打印队列指向同一台打印机,配置打印机权限分配 Tom 允许"管理文档"

2. 你是公司的网络管理员,所有的网络服务器运行 Windows Server 2019 系统。一台名为 Print1 的服务器上连接有一个打印设备。该打印设备被所有人共享使用。Tom 是 IT 经理。他说他提交的打印文档总是排在其他用户提交的作业之后。你要让 Tom 的文档比其他用户提交的文档先打印。如果文档已经在打印,不能中断打印。你应当(　　)。

　　A. 配置打印机权限分配 Tom 允许"Take Ownership",重新启动 Print Spooler 服务

　　B. 使 Tom 成为打印机的所有者,重新启动 Print Spooler 服务

　　C. 在 Print1 上创建一个新的打印机并配置使用它打印,在打印机的高级属性页中选择"立即开始打印"

　　D. 在 Print1 上创建一个新的打印机并配置使用它打印,修改新打印机的优先级,配置 Tom 的计算机打印到新的打印机

二、填空题

1. 用户发送的打印文件的请求都可以通过_____查看。

2. 如果打印的工作量很大，一台打印机无法满足工作要求，可以将多个打印设备组合在一起，形成一个_____。

三、简答题

1. 你是公司的网络管理员，公司打印服务器的计算机名为 printsrv，该服务器的 lpt1 连接了一台 HP 的打印设备。公司的经理和普通员工都使用这台打印设备。公司想实现经理的打印优先级比普通员工高，应如何实现？写出打印服务器和客户机的安装步骤。

2. 什么是逻辑打印机？它和打印设备有什么区别？

3. 简要说明打印机池的好处。

4. 打印机权限有哪几种类型？每种类型具备什么样的能力？

5. 使用打印服务器打印具有什么样的优势？

项目 6 域网络的安装与配置

◆ 内容结构图

域网络的安装与配置包括第一台域控制器的创建、额外域控制器的创建、域网络的组件、降级域控制器、域用户的创建与管理、域组的创建与管理等工作。

完成该典型任务的过程中所需的理论知识和实施步骤如图 6-1 所示。

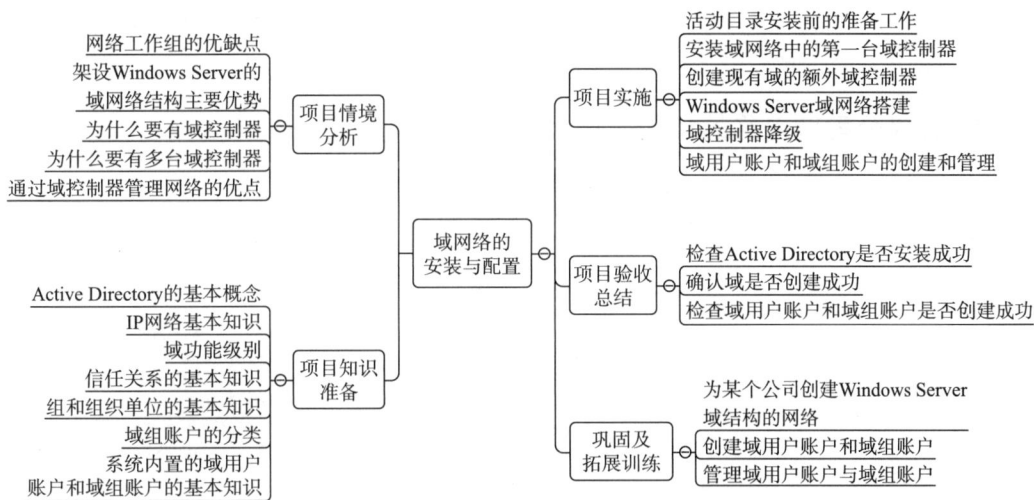

图 6-1　完成典型任务所需知识结构和实施步骤

6.1 项目情境分析

JSSVC 公司因业务扩大，网络规模逐步扩大。但是目前公司网络是基于工作组形式的，随着网络中计算机数量的增加，计算机处于分散管理状态，不便于统一管理，使得管理难度增加；同时，工作组模式的网络没有安全边界，存在许多安全隐患。

为了提高网络的运行效率，公司要求网络管理员对公司网络重新规划，使公司网络能够与公司组织架构相结合，便于今后的集中管理，提高公司网络的安全性和可靠性。

经过调研和分析，采用域网络的架构重新规划公司网络，使用 Windows Server 2019 的 Active Directory 管理公司的计算机、用户、打印机等对象将是最好的解决方法。

（1）一个域内可以有一台或多台域控制器，多台域控制器可以提供容错功能。

（2）域控制器通过活动目录提供目录服务。活动目录（Active Directory）是企业

Windows Server 2019 操作系统管理的一个重要组成部分，它使得组织机构可以有效地对有关网络资源和用户的信息进行共享和管理。此外，目录服务在网络安全中扮演中心授权机构的角色，使操作系统可以轻松地验证用户身份并控制其对网络资源的访问。

◇ 项目目标

活动目录是 Windows 网络中的目录服务，安装完 Windows Server 2019 服务器版操作系统不会自动生成活动目录，安装活动目录也就是将这台计算机升级为域控制器。

本项目主要完成基于 Windows Server 2019 的 Active Directory 的安装，使其成为中心机构的域控制器。Windows Server 2019 通过将独立服务器或成员服务器升级产生域控制器。域控制器创建后，客户机可加入该域实现 Windows Server 2019 域结构的网络。

Windows Server 2019 服务器最重要的角色是域控制器，企业局域网中通过域控制器完成整个网络的管理和维护。本项目主要完成：①域的网络拓扑设计；②域控制器的创建；③创建额外的域控制器；④客户机加入到域。

1. 完成公司域网络的拓扑设计

根据前面对该公司的需求分析，完成网络拓扑设计，如图 6-2 所示。

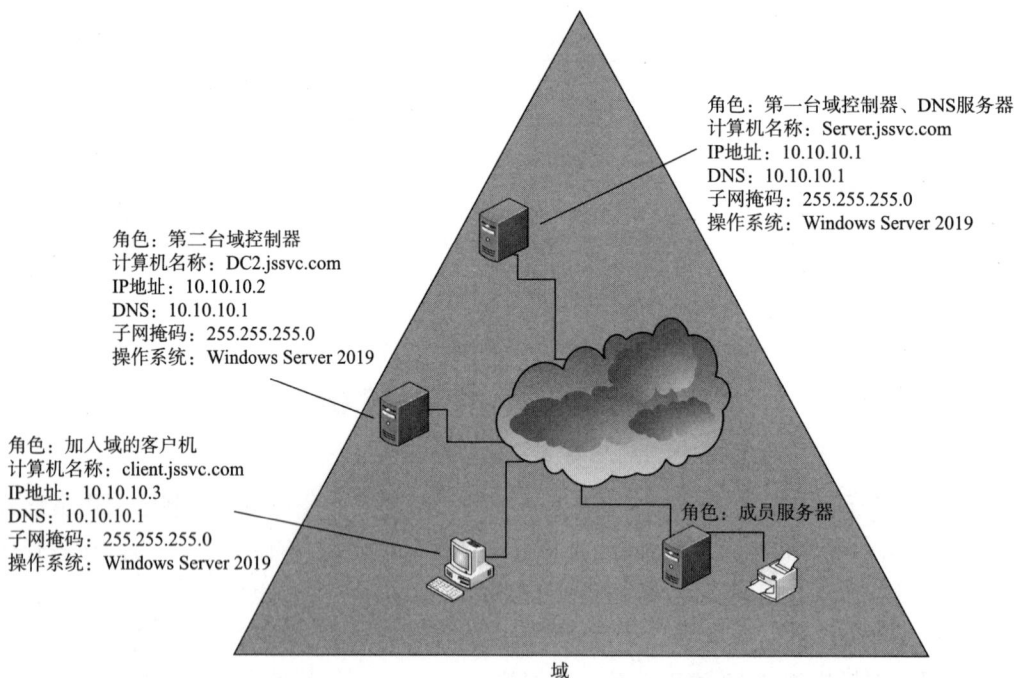

角色：第一台域控制器、DNS服务器
计算机名称：Server.jssvc.com
IP地址：10.10.10.1
DNS：10.10.10.1
子网掩码：255.255.255.0
操作系统：Windows Server 2019

角色：第二台域控制器
计算机名称：DC2.jssvc.com
IP地址：10.10.10.2
DNS：10.10.10.1
子网掩码：255.255.255.0
操作系统：Windows Server 2019

角色：加入域的客户机
计算机名称：client.jssvc.com
IP地址：10.10.10.3
DNS：10.10.10.1
子网掩码：255.255.255.0
操作系统：Windows Server 2019

角色：成员服务器

域

图 6-2 域网络拓扑结构图

2. 网络中的第一台域控制器创建

首先完成 Windows Server 2019 的 Active Directory 的安装，即创建企业局域网中的

第一台域控制器。第一台域控制器创建成功的同时也产生了该域控制器所属的域。企业局域网管理员可以通过域控制器管理域中的用户和计算机。掌握了域控制器的创建方法，管理员可根据实际需要创建已有域中的域控制器。

3. 创建额外的域控制器

为了提高系统容错能力和用户登录审核效率，需要创建企业局域网中的第二台域控制器。掌握了额外域控制器的创建方法，管理员可根据实际需要创建第三台、第四台乃至更多的额外域控制器。

4. 客户机登录到 Windows Server 2019 域

计算机加入域后方可参与域的工作。在成功创建域之后需要实现将客户机加入域中，建立 C/S 模式的域结构网络。用户在加入域的计算机上登录域后可访问域内的资源。

5. 降级域控制器

最后介绍域控制器的降级，可以实现将域控制器恢复成成员服务器或独立服务器。域控制器的降级也就是活动目录删除的过程。

6. 项目流程图

项目的实施流程如图 6-3 所示。

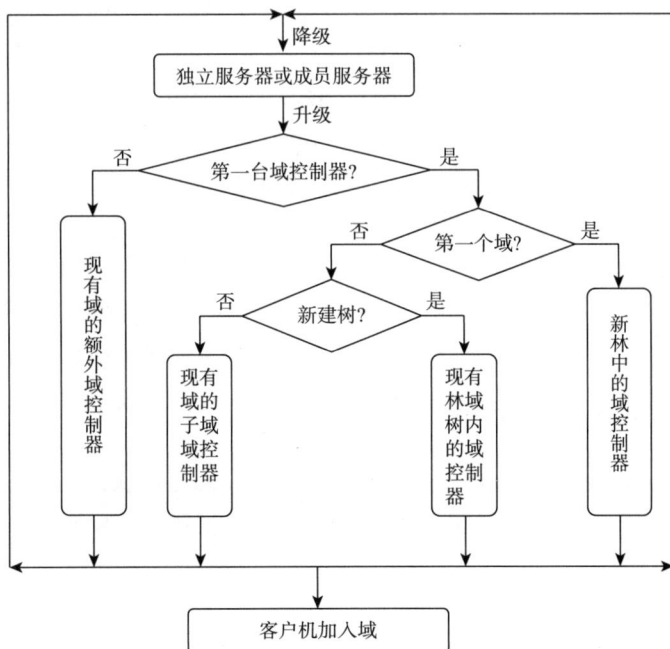

图 6-3　项目实施流程

6.2 项目知识准备

6.2.1 Active Directory 的基本概念

1. Active Directory 的意义

使用 Active Directory 的目的是减少用户和管理员在网络相关工作上的工作负荷,解决基于域结构的网络应用不断复杂、规模不断扩大的问题。Active Directory 通过提供通用的网络资源接口和直观的网络资源访问界面,使得管理员可以方便灵活地管理整个网络。

2. Active Directory 概念

活动目录是 Windows 网络中的目录服务,即活动目录域服务(Active Directory Domain Service,ADDS)。目录服务包含目录及和目录相关的服务。

"域"的本义是范围。建立一个域,就相当于在网络上划定一个管理界限。Windows Server 2019 域相当于一个计算机与用户组成的逻辑单位。域上的资源都是以对象的形式存在的,计算机、用户等都是对象。对象的特性通过属性来描述,比如,创建一个类型为"用户"的对象,对象名称为 student,姓名、电子邮件等数据是该 student 对象的属性。用来代表用户、主机、设备和应用程序的集合称为容器。容器内可以包含一组对象,也可以包含其他容器。网络中的目录(Directory)是用来存储和管理各种对象的一个物理容器。

活动目录在目录之前加上两个字"活动",说明目录是动态的。也就是说随着新的网络资源的加入,目录会随着扩展更新。活动目录是 Windows Server 系统中特有的目录结构,实际上是域结构的网络中存储了所有对象信息的数据库。

在 Windows Server 2019 域结构的网络中,活动目录不仅是存储了各种对象信息的目录,又包括使用这些对象的各种服务,因此又是一种目录服务。域控制器通过活动目录提供目录服务。经过 Windows Server 2003、Windows Server 2008 和 Windows Server 2012 的不断完善,Windows Server 2019 能够更加有效地管理活动目录的复制和同步。

3. Active Directory 结构组件

Active Directory 的逻辑结构定义了各类网络资源的层次关系,用于组织网络资源;Active Directory 的物理结构定义了用户登录网络的性能和目录数据的复制,用于配置和管理网络资源。

1) 逻辑结构组件

(1) 组织单位(Organization Units,OU):组织单位是可将用户、组、计算机和其他组织单位放入其中的 Active Directory 容器。

（2）域树：共用连续名称空间的域组成了一棵域树。所谓名称空间,是指在一块划定的区域内,可以利用某个名字找到与这个名字有关的信息。域树中的所有域共享一个活动目录,这个活动目录内的数据分散存储到各个域中,每个域只存储该域内的数据。

（3）林：林由一个或多个域树组成,创建的第一个域树的根域就是整个林的根域,该域的域名就是林的名称。林内任何一个域中的计算机都可以互相访问资源。

（4）全局目录：一套丛书的总目录。在全局目录中包含一个已有活动目录对象属性的子集。由于每个域内仅存储本域的数据,Windows Server 2019 通过全局目录让每个用户、每个应用程序都能快速访问其他域内的数据资源。

2）物理结构组件

（1）域控制器（Domain Controller,DC）：一台安装并运行 Active Directory 的服务器。创建域控制器的方法是先安装一台独立服务器或成员服务器,然后将其升级为域控制器。将计算机升级为域控制器就是在这台计算机上安装活动目录。

（2）站点：由一个或多个通过高速连接所串联起来的 IP 子网组成。站点使得域控制器之间以最快的速度复制变更信息。一般将一个 LAN 规划为一个站点,因为一个 LAN 内的子网间的连接速度够快。

4. Active Directory 工作方式

1）采用树状结构作为层次化的存储结构

Windows 操作系统采用文件和目录的形式存储计算机信息,Active Directory 组织信息的方法与其非常类似。它将信息组织成对象和容器组成的树状目录结构,使得资源在网络中容易被定位。

2）采用面向对象的方式存储网络元素信息

Active Directory 中的对象可以被设置相应的属性来描述对象的特征。Active Directory 允许管理员对对象自身和对象的每个属性分配访问权限,这种面向对象的存储机制实现了对象的安全访问。

3）采用轻型目录访问协议（Lightweight Directory Access Protocol,LDAP）作为目录服务通信协议

LDAP 规范表明,一个活动目录对象可以由一系列的 DNS 域名称中的组件（Domain Component,DC）和组织单位等层次结构表示,组成一个 LDAP 命名路径。LDAP 名称可以是可分辨名称（Distinguished Name,DN）,即对象在活动目录中的完整路径；也可以是相对可分辨名称（Relative Distinguished Name,RDN）,即在完整路径中代表某个对象的部分路径。

4）支持分布式网络多主复制技术（Update Sequence Numbers,USN）

域中的多台域控制器采用多主复制技术,即会定期自动更新,互相复制活动目录。因此,网络中任意位置资源的更新都将自动复制到整个网络,这大大提高了分布式环境中系统的性能。

6.2.2 域网络基本知识

1. 工作组和域

域类似于局域网中的工作组，但又和工作组有着本质的区别，具体体现在以下几个方面。

1）工作模式

工作组网络的工作模式是对等模式，即每台计算机的地位是平等的，工作组内不一定有服务器级别的计算机；而域网络的工作模式是 C/S 结构，装有 Windows Server 2019 操作系统的域控制器称为服务器，登录到域中的计算机称为客户机。

2）创建方法

右击"这台电脑"，选择"属性"|"高级系统设置"|"计算机名"|"更改"，输入工作组名称即可创建一个工作组，每台计算机上都可以创建工作组；域只能创建在服务器上，其他的计算机只能加入已创建的域中。

3）登录方式

在工作组方式下，计算机启动后自动就在工作组中；若想登录到域，需要有正确的域用户名和密码。

4）登录验证

工作组中每台计算机都有本机管理员管理的本地安全账户数据库，称为安全账户管理器（Security Accounts Manger，SAM）。用户要登录到工作组中的某台计算机上，就需要在该台计算机的 SAM 数据库内创建用户账户，登录时需要通过 SAM 验证；域中的目录数据库也就是活动目录存放在域控制器上。用户要登录到域，就需要在活动目录数据库内创建用户账户，客户机提交的登录域请求需要经过域控制器活动目录数据库的验证。

5）包含对象

工作组中只包含用户和计算机两种对象；域中的对象除了用户和计算机外，还有组、组织单位等。

2. Windows Server 2019 域中的计算机角色

1）域控制器

安装 Windows Server 2019 服务器级操作系统并且安装活动目录的计算机。每个域中至少有一台域控制器，但一个域中可以有多台域控制器以提高系统容错功能。

2）成员服务器

安装 Windows Server 2008、Windows Server 2012、Windows Server 2019 等服务器级操作系统并且加入域中的计算机，但成员服务器没有活动目录数据，只有本地安全账户数据库。这类服务器的主要目的是为了提供网络资源。

3）独立服务器

安装 Windows Server 2008、Windows Server 2012、Windows Server 2019 等服务器

级操作系统并且未加入域中的计算机。独立服务器只有本地安全账户数据库,只能加入工作组。独立服务器可以加入某个域成为成员服务器,也可以转换为域控制器。

4)其他计算机

安装 Windows 2000 Professional 等非服务器级操作系统的计算机。这些计算机加入域后才能用活动目录内的域用户账户登录,否则只能用本地安全账户数据库内的本地用户账户登录。

6.2.3 域功能级别

在活动目录中,默认情况下一个域只能使用一套密码策略,由 Default Domain Policy 进行统一管理。域管理员账户和域成员账户的统一管理虽然提高了安全性,但也提高了用户账户的复杂性。因为普通用户账户并不需要使用和管理员账户一样高级别的密码策略。

Windows Server 2008 R2 开始引入多元密码策略(Fine-Grained Password Policy)概念,允许对不同用户或全局安全组应用不同的密码策略。

域的功能级别用于设定域内所有域控制器允许使用的功能,取决于域内最低版本域控制器操作系统的级别。如果域内所有的域控制器版本是最高的,且域功能级别设置为最高值,则域内所有功能都可以用。但是,当域内包含低版本的 Windows Server 的域控制器时,由于低版本的操作系统不支持高版本的操作系统,部分功能将导致域在低版本的状态下运行。

由于多元密码策略是应用到 Windows Server 2008 R2 的新功能,所以在实际应用中要求域功能级别必须在 Windows Server 2008 R2 以上。

在 Windows Server 2019 中,域的功能级别有以下几种。

(1) Windows Server 2008,支持基本的 Active Directory 功能。

(2) Windows Server 2008 R2,引入了一些改进,如更好的组策略支持和增强的安全性。

(3) Windows Server 2012,增加了诸如动态访问控制、增强的组管理等新特性。

(4) Windows Server 2012 R2,进一步增强了可用性和安全性。

(5) Windows Server 2016,引入了新的安全功能,如 Privileged Access Management(特权访问管理)。

(6) Windows Server 2019,提供了最新的功能和改进,包括对容器的支持、改进的身份验证机制等。

要设置或更改域的功能级别,需要确保所有域控制器都运行在所选功能级别所需的最低操作系统版本。更改功能级别是一个不可逆的操作,因此在执行之前需要谨慎考虑。

6.2.4 信任关系

信任关系是两个域之间的一种逻辑关系,两个域之间必须先建立信任关系后才能互相通信。活动目录的域树中父域和子域之间可以自动建立双向可传递的信任关系。

1）信任协议

在 Windows Server 2019 中，信任关系的实现主要依赖于几种协议，尤其是 Kerberos 协议和 NTLM（NT LAN Manager）协议。这些协议在跨域身份验证和安全通信中扮演着重要角色。Kerberos 是一种网络身份验证协议，旨在提供强大的身份验证服务。它使用对称密钥加密来确保用户和服务之间的安全通信。NTLM 是一种较旧的身份验证协议，主要用于 Windows 环境。虽然 Kerberos 是默认的身份验证协议，但在某些情况下仍会使用 NTLM。

2）双向信任

域 A 信任域 B，域 B 也信任域 A。两个域之间如果是双向信任关系，那么两个域之间的用户就可以互相访问对方域的资源，如图 6-4 所示。

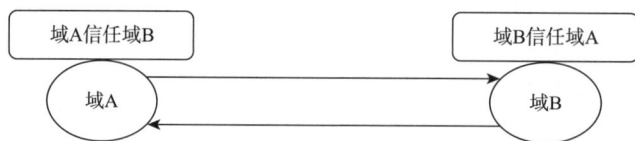

图 6-4　双向信任

3）可传递信任

如果域 A 信任域 B，域 B 信任域 C，那么域 A 也自动信任域 C。可传递信任是指三个以上的一组域之间的信任关系，如图 6-5 所示。

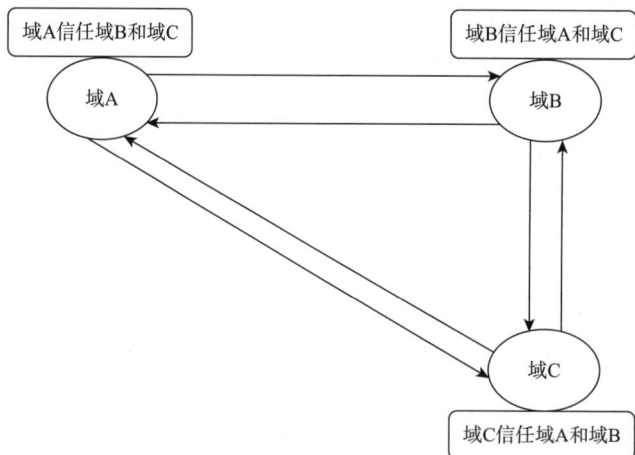

图 6-5　可传递信任

6.2.5　组和组织单位

组和组织单位是两个完全不同的概念。组是指组账户，是用户账户的集合。为组分配了某个权限，该组内的所有用户都有拥有这个访问权限而不再需要每个用户单独设置，因此使用组可以起到简化用户管理和资源访问权限设置的目的。组织单位是一种容器，是域中多种对象的集合。使用组织单位可以根据管理目的分组并组织对象。一个组织单位内可包含用户、组、计算机、打印机和其他组织单位等对象。使用组织单位可使建立的域数目减少到最小,实现网络系统架构的合理布局和网络内部的分层管理。

6.2.6　域组账户的分类

1. 根据组的安全性质分类

将域组分成两类:安全组和通信组,在创建域组时可以选择相关类别,如图 6-6 所示。

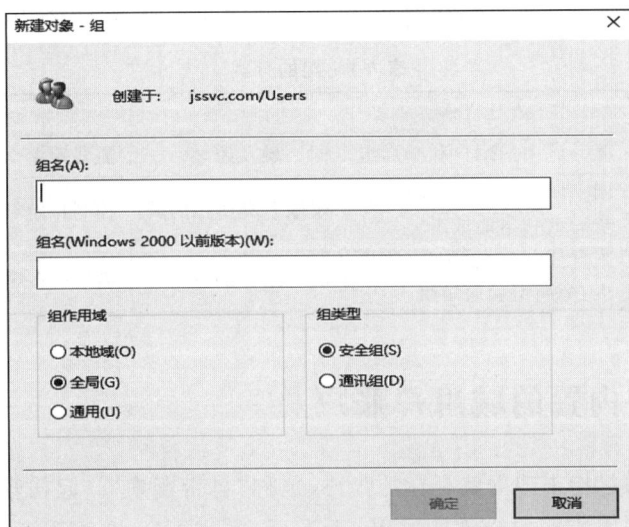

图 6-6　域组的分类

1) 安全组

顾名思义,安全组用来保障资源管理的安全性,可以通过给安全组赋予访问资源的权限来为该组成员分配访问控制权限。也就是说,可以通过文件夹属性对话框的"共享"选项卡为该组成员分配访问控制权限。

2) 通信组

通信组是仅用于分发电子邮件并没有启用安全性的组。"通信组"只能与电子邮件应用程序一起使用,将电子邮件发送到用户集合。

2. 根据组的作用域分类

将域组分成三类:全局组、本地域组和通用组,如表 6-1 所示。

1) 全局组

全局组用来组织域中的同类用户。全局组的成员只能包含所属域内的用户与全局组。全局组可以在林中的任何一个域内被指派权限,全局组可访问的资源范围是所属域和有信任关系的其他域的资源。只要该组不隶属于任何一个全局组,全局组就可被转换成通用组。

2）本地域组

本地域组的作用是为用户提供该组所属域内的资源访问权限。本地域组成员可以包括所有域的用户账户、通用组和全局组；也可以是同一个域内的本地域组，但不能是其他域内的本地域组；本地域组只能在所属的域内被指派权限，本地域组可访问的资源范围是该组所属的域内资源。只要该组不隶属于任何一个本地域组，本地域组就可被转换成通用组。

3）通用组

通用组的作用是为用户提供所有域的资源访问权限。

通用组成员可以包括所有域的用户账户、全局组、通用组，但不能包括本地域组。通用组可访问的资源范围是所有域的资源，可以在任何一个域内设置通用组的权限。

表 6-1　组的分类

组类型	成员资格	作用域	使用场景
全局组	同一域中的用户和全局组	同一域及跨域	需要跨多个域共享权限的情况
本地域组	同一域中的用户、计算机、全局组和本地域组	仅限于其所在的域	控制特定域内资源访问的情况
通用组（Universal）	来自任何域的用户、计算机、全局组和通用组	所有信任的域	需要跨多个域共享权限的情况

6.2.7　系统内置的域用户账户

系统内置账户是指未建立就存在的账户，也称"自带账户"。起初管理员正是利用这些系统内置账户来完成账户管理的。Windows Server 2019 操作系统安装后，系统内置账户有 Administrator 和 Guest 两个，如图 6-7 所示。

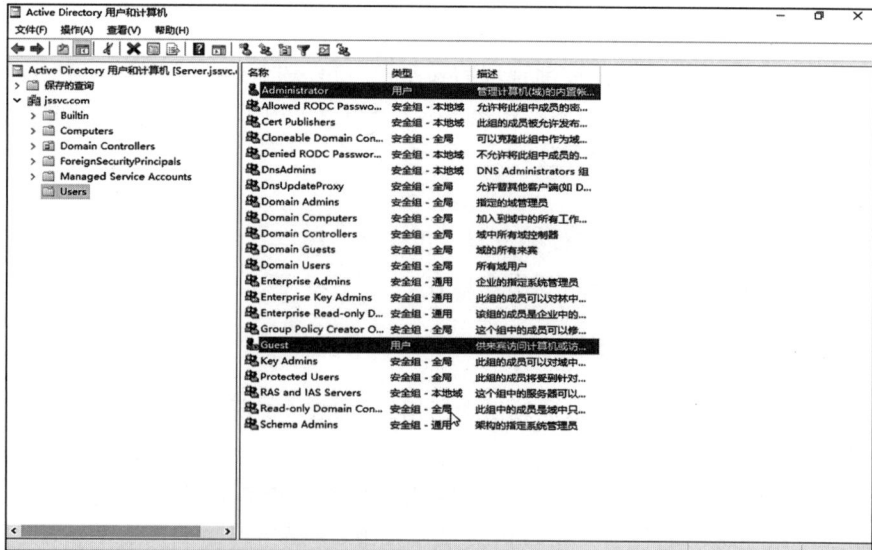

图 6-7　内置域用户账户

1. Administrator(管理员账户)

管理员账户具有辖区内的最高权限,管理员利用这个账户管理计算机或域内的资源。该账户可以改名,但不能删除。

2. Guest(客户账户)

客户账户默认状态是"禁用",是临时使用的账户,具有很少的权限,只能访问网络中有限的资源。该账户可以改名,但不能删除。

6.2.8　系统内置的域组账户

Windows Server 2019 域控制器的活动目录中,系统内置了多个域组,如图 6-8 所示。

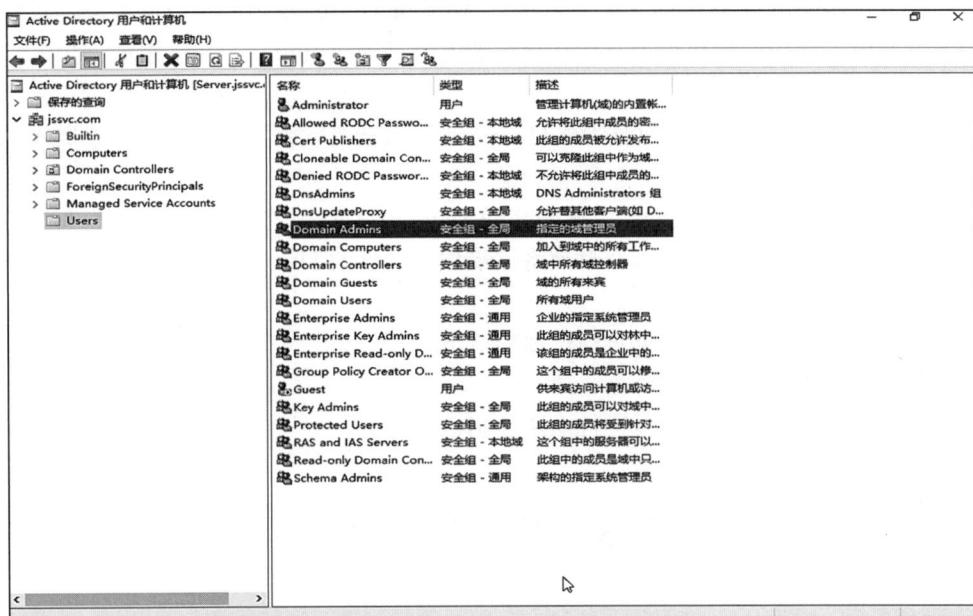

图 6-8　系统内置域组

1. 内置的本地域组

常见的内置本地域组与内置组基本类似,主要有以下几个。

1) Administrators 组

Administrators 组成员都有系统管理员的权限,拥有对域控制器的最大权限,可执行整个活动目录的管理功能。该本地域组默认的成员有 Administrator 账户、Domain Admins 组的所有成员。

2) Guests 组

Guests 组是为临时需要访问资源但又没有用户账户的用户提供的,该组成员无法永久改变桌面的工作环境。该本地域组默认的成员有 Guest 账户。

3）Backup Operators 组

Backup Operators 组成员可以备份或还原域控制器内的文件和文件夹，还可以关闭域控制器。

4）Users 组

Users 组成员只有基本权限，在域中创建的任何用户账户都将成为该组的成员。

2. 内置的全局组

域建立后，活动目录中会有一些内置的全局组。内置的全局组本身没有任何权限，但可以给它们指派权限或者将它们加入具备权限的本地域组中。内置的全局组位于活动目录的 Users 容器内，常见的内置全局组主要有以下几个。

1）Domain Admins 组

Domain Admins 组默认的成员为域账户 Administrator，组内的每个成员都具备系统管理员的权限。域内的计算机会自动将该组加入自己的 Administrators 组中。

2）Domain Guests 组

Domain Guests 组默认的成员为账户 Guest，该组会自动添加到 Guest 本地域组中。

3）Domain Users 组

Domain Users 组默认的成员为域账户 Administrator，所有添加的域用户账户都会自动加入该组中。域内的计算机会自动将该组加入自己的 Users 组中。

4）Domain Computers 组

所有加入域中的计算机会被自动添加到该组中。

5）Domain Controllers 组

整个域中的所有域控制器会被自动添加到该组中。

6.3 项 目 实 施

6.3.1 活动目录安装的准备工作

在计算机上安装活动目录也就是将计算机升级为域控制器。Windows Server 2019 通过将独立服务器或成员服务器升级的方式来产生域控制器，因此必须准备好扮演独立服务器或成员服务器角色的 Windows Server 2019 计算机。安装网络中第一台域控制器的同时也产生了该域控制器所属的域，还创建了以该域为根域的域目录树和新的域目录林。

活动目录安装完成的几个标志

创建第一台域控制器后，可以在现有的域中创建额外的域控制器来提高系统容错能力，平衡现有域控制器的负载。

安装活动目录前需要完成以下几项准备工作。

1. 至少准备一个 NTFS 磁盘分区

域控制器需要一个能提供安全设置的磁盘分区,用于存储与"组策略"有关数据的 SYSVOL 文件夹。只有 NTFS 磁盘分区才具备安全设置的功能。

如果想创建一个新的 NTFS 分区且硬盘内尚有未划分的空间,具体方法:选择"开始"|"管理工具"|"计算机管理"|"存储"|"磁盘管理",右击未指派的空间,创建 NTFS 分区。

2. 有一个符合 DNS 命名规则的域名

Windows Server 2019 采用 DNS 组织结构来命名域名,因此在安装活动目录前要进行 DNS 名称的规划,要为网络创建一个符合 DNS 命名规则的域名,如: jssvc.com。

3. 正确配置 TCP/IP 协议属性中的 DNS 信息

对于一个特定的域,活动目录客户需要通过 DNS 服务器定位域控制器,因此网络中必须要有一台 DNS 服务器。这台 DNS 服务器必须具有动态更新与服务位置资源记录(Service Location Resource Record,SLRR)功能。如果网络范围较小,可以让域控制器自身担任 DNS 服务器。

6.3.2　安装网络中第一台域控制器

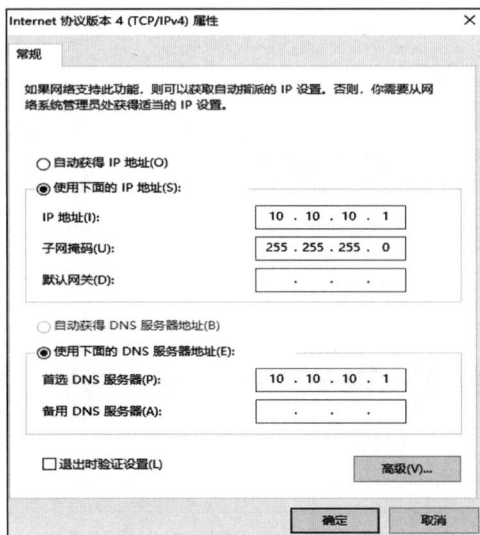

1. 通过"Windows Server 2019 管理服务器"安装第一台域控制器

步骤一　安装前先设置服务器的 TCP/IP 属性,IP 地址为 10.10.10.1,子网掩码为 255.255.255.0,域控制器自身担任 DNS 服务器,所以 DNS 地址也为 10.10.10.1,如图 6-9 所示。

安装网络中第一台域控制器

图 6-9　域控制器 TCP/IP 设置

步骤二 域控制器的创建，也就是活动目录的安装。创建网络中第一台域控制器方法：通过"开始"|"服务器管理器"|"管理"|"添加角色和功能"来启动配置向导，如图 6-10 所示。出现"添加角色和功能向导"对话框时，单击"下一步"按钮。

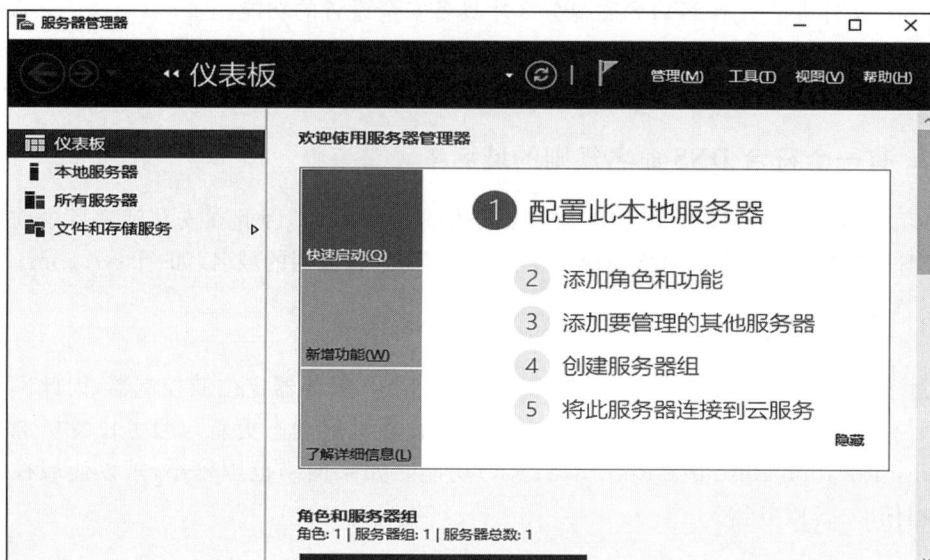

图 6-10 服务器管理器窗口

出现"服务器角色"界面，用来设置服务器担任的工作，此处目的是建立域控制器，所以选择"Active Directory 域服务"复选框，添加所需功能后单击"下一步"按钮，进行安装。如图 6-11 所示。

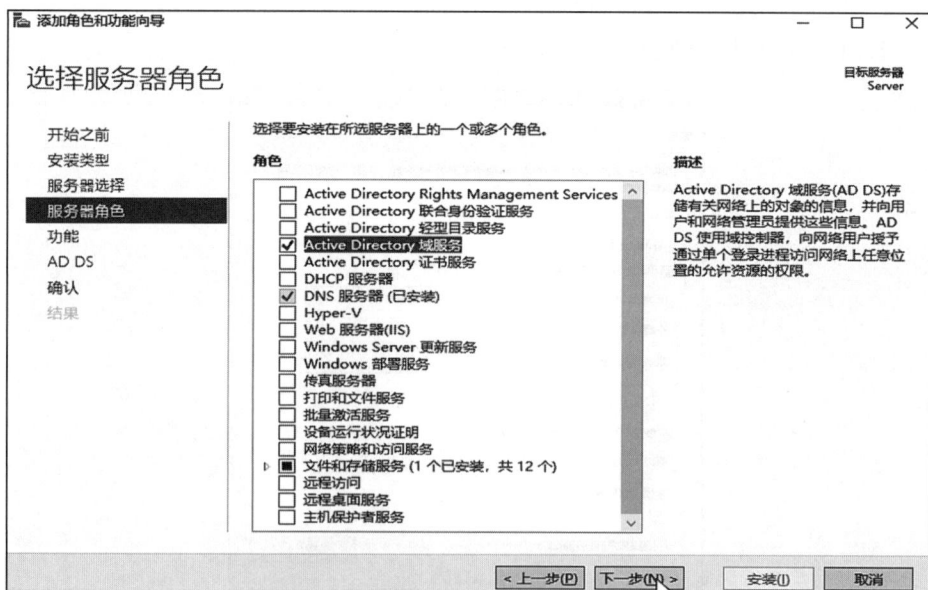

图 6-11 "添加角色和功能向导"窗口

安装完成后,"服务器管理器"窗口中出现一个黄色感叹号,单击在下拉菜单中选择
"将此服务器提升为域控制器",如图 6-12 和图 6-13 所示。

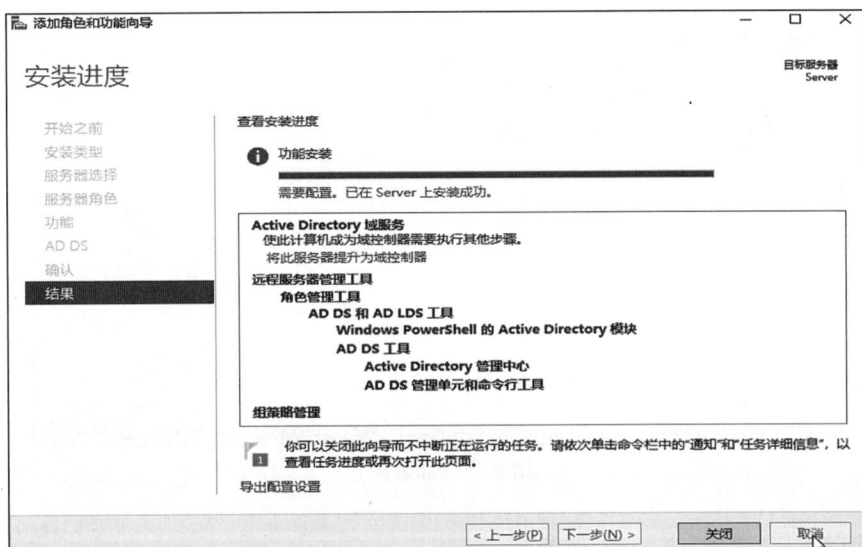

图 6-12　AD DS 安装完成

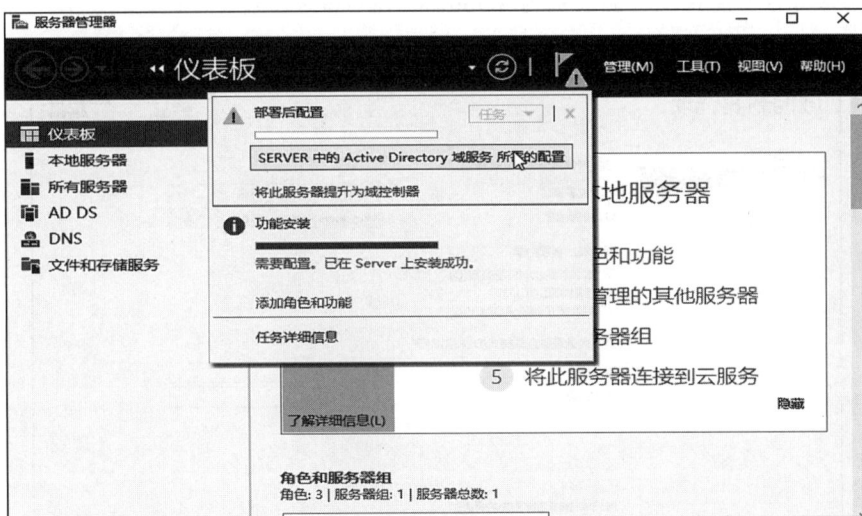

图 6-13　将服务器升级为域控制器

步骤三　在如图 6-14 所示"Active Directory 域服务配置向导"的"部署配置"窗口
中,其中三个选项作用分别为:将域控制器添加到现有域,用于将本服务器升级为一个已
经存在的域的额外域控制器;将新域添加到现有林,用于将本服务器升级为现有林中新的
域或者为现有林中的某个域的子域;添加新林,用于将服务器升级为新林中的域控制器。

此处,在安装第一台域控制器时应选择"添加新林"的选项。

根域名为互联网注册的根域名,这里设置为 jssvc.com。

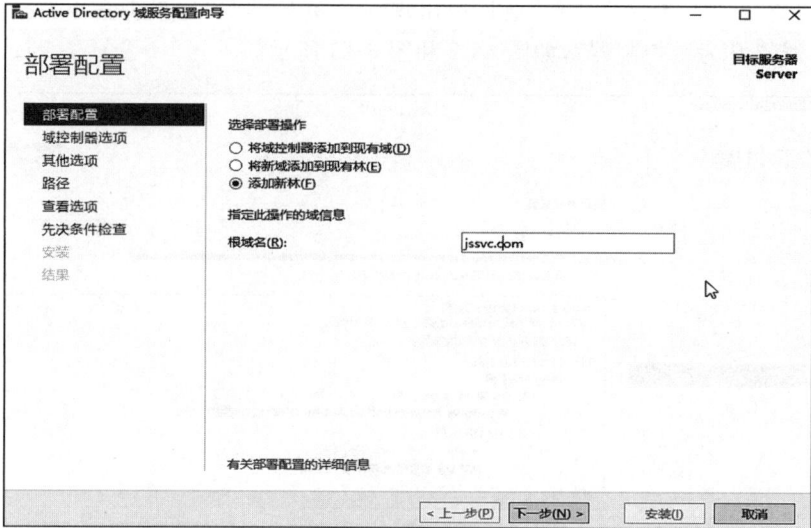

图 6-14　部署配置

完成设置后，单击"下一步"按钮。

步骤四　在如图 6-15 所示"Active Directory 域服务配置向导"的"域控制器选项"窗口中设置林功能级别和域功能级别为 Windows Server 2016。

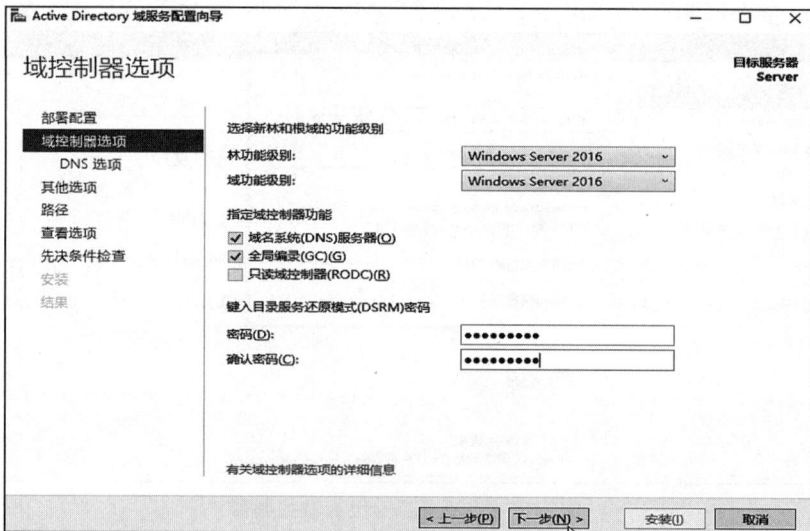

图 6-15　域控制器选项

（1）域功能级别：如果域的功能级别设置为 Windows Server 2016 时，域控制以及额外或只读域控制器必须为 Windows Server 2016 或以上。

（2）林功能级别：如果林的功能级别为 Windows Server 2016，那么域功能级别必须为 Windows Server 2016 或以上，且整个域内的域控制器必须为 Windows Server 2016 或以上。

输入目录服务还原模式（DSRM）密码，并指定该服务器同时为系统（DNS）服务器，单击"下一步"按钮。

步骤五　在如图 6-16 所示"Active Directory 域服务配置向导"的"DNS 选项"窗口中显示"无法创建该 DNS 服务器的委派"。因为还没创建 DNS，所以不能委派，单击"下一步"按钮即可。

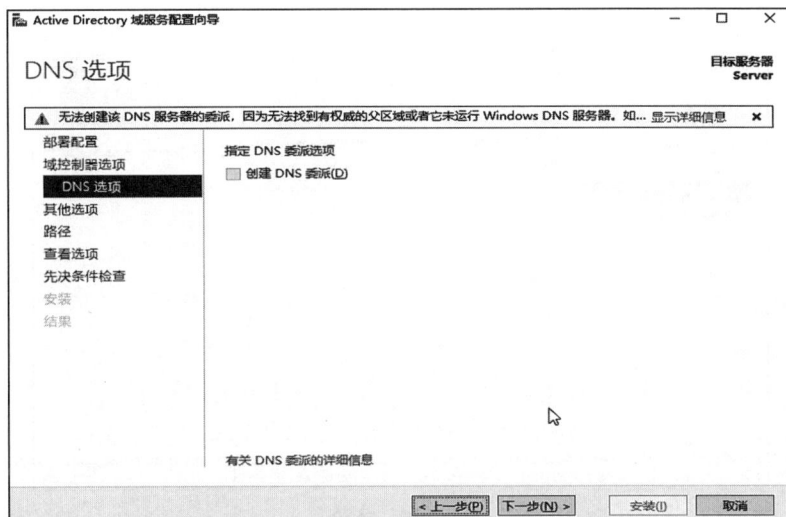

图 6-16　DNS 选项

步骤六　在如图 6-17 所示"Active Directory 域服务配置向导"的"其他选项"窗口中，默认情况下 NetBIOS 域名为 DNS 域名的前半段文字，此处默认显示 JSSVC，单击"下一步"按钮。

图 6-17　其他选项

提示：设置 NetBIOS 域名主要是为了使得不支持 DNS 域名的操作系统可以利用 NetBIOS 名称访问域内的资源，NetBIOS 名称不可以超过 15 个字符。

步骤七 在如图 6-18 所示"Active Directory 域服务配置向导"的"路径"窗口中出现指定存放 Active Directory"数据库文件夹"和"日志文件文件夹"对话框，默认显示均为"C:\Windows\NTDS"；指定存放"共享的系统卷"文件夹对话框，默认显示为"C:\Windows\SYSVOL"，单击"下一步"按钮。

图 6-18　路径

提示：如果有多个硬盘，建议数据库文件夹和日志文件夹分开保存到不同的硬盘上，既提高工作效率，又提高安全性。SYSVOL 文件夹存放与组策略相关的数据必须位于 NTFS 磁盘分区内。

步骤八 在"Active Directory 域服务配置向导"的"查看选项"窗口中查看是否和配置一致。单击"下一步"按钮。

步骤九 在如图 6-19 所示"Active Directory 域服务配置向导"的"先决条件检查"窗口中，如显示"所有先决条件检查都成功通过"，则单击"安装"按钮开始安装活动目录。

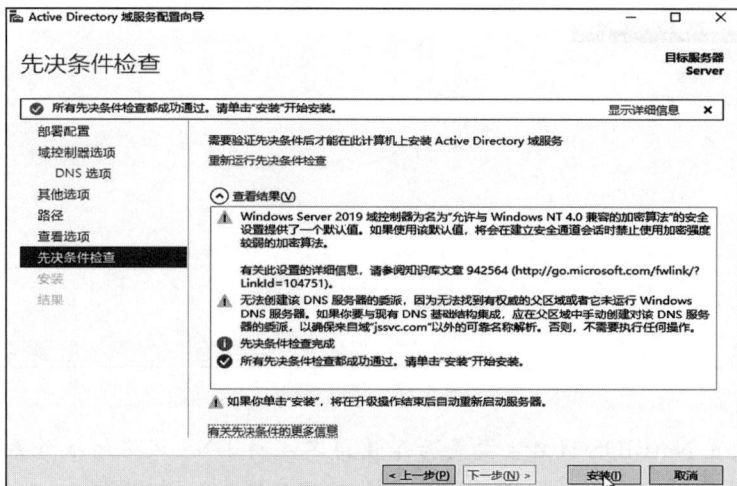

图 6-19　先决条件检查

步骤十　安装完成之后,系统自动重启,使用域管理员账号登录,如图 6-20 所示。

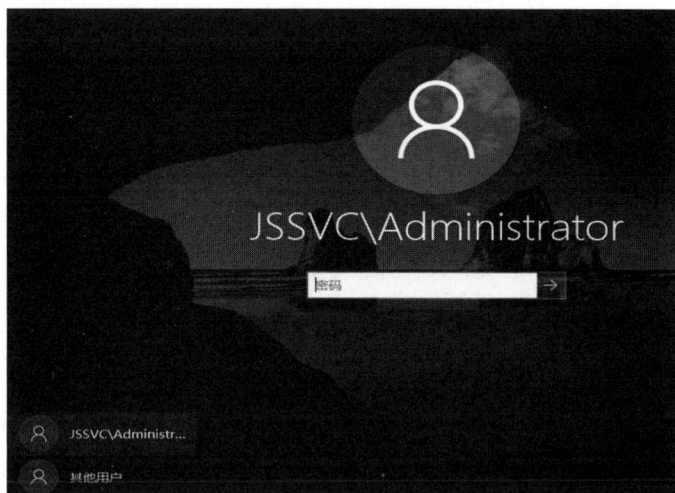

图 6-20　域控制器登录界面

至此已建立了网络中的第一台域控制器,同时也产生了域 jssvc.com。

2. 确认活动目录安装成功的几个标志

标志一:安装成功后,单击"开始"|"服务器管理器"菜单,在"服务器管理器"窗口下,单击"工具"可以看到系统已经有域控制器的三个菜单选项:"Active Directory 用户和计算机""Active Directory 域和信任关系"和"Active Directory 站点和服务",如图 6-21~图 6-24 所示。

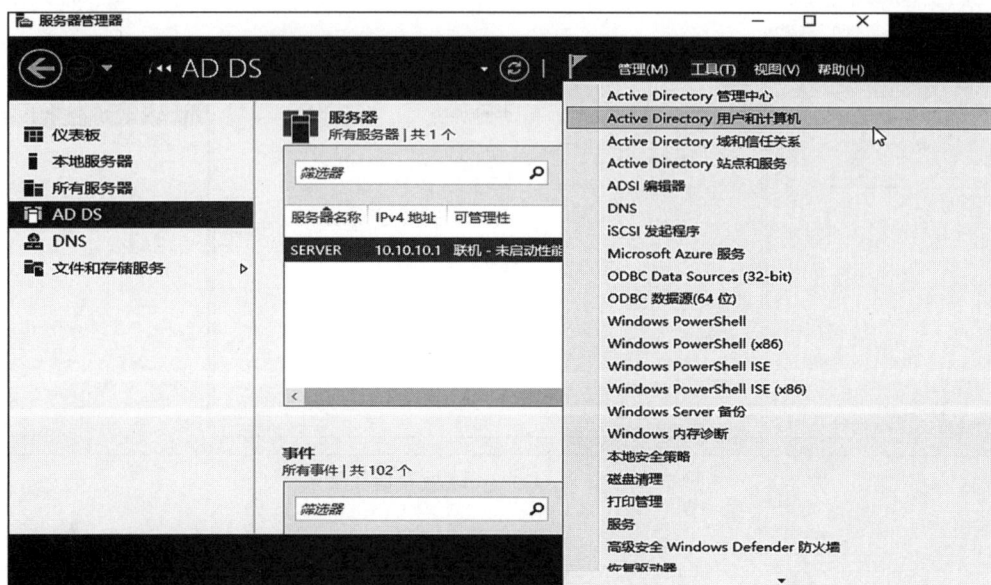

图 6-21　"服务器管理器"窗口

图 6-22　Active Directory 用户和计算机

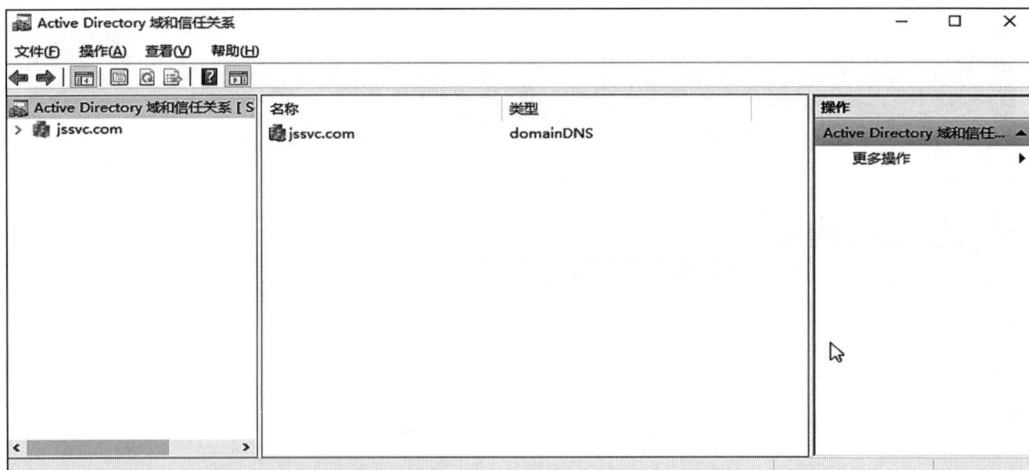

图 6-23　Active Directory 域和信任关系

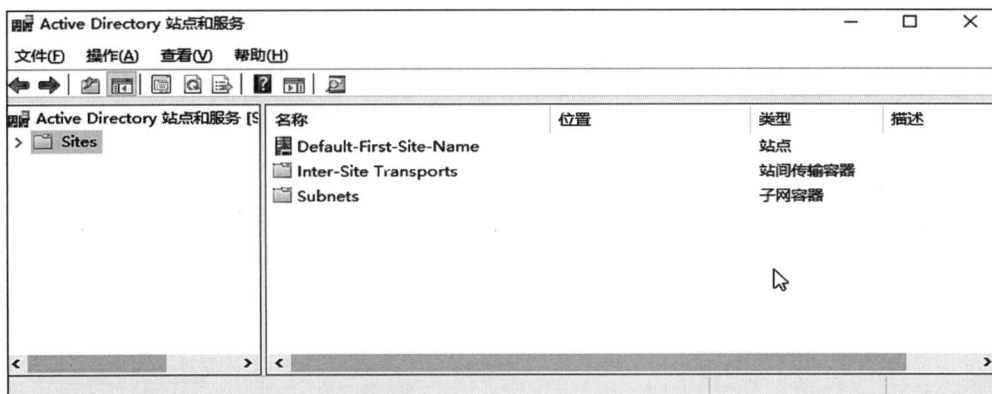

图 6-24　Active Directory 站点和服务

标志二：在运行框内输入\\jssvc.com，可以查看共享，如图 6-25 和图 6-26 所示。

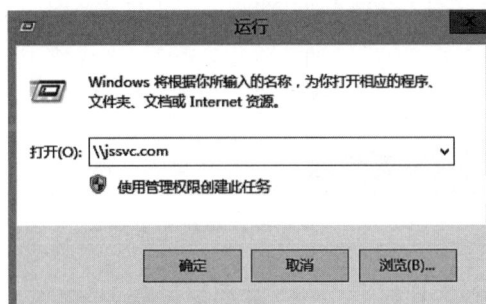

图 6-25　"运行"窗口

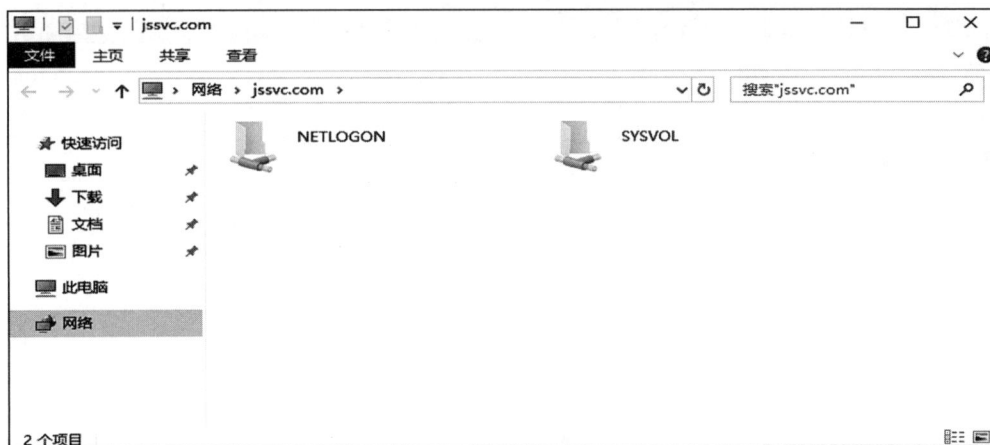

图 6-26　"共享"窗口

标志三：打开"Active Directory 用户和计算机"选项，可以看到存在域 jssvc.com，单击"＋"按钮展开后选择 Domain Controllers(域控制器)，可以看到安装成功的域控制器。右击域控制器查看属性，可以看到域控制器的完整域名，如图 6-27 所示。

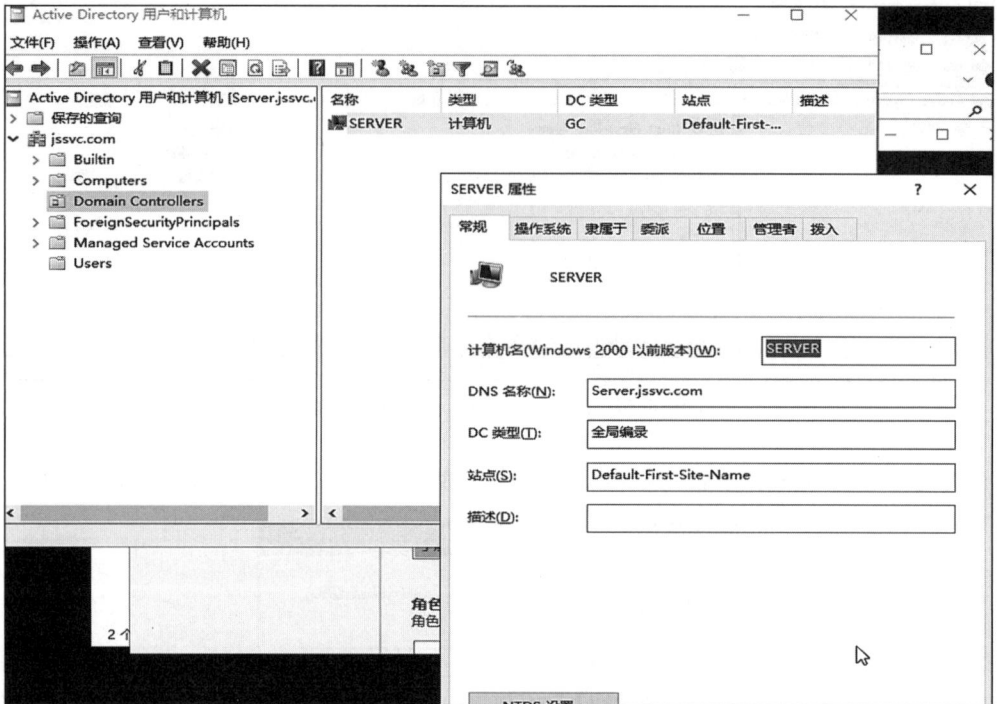

图 6-27　查看域控制器完整域名

标志四：单击"服务器管理器"|"DNS 管理器"，在 DNS 窗口中选择正向查找区域，可以看到与活动目录集成的 DNS 查找区域的多个子目录，如图 6-28 所示。

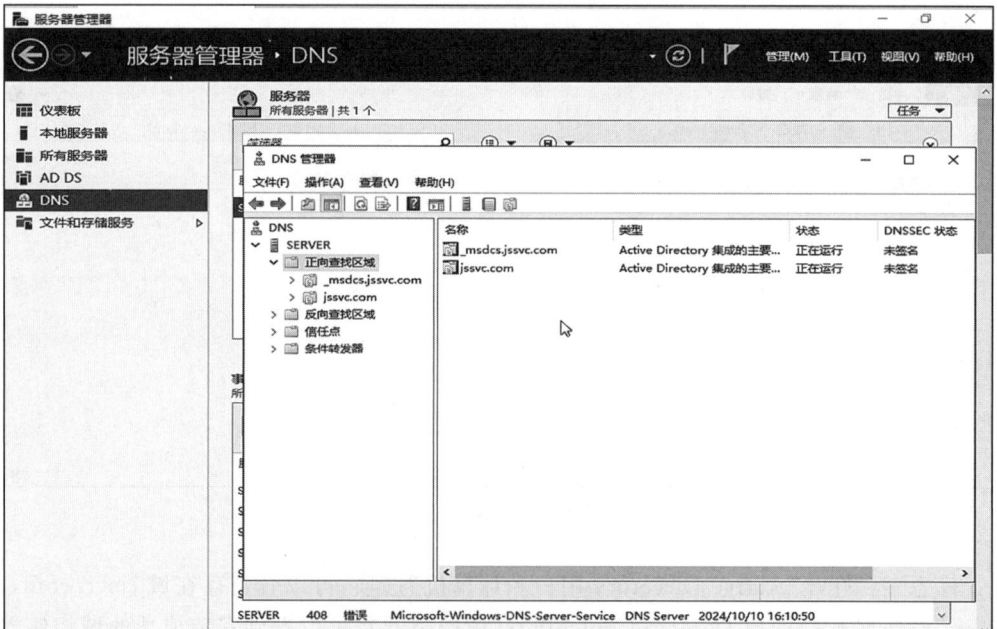

图 6-28　"服务器管理器"窗口

3．Active Directory 控制台管理

1）"Active Directory 用户和计算机"控制台管理

打开"开始"|"服务器管理器"|"工具"|"Active Directory 用户和计算机"窗口,如图 6-29 所示。在控制台目录树中展开域节点,单击域控制器,在右窗格中可看到域控制器的相关信息。右击域节点,弹出快捷菜单,在"所有任务"中显示"委派控制""提升域功能级别"等。委派控制是通过委派管理权限,可以为特定的用户和组指派一定范围的管理任务,如限制管理员组成员权限、委派组织单位的控制权、委派站点控制等,使得网络资源的管理更有效、更安全。委派组织单位和委派站点控制时需在控制台树中右击需要为其委派任务的组织单位或容器。

图 6-29　"Active Directory 用户和计算机"窗口 1

2）"Active Directory 域和信任关系"控制台管理

打开"开始"|"服务器管理器"|"工具"|"Active Directory 域和信任关系"窗口,右击域节点,弹出快捷菜单,如图 6-30 所示。

（1）提升域功能级别：在图 6-30 中选择"提升域功能级别",出现"提升域功能级别"对话框,在"选择一个可用的域功能级别"下拉列表框中选择相应的模式级别。

（2）创建信任关系：在图 6-30 中单击"属性"菜单,打开"属性"对话框,如图 6-31 所示。在"信任"选项卡中可看到该域控制器中外向信任（受此域信任的域）和内向信任（信任此域的域）。单击"新建信任"按钮输入信任域的 NetBIOS 名称或 DNS 名称,选择信任类型、信任的传递性、信任方向、信任密码等后完成信任新建。

图 6-30 "Active Directory 域和信任关系"窗口 2

图 6-31 创建信任关系

3）"Active Directory 站点和服务"控制台管理

打开"开始"|"服务器管理器"|"工具"|"Active Directory 站点和服务"窗口，右击域控制器，弹出快捷菜单，如图 6-32 所示。

（1）新建站点：在图 6-32 中单击"新建"|"站点"菜单，输入站点名称即可。

（2）新建子网：在控制台目录树中展开 Sites 节点，右击子项 Subnets 上，如图 6-33 所示，选择"新建"|"子网"，输入子网地址和子网掩码即可。

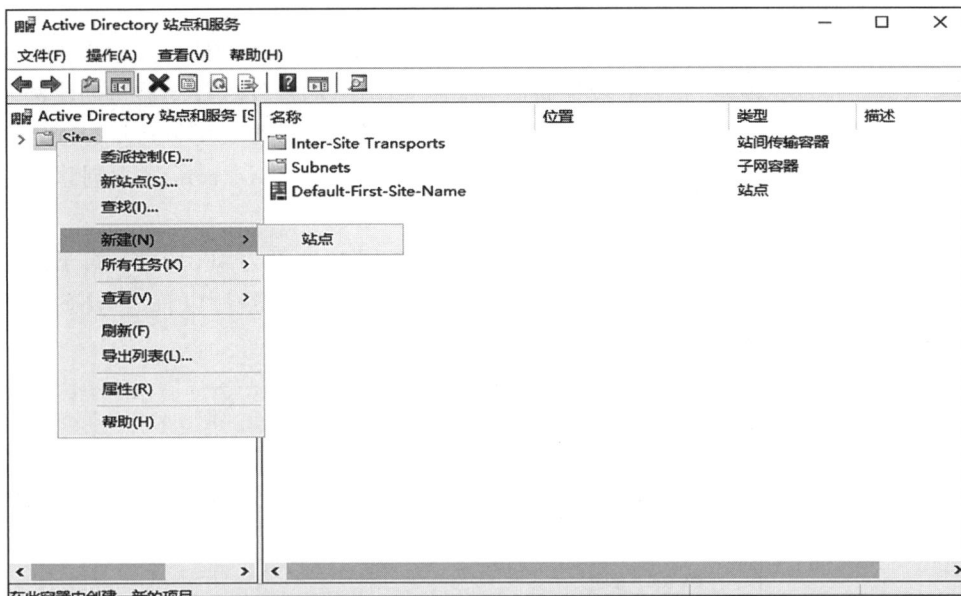

图 6-32　"Active Directory 站点和服务"窗口 3

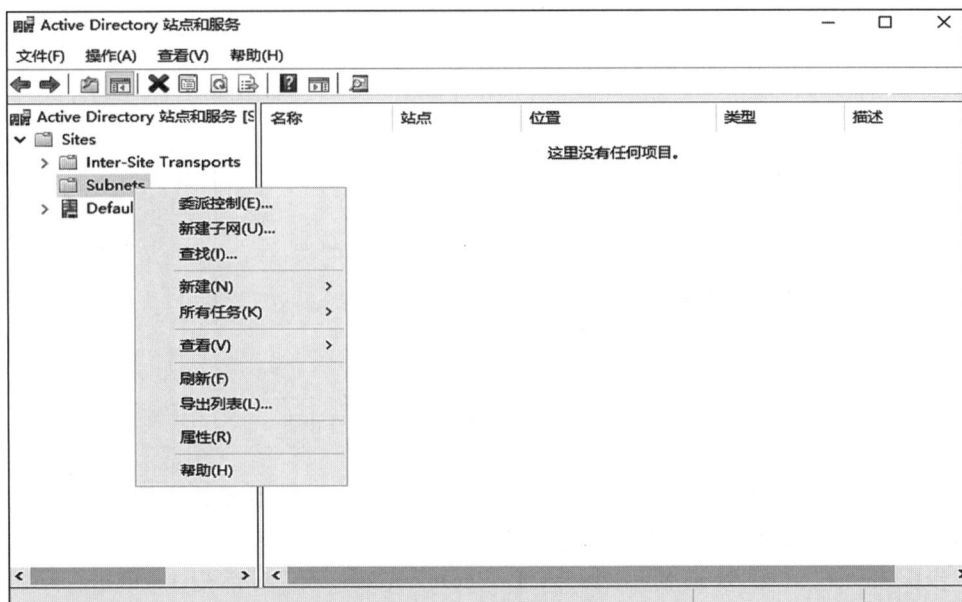

图 6-33　右击 Subnets 界面

6.3.3　创建现有域的额外域控制器

　　jssvc.com 域中已有一台域控制器(IP 地址为 10.10.10.1)。为了提高系统容错能力和用户登录审核效率,需要在域中创建多个域控制器。

创建现有域的
额外域控制器

189

多个域控制器还可以避免由于域控制器单点故障引发的一系列问题。

安装额外的域控制器的方法与安装域中第一台域控制器方法类似，只是要注意两个问题：服务器角色不再是"新域的域控制器"，而是"现有域的额外域控制器"；创建额外域控制器的过程是域信息的复制，将活动目录从已存在的域控制器上复制到新的额外域控制器，两台域控制器的数据将保持一致。下面就详细介绍在 jssvc.com 域中创建第二台域控制器的方法。

安装前先设置 TCP/IP 属性，第二台域控制器的 IP 地址设为 10.10.10.2，子网掩码为 255.255.255.0。因为第一台域控制器同时也是 DNS 服务器，所以首选 DNS 地址应设置为第一台域控制器 IP，即 10.10.10.1，如图 6-34 所示。

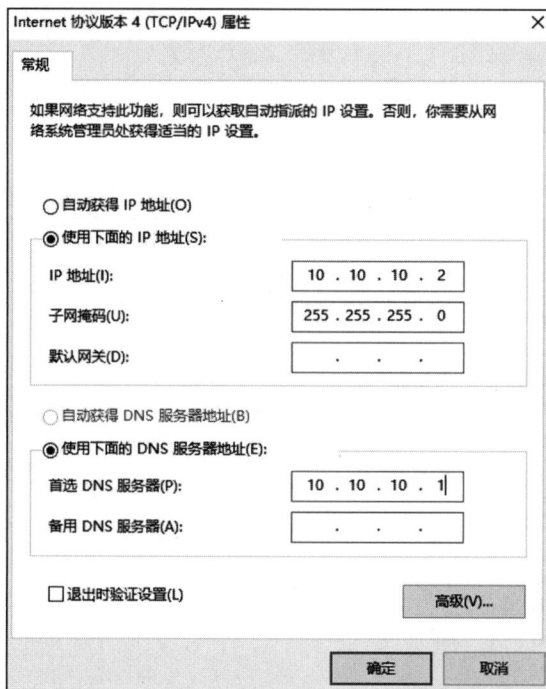

图 6-34 额外域控制器 TCP/IP 属性设置

步骤一 选择一台安装 Windows Server 2019 的独立服务器或成员服务器，启动"服务器管理器"|"添加角色和功能"|"Active Directory 域服务"安装向导。

步骤二 在出现"欢迎使用 Active Directory 安装向导"对话框中，单击"下一步"按钮。

步骤三 完成安装后，"服务器管理器"窗口会有一个黄色的惊叹号，单击后选择"将此服务器提升为域控制器"，如图 6-35 所示。

步骤四 在如图 6-36 所示"部署配置"窗口中指定服务器担任的角色，此处安装的是网络中的额外域控制器，所以选择"将域控制器添加到现有域"，指定此操作的域信息 JSSVC 或 jssvc.com，单击"下一步"按钮。

图 6-35　提升域控制器

图 6-36　选择部署配置

步骤五 在"域控制器选项"窗口中输入"目录服务还原模式（DSRM）密码"，单击"下一步"按钮，如图 6-37 所示。

图 6-37 "域控制器选项"窗口

步骤六 因为没有创建 DNS，所以不能委派，单击"下一步"按钮。

步骤七 单击"其他选项"|"路径"，选择默认值，单击"下一步"按钮。

步骤八 在出现的"查看选项"中查看是否和配置一致，单击"下一步"按钮。

步骤九 在出现的"先决条件检查"检查通过，单击"安装"按钮开始安装。

步骤十 安装完成之后显示该服务器已经成功升级为域控制器，自动重启计算机。在"Active Directory 用户和计算机"控制台的 Domain Controllers 内，除了第一台域控制器 DC 外，第二台域控制器 DC2 也可以在列表里看到，如图 6-38 所示。

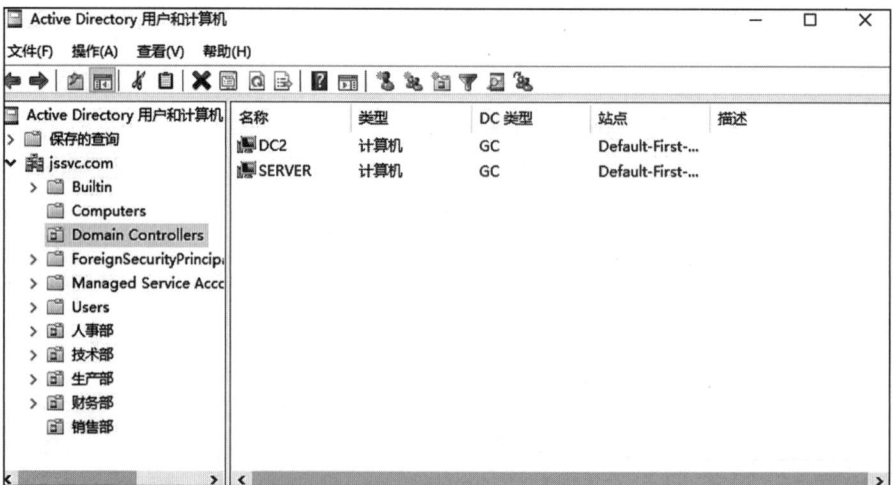

图 6-38 Domain Controllers 内查看域控制器

6.3.4　Windows Server 2019 域结构的网络组建

1. 客户机加入域

活动目录安装成功之后就建立了域中的服务器,要建立 C/S 模式的域结构网络,还需把客户机加入域。计算机要登录到域中,必须要通过域控制器的验证。计算机加入域的具体步骤如下。

客户机加入域

步骤一　先在要加入域的计算机上指定提供 DNS 域名解析的 DNS 服务器地址。之前,把域控制器同时作为 DNS 服务器,因此这里 DNS 服务器的 IP 地址就是第一台域控制器的 IP 地址。设置 DNS 服务器的目的是使得想加入域的计算机通过 DNS 服务器查找到域控制器。在设置 DNS 服务器的同时,指定该加入域的计算机的 IP 地址为 10.10.10.3,子网掩码为 255.255.255.0,客户机的 TCP/IP 设置如图 6-39 所示。

以 Windows Server 2019 为例,DNS 设置的途径为"开始"|"控制面板"|"网络和 Internet"|"查看网络状态和任务"|"更改适配器设置"|"属性"|"Internet 协议(TCP/IP)"|"首选 DNS 服务器",然后输入 DNS 服务器的 IP 地址 10.10.10.1。

步骤二　以 Windows Server 2019 为例,通过"开始"|"这台电脑"|"属性"|"高级系统设置",在如图 6-40 所示"计算机名"选项卡中单击"更改"按钮,选择"隶属于域",并输入之前创建的域的域名 jssvc.com,然后单击"确定"按钮,如图 6-41 所示。

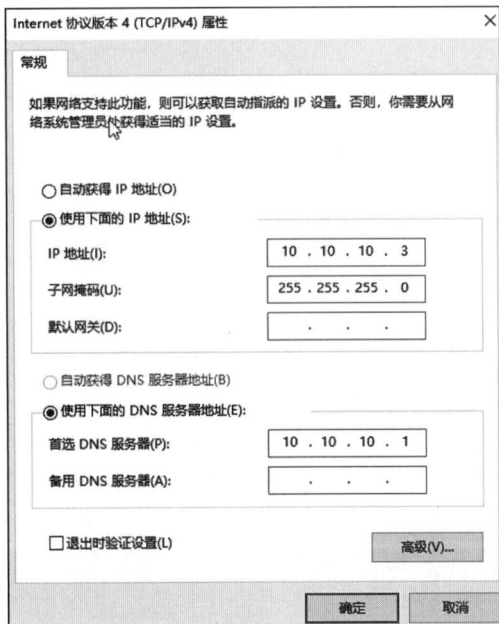

图 6-39　客户机的 TCP/IP 设置

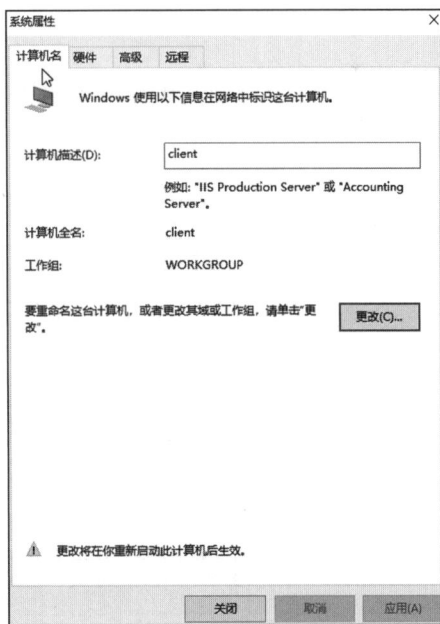

图 6-40　将"系统属性"对话框添加到域

步骤三　在弹出的验证对话框中输入域管理员用户账户名称与密码,完成后单击"下一步"按钮,如图 6-42 所示。

图 6-41　将客户机添加到域

图 6-42　域管理员账户验证

注意：本地管理员没有权限将计算机加入域，这里有加入该域权限的账户即域管理员组内的账户。

步骤四　出现"欢迎加入 jssvc.com"对话框，表示已成功地加入域，单击"确定"按钮，如图 6-43 所示。

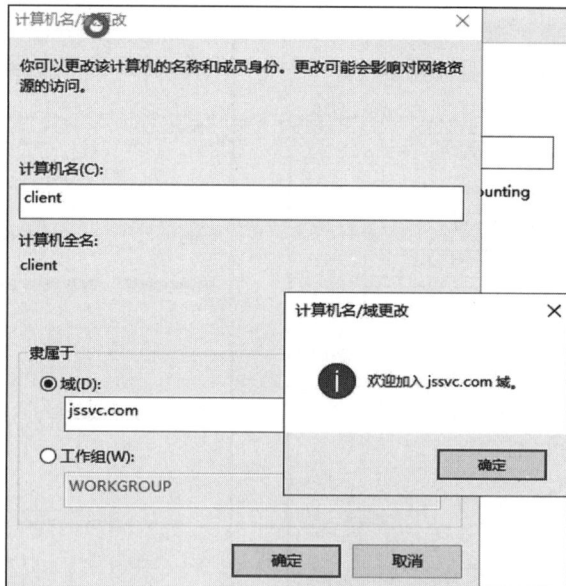

图 6-43　客户机加域成功

步骤五　出现"必须重新启动计算机才能应用这些更改"对话框，单击"确定"按钮，如图 6-44 所示。

一旦加入域后,这台计算机的完整计算机名称的尾部就会附上域的名称。至此,域结构的网络基本建立。

注意:一旦出现图 6-45 所示加入域失败提示,很可能是该台计算机的 DNS 设置不正确。

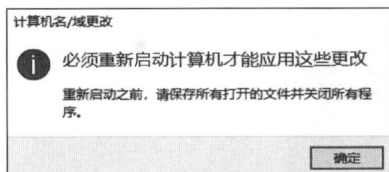

图 6-44　重启生效提示

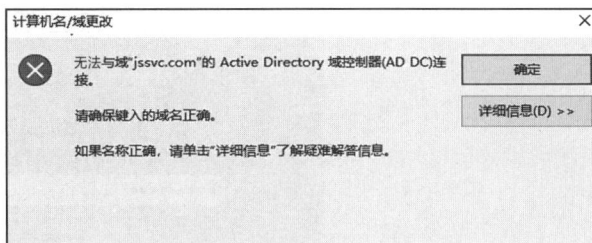

图 6-45　加域失败提示

2. 客户机脱离域

必要的时候,客户机可以脱离某个域后再加入另一个域。脱离域和加入域的过程类似,只是将图 6-41 中的隶属于类型改成"工作组"并指定一个工作组名称即可,此处不再重复介绍。

客户机脱离域

注意:计算机 client 未加入域之前,登录界面如图 6-46 和图 6-47 所示,计算机只能登录到本机。输入的用户名和密码在本机的目录数据库中得到验证后方可登录,该登录方式为本机登录。

图 6-46　本机登录界面 1

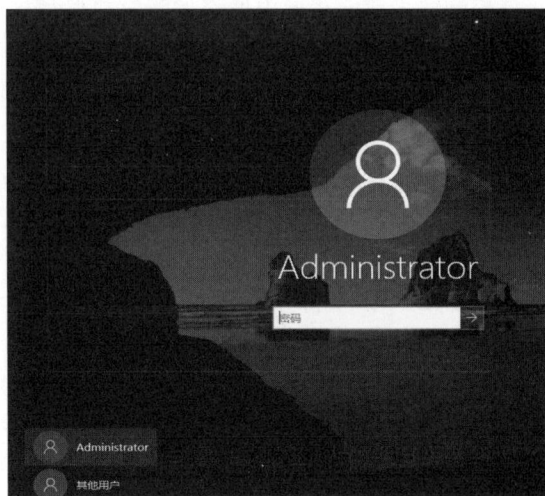

图 6-47　本机登录界面 2

计算机加入域后,如果选择登录到域,则在登录名前加上域控制器的 NetBIOS 名称,此处输入 JSSVC,如图 6-48 所示。选择域登录时输入的用户名和密码需要得到域控制器活动目录的验证后方可登录。此时,登录界面下方显示所登录的域的名称,如"登录到:JSSVC"。

图 6-48　登录到域界面

6.3.5　降级域控制器

　　将域控制器降级，也就是删除其上的活动目录。如果降级的域控制器并不是域中最后一台域控制器，它会被降级为域中的成员服务器；如果是域中最后一台域控制器，它被降级后就没有域控制器了，所属的域也就自动删除了。没有了域，它会被降级为独立服务器。特别要提醒的是，降级域控制器之前要将域内所有的计算机脱离这个域，如果有子域，也要删除所有子域。如果该域控制器还是"全局编录"，在降级前应保证网络上还有其他的"全局编录"，可通过指派另一台域控制器来担任"全局编录"。域控制器降级的过程与创建的过程类似，是一个逆过程。

　　步骤一　打开扮演域控制器角色的 Windows Server 2019 计算机上的"服务器管理器"|"删除角色和功能"窗口，如图 6-49 所示，启动"删除角色和功能向导"，如图 6-50 所示，单击"下一步"按钮。

　　步骤二　在"删除角色和功能向导"|"选择目标服务器"对话框中选择需要降级的域控制器名，如图 6-51 所示，单击"下一步"按钮。

　　步骤三　在"删除角色和功能向导"|"删除服务器角色"对话框中将"Active Directory 域服务"勾选的复选框去除，单击"下一步"按钮，如图 6-52 所示。

　　步骤四　如图 6-53 所示，单击"删除功能"按钮。如果这台域控制器是域内唯一的一台域控制器，提示该计算机是域中最后一个域控制器，选中复选框后单击"下一步"按钮。在出现的下一个对话框中选择"将此域控制器降级"，如图 6-54 所示。

　　步骤五　在图 6-55 所示"Active Directory 域服务配置向导"|"凭据"对话框中勾选"强制删除此域控制器"，单击"下一步"按钮。

　　注意：如果这个域控制器是域内最后一个域控制器，则对话框中显示的是"域中最后一个域控制器"。

图 6-49　删除服务器角色

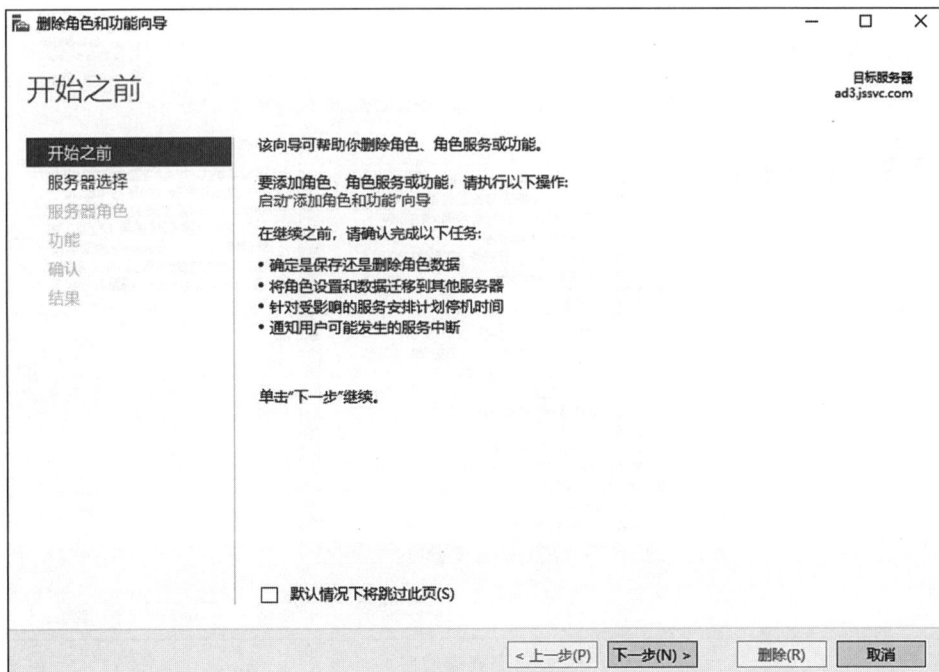

图 6-50　删除角色和功能向导

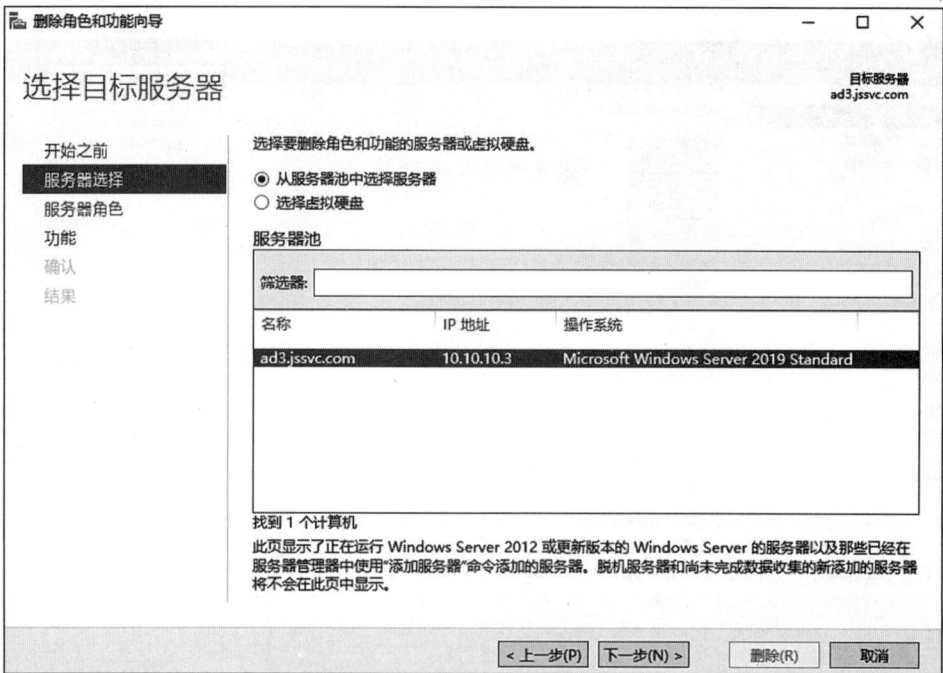

图 6-51　选择降级的域控制器

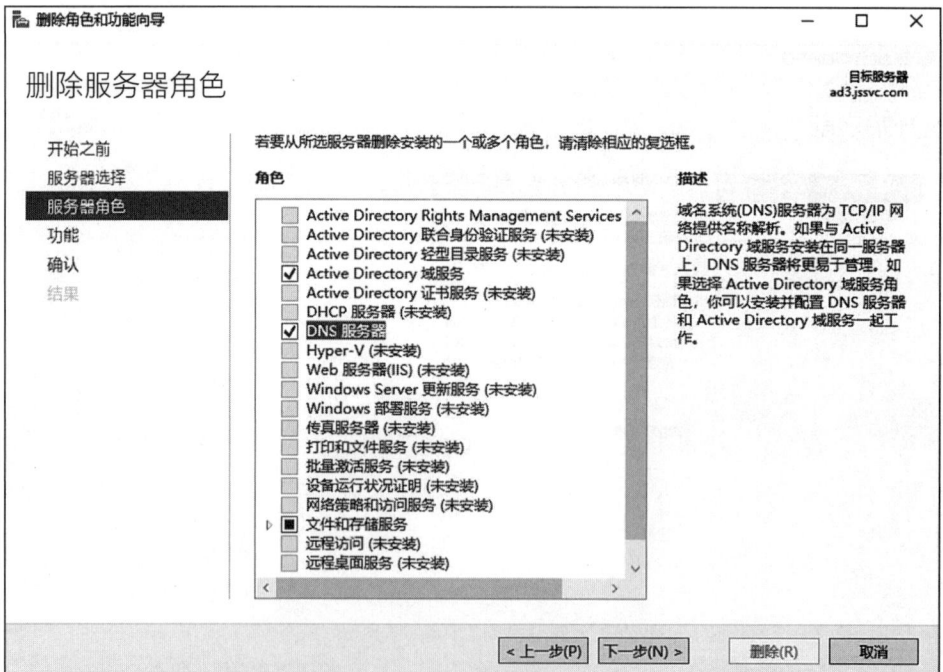

图 6-52　删除域服务

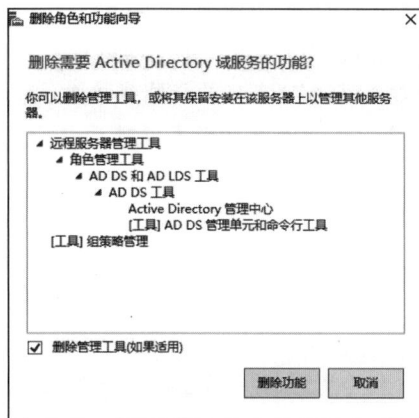

图 6-53　删除功能

图 6-54　降级域控制器

图 6-55　配置向导"凭据"对话框

步骤六 在"警告"对话框中,勾选"继续删除"后单击"下一步"按钮。

步骤七 出现"新管理员密码"界面,输入新管理员账号和密码后单击"下一步"按钮。

注意:此处输入的新管理员账号和密码是指降级为独立服务器或成员服务器后的本地管理员账号和密码。密码复杂性和长度问题参考前面提示。

步骤八 出现如图 6-56 所示"查看选项"界面,查看是否和配置一致,如无问题,则单击"降级"按钮,系统重启,完成域控制器的降级。

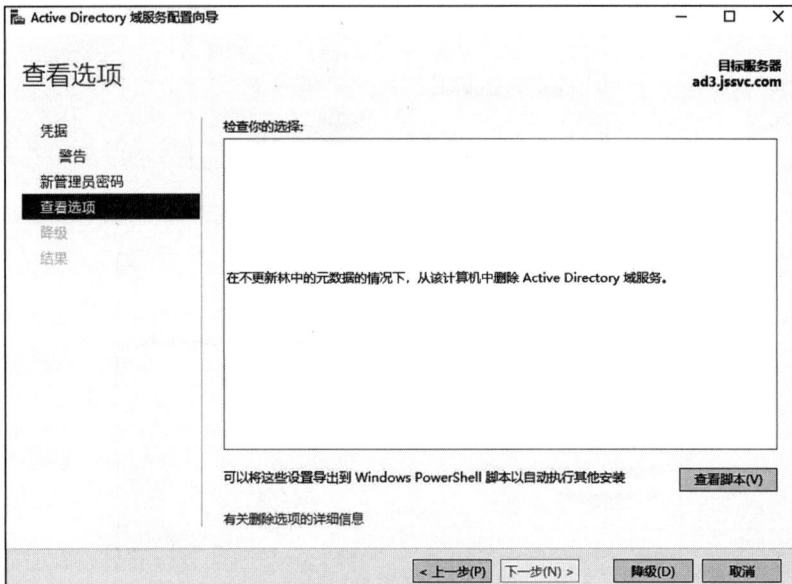

图 6-56 查看选项

6.3.6 域用户账户的创建和管理

1. 创建域用户账户

当一台服务器安装活动目录升级成为域控制器后其本地账户和本地组是被禁用的。该服务器原来的本地账户和组会被移到 ADDS 数据库。域用户是创建在域控制器的"活动目录数据库"内的。在域中可以将用户或者组创建在任何一个容器或组织单位中。具有创建域用户权限的是默认的系统管理员 Administrator、Domain Admins 组、Power Users 组、Account Operators 组的成员账户。用以上账户登录,单击"开始"|"管理工具"|"Active Directory 用户和计算机",双击域节点 jssvc.com 项,单击 Users 子项,可看到右窗格中显示的系统内置的域用户和域组账户,如图 6-57 所示。

步骤一 在图 6-57 左窗格中右击 Users 或者在右窗格空白位置右击,在弹出的菜单中单击"新建"|"用户"后出现图 6-58 所示对话框。

步骤二 输入用户姓名、登录名等选项信息。

(1) 姓名:用户的完整名称,是前面的姓和名的组合。姓和名必须至少输入一个内容。

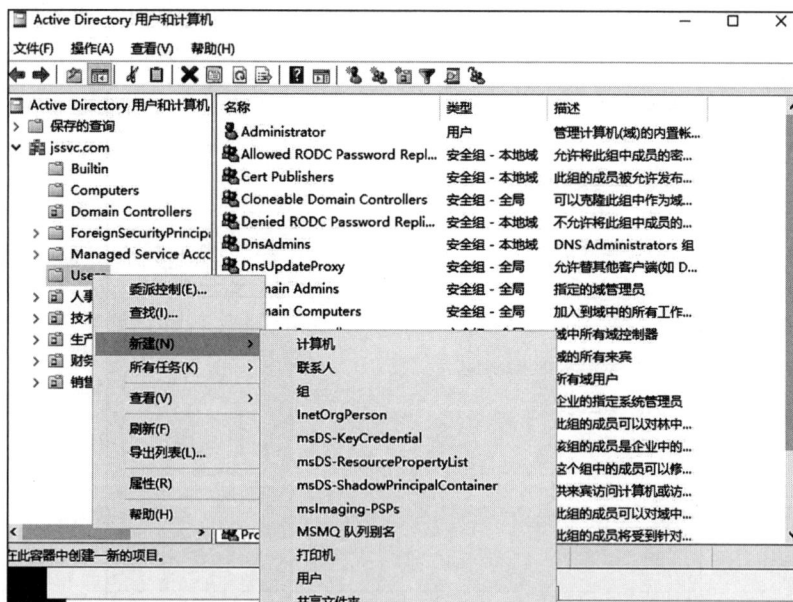

图 6-57　系统内置的域用户和域组账户

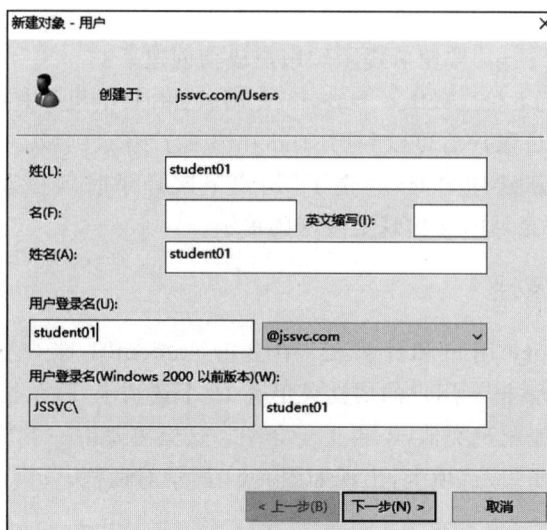

图 6-58　新建用户

（2）用户登录名：即用户主体名称（User Principal Name，UPN），格式类似邮件地址，由前缀用户登录名和后缀账户所属域组成。在活动目录中，默认的 UPN 后缀是域树中根域的 DNS 名。UPN 是登录域时所用的名称，在整个域林内必须唯一。此处输入 UPN 前缀 student01，UPN 后缀下拉列表中选择@jssvc.com。

（3）用户登录名（Windows 2000 以前版本）：当创建的用户需要从 Windows 2000 以前版本的客户端上登录时还应该有另一个登录名，可以与用户登录名不同，但也必须唯一。

步骤三　单击新建用户窗口中的"下一步"按钮，出现图 6-59 所示对话框，输入账户密码。

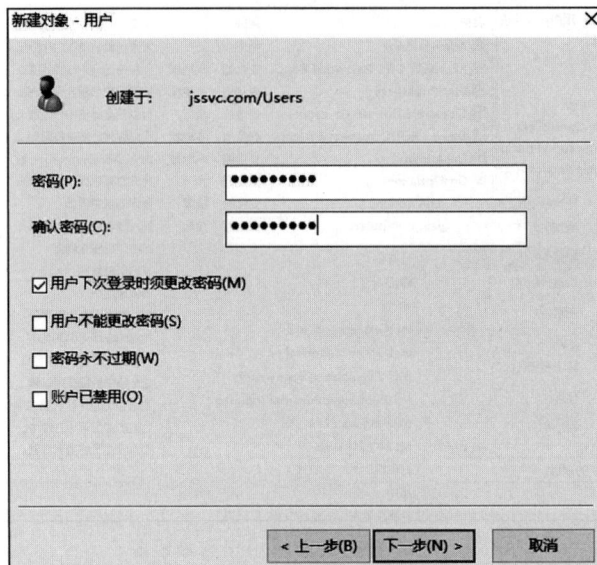

图 6-59　确认密码

步骤四　单击"下一步"按钮后提示域用户成功创建。

用户创建成功后，在"Active Directory 用户和计算机"中可以看到新创建的 student01。注销管理员账户后可以利用 student01 账户登录到域。

步骤五　由于在新建用户时，勾选了"用户下次登录时须更改密码"，用新创建的 student01 账户首次登录域时会出现更改密码提示。

2. 域用户账户属性

在"Active Directory 用户和计算机"中右击 student01 账户选择"属性"，弹出如图 6-60 所示"属性"对话框。用户的属性菜单有 18 个选项卡，默认情况下显示 13 个选项卡。很多选项卡与本地用户类似，不再重复介绍。这里主要讲一下"账户""配置文件""隶属于"选项卡。单击"账户"选项卡，出现如图 6-61 所示对话框。

1）"账户"选项卡

（1）登录时间：单击此按钮后，弹出图 6-62 所示对话框。默认情况是开放所有的时段。横轴每个方块表示一个小时，纵轴每个方块表示一天。如果只允许用户从星期一至星期五每天上午八点到下午五点可以登录到域，则设置的"登录时间"界面如图 6-63 所示。

（2）登录到：单击此按钮后，弹出图 6-64 所示对话框。默认情况是用户可以登录到域内的任何一台计算机。在计算机名文本框中输入计算机的 NetBIOS 名称并添加可以限制账户可登录的计算机。如果只允许用户登录到 Server 和 client 两台计算机，则"登录到"界面如图 6-65 所示。

图 6-60　"属性"对话框

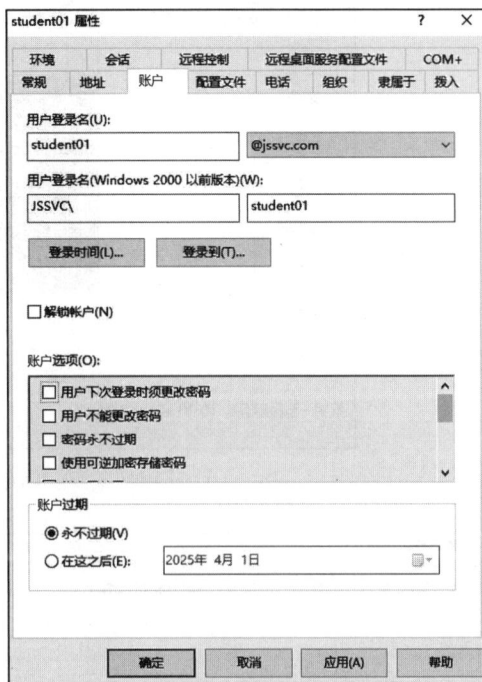

图 6-61　"账户"选项卡

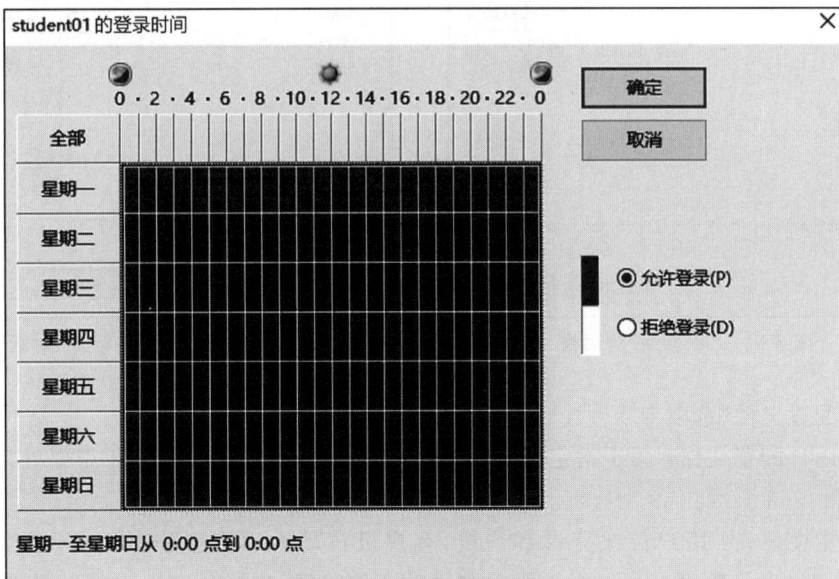

图 6-62　"登录时间"对话框

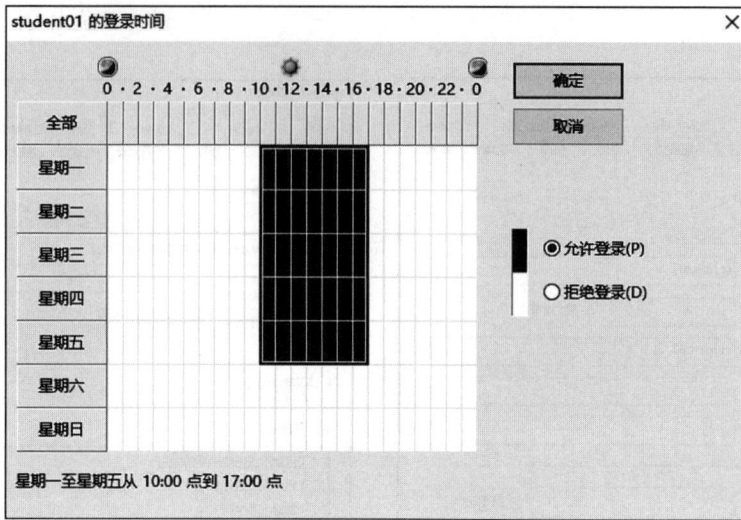

图 6-63　设置后的"登录时间"对话框

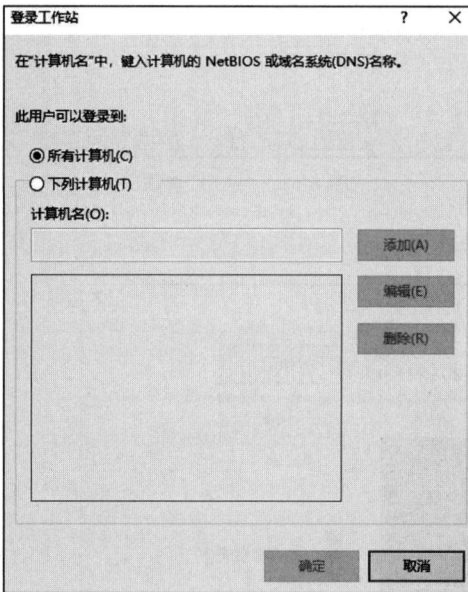

图 6-64　"登录到"对话框

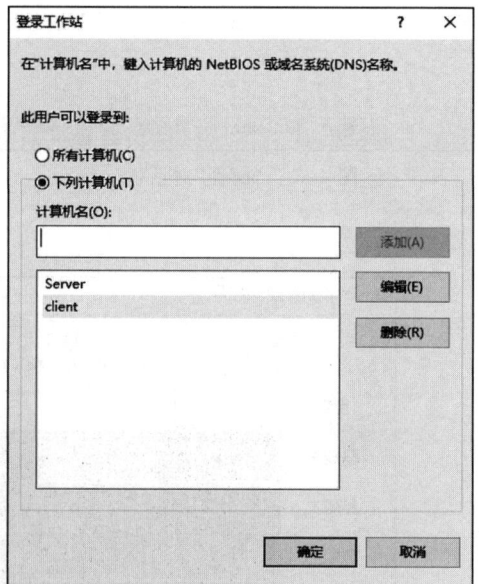

图 6-65　设置后的"登录到"对话框

2）"配置文件"选项卡

（1）用户配置文件：用于指定域用户登录时系统配置文件的路径和需要处理的脚本文件，如图 6-66 所示。

（2）主文件夹：用户首次登录客户机，客户机自动为用户创建桌面、开始菜单等文档。本地路径允许管理员可以设置配置文件的存储路径，连接允许为用户设置网络磁盘。

3）"隶属于"选项卡

查看域用户属于哪个组。默认情况下，所有域用户隶属于 Domain Users 组。单击域用户 student01 的该选项卡,可以看到如图 6-67 所示界面。如果单击"删除"按钮,可以从该默认的组中删除,也可以单击"添加"按钮将该域用户添加到其他的域组中。

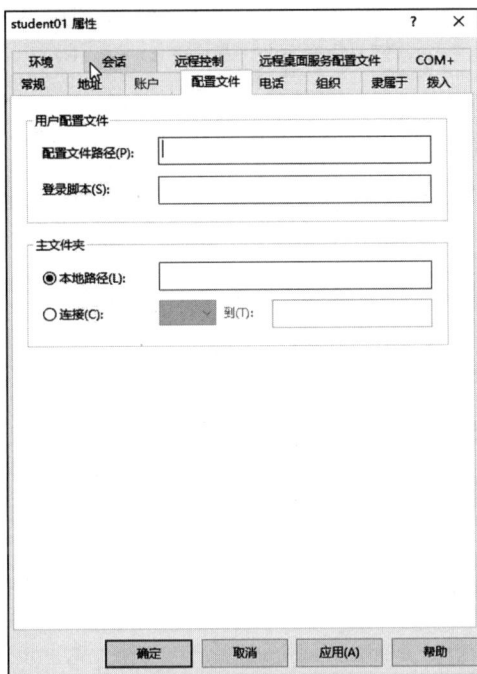

图 6-66　"配置文件"选项卡

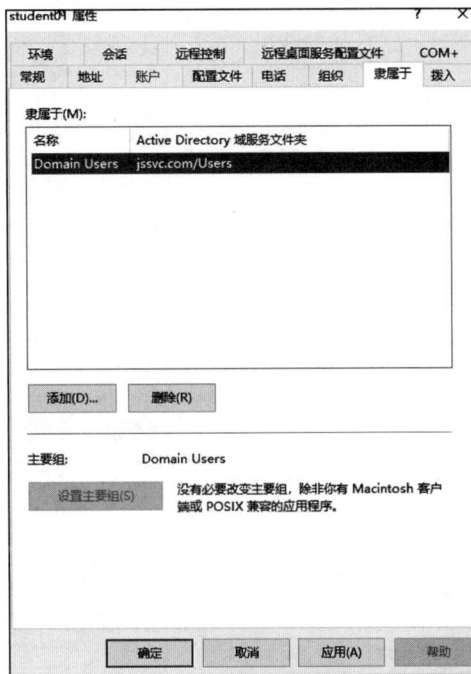

图 6-67　"隶属于"选项卡

3. 通过复制创建新用户

在公司域内,管理员有时需要创建许多新账户,在创建用户时常常要输入大量的属性信息,包括公司、部门等信息。这类用户可以通过"复制"的方法以某一个域用户作为模板来创建其他账户,这样可以大大减少域管理员的工作量。

在域内已经创建了域用户 student01,在"Active Directory 用户和计算机"控制台窗口中右击账户 student01,在快捷菜单内选择"复制"命令,如图 6-68 所示。按照向导,完成新的域用户 student02 的创建,如图 6-69 所示。图 6-70 所示域用户 student02 是复制自 student01,用户登录名为 student02@jssvc.com,后缀和域用户 student01 是一致的。

复制的用户可以将一些公共信息复制过来,对于私有属性则不复制。分别打开两个域用户"属性"对话框的"组织"选项卡,可以看到它们的公共信息"公司""部门"被复制了。

4. Windows Server 2019 用户账号的唯一性

域用户账号位于域控制器,在系统内必须是唯一的。在域控制的活动目录中已经创建了两个账号 student01 和 student02。将它们登录到域,分别执行 whoami/user 可以发现这两个用户的 SID 是不同的,如图 6-71 和图 6-72 所示。

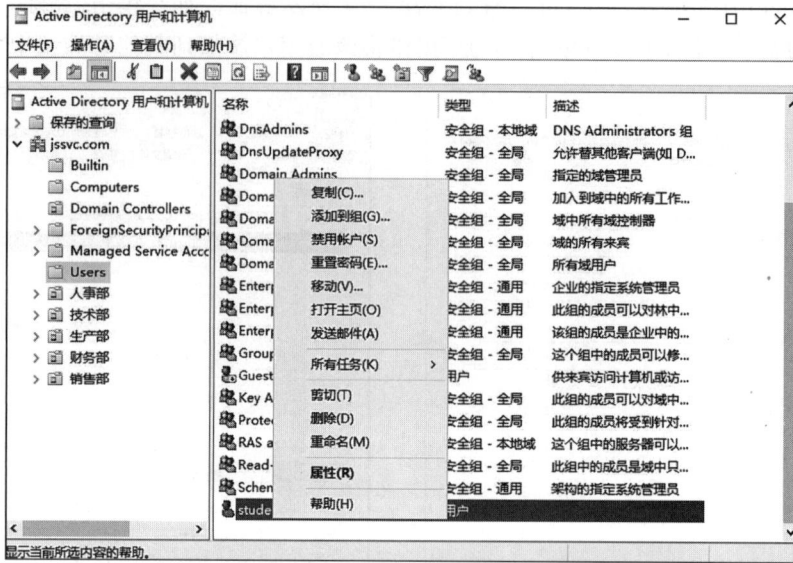

图 6-68　复制用户

图 6-69　复制用户向导

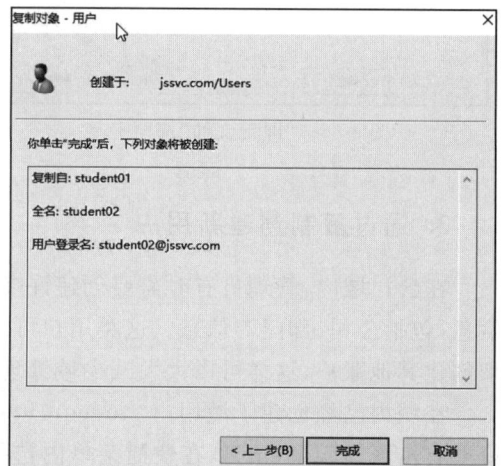

图 6-70　完成用户复制

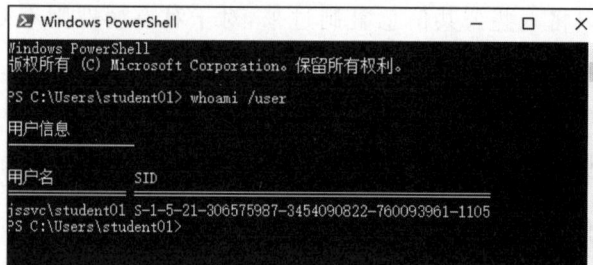

图 6-71　域用户 student01 的 SID

图 6-72 域用户 student02 的 SID

　　删除账户 student02，如图 6-73 所示。重新创建相同用户名的账户后，再次查看该账号的 SID，新域用户账户 student02 的 SID 已经和原来账户 student02 的 SID 不同了，如图 6-74 所示。系统为了区别于原来的用户 student02，新创建的用户 student02 显示为 student02.JSSVC。

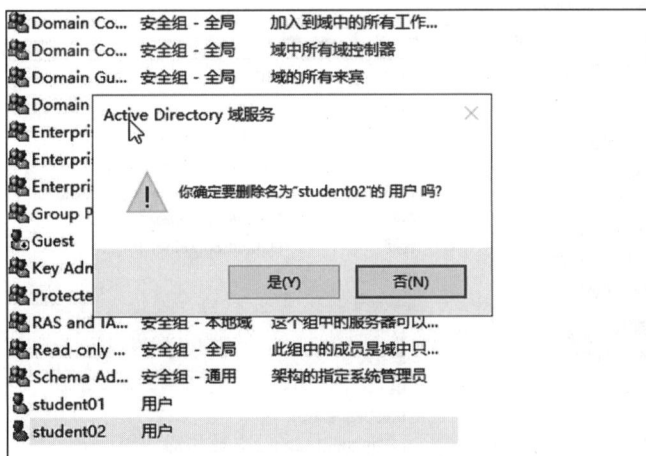

图 6-73 删除域用户 student02

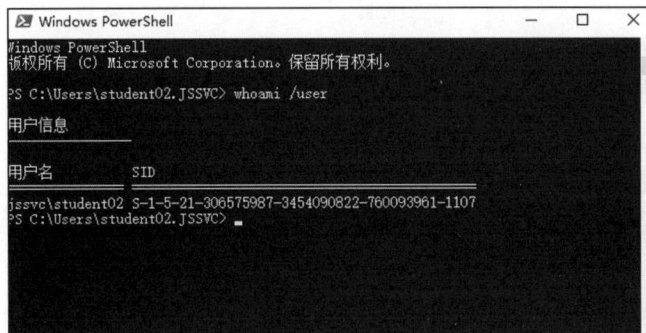

图 6-74 新域用户 student02 的 SID

6.3.7 域组账户的创建和管理

1. 创建域组账户

前文的理论基础中介绍了组和组织单位的区别，为了让读者更好地理解这两个概念，先创建一个组织单位 test，在这个组织单位中再创建组 class，最后添加组成员 student01。具有创建域组权限的是默认的系统管理员 Administrator、Domain Admins 组、Power Users 组、Account Operators 组的成员账户。

用以上账户登录系统，单击"开始"|"管理工具"|"Active Directory 用户和计算机"，打开"Active Directory 用户和计算机"控制台。

步骤一 右击域节点 jssvc.com，在弹出的快捷菜单中选择"新建"|"组织单位"命令，如图 6-75 所示。

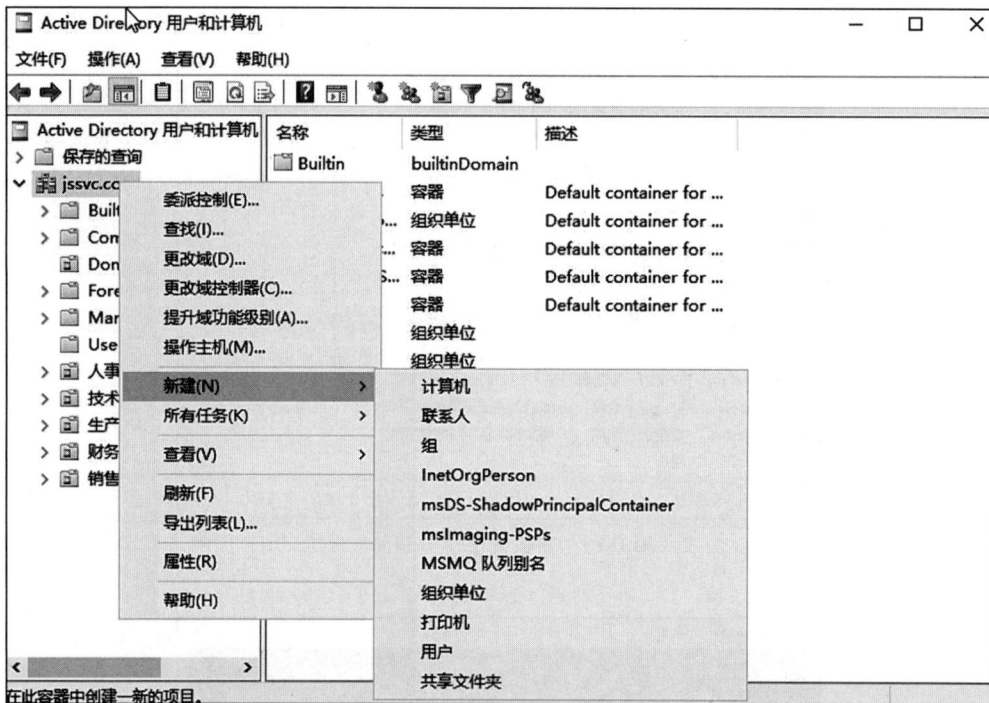

图 6-75 新建组织单位菜单

步骤二 输入组织单位名称 test 后单击"确定"按钮，如图 6-76 所示。

步骤三 组织单位创建成功后返回控制台可看到 test，如图 6-77 所示。右击 test 组织单位，在弹出的快捷菜单中选择"新建"|"组"命令，如图 6-78 所示。

步骤四 在图 6-78 所示对话框中输入组名 class，系统显示默认组作用域为全局组，组类型为安全组，单击"确定"按钮完成组创建。组创建成功后返回控制台可看到组织单位 test 中的组 class。

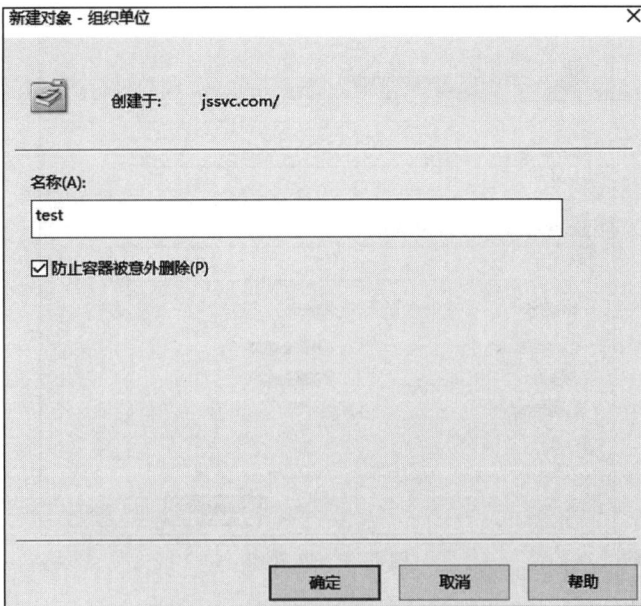

图 6-76　创建组织单位 test

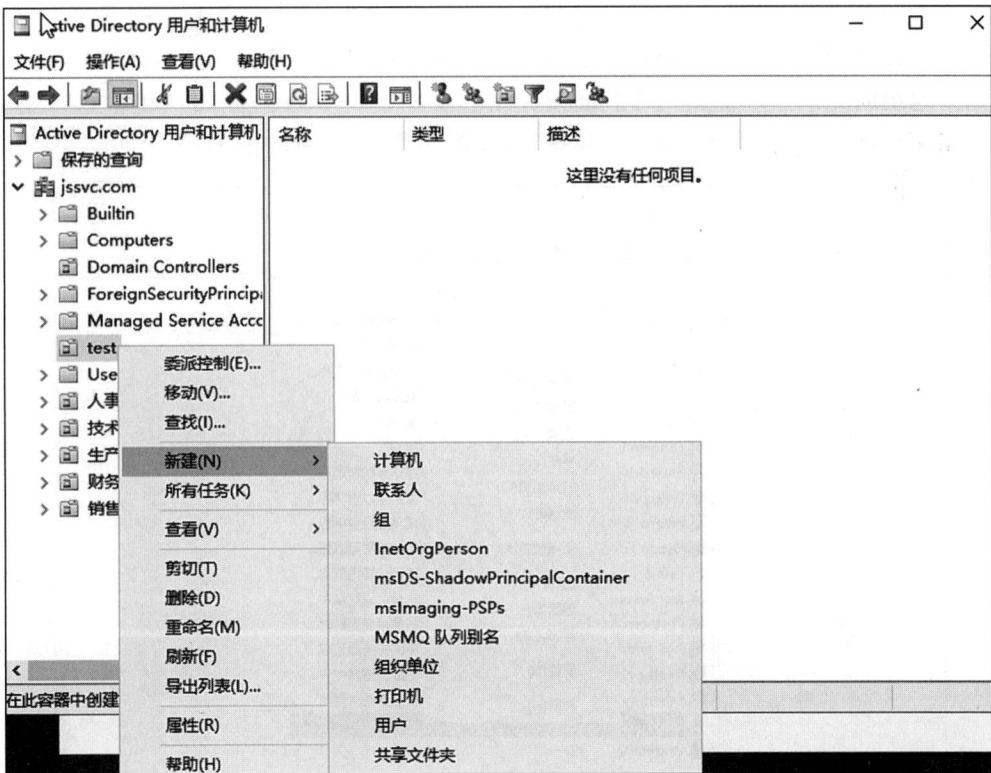

图 6-77　返回控制台

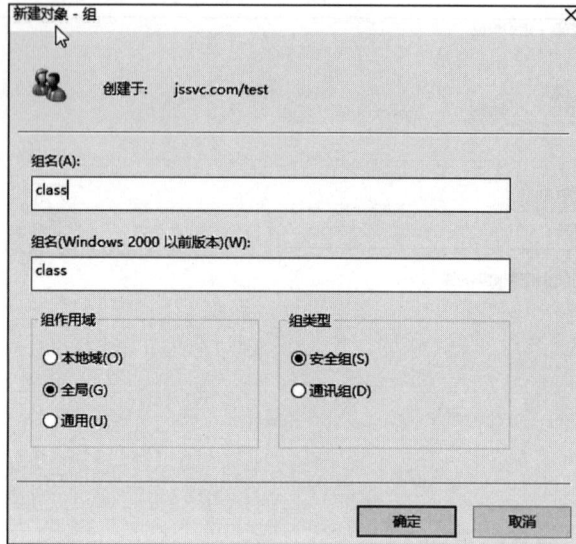

图 6-78　新建组

2. 添加域组成员

　　添加域组成员的方法有多种，一是修改用户的"属性"|"隶属于"选项卡，使用户隶属于某个组；二是修改域组的"属性"|"成员"标签，在组中添加某个账户作为其成员。这和添加本地组成员方法类似，此处不再重复介绍。在"Active Directory 用户和计算机"控制台右击某个域账户，在弹出的快捷菜单中选择"添加到组"命令，如图 6-79 所示。

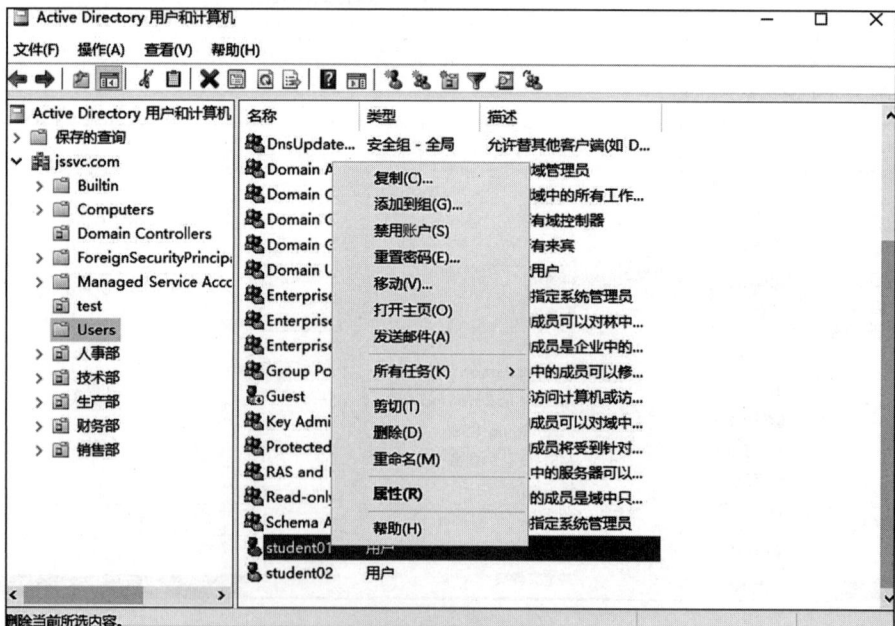

图 6-79　将域账户添加到域组中

3. 管理域组属性

在"Active Directory 用户和计算机"控制台右击某个域组账户,在弹出的快捷菜单中选择"属性"命令,弹出如图 6-80 所示对话框。

图 6-80 域组属性

- "常规"标签:修改域组组名、描述、电子邮件等信息。
- "成员"标签:添加组成员。
- "隶属于"标签:实现组嵌套。
- "管理者"标签:更改组的管理者。

6.4 项目验收总结

域的产生使企业可以有效组织和规划网络结构,可以建立更好地反映其内部组织结构和便于管理的网络结构;域存储了所有对象的有关信息,使管理员可以轻松发布信息。另外,域起着安全边界的作用,保证域管理者只能在该域内享有管理权限。

本项目主要以创建域控制器以及建立 Windows Server 2019 域结构网络为目标,并通过创建网络中第一台域控制器、创建额外的域控制器、将客户机加入域、降级域控制器等四个有代表性的案例来实现。

本项目的重点是活动目录的安装和 Windows Server 2019 域结构网络的建立。通过第一台域控制器的创建,产生了网络中的域;通过创建额外的域控制器提高系统可靠性和高效性；将客户机加入域，真正实现 C/S 模式的域结构网络。

6.5 项目巩固及拓展训练

6.5.1 Windows Server 2019 Active Directory 的安装

1. 实训目的

掌握使用命令或图形界面方法将已安装好 Windows Server 2019 的独立服务器或成员服务器升级成为域控制器。

2. 设备和工具

安装 Windows Server 2019 Enterprise 的计算机 2 台，VMware 虚拟机软件、Windows Server 2019 的 ISO 镜像文件等。

3. 实训内容及要求

（1）使用"管理您的服务器"命令将一台独立服务器升级为网络中的第一台域控制器，创建域 test. com。

（2）使用"管理您的服务器"将另一台独立服务器升级为 test. com 域中的额外域控制器。

4. 实训总结

本实训实现了单域内两个域控制器的创建。在项目实施过程中应养成先进行网络属性设置的好习惯，并注意创建域控制器的类型。如果读者有兴趣，可自行尝试实现森林和树内两个域的域控制器创建。

6.5.2 Windows Server 2019 域结构的网络组建

1. 实训目的

将 Windows Server 2012 或 Windows Server 2019 客户机加入 Windows Server 2019 域，构建 C/S 模式的 Windows Server 2019 域环境。

2. 设备和工具

Windows Server 2012 客户机 1 台，Windows Server 2019 域控制器 1 台，VMware 虚拟机软件、Windows Server 2019 的 ISO 镜像文件等。

3. 实训内容及要求

将 Windows Server 2012 客户机加入已建好的域 test. com 中并测试是否能正常登录。

4. 实训总结

本实训的实现需以项目 1 的域控制器的正确安装为前提。本实训完成了将客户机加入 6.5.1 小节已建好的域中,项目实施要注意两个要点。

(1) 客户机的 DNS 一定要先设置好,因为加入域时需要先通过 DNS 查找到域控制器。

(2) 修改计算机类型时需要输入允许此项修改的账户用户名和密码,这个账户不是客户机的本地管理员账户,而是域控制器上的管理员账户。

6.5.3　域用户和域组的创建及管理

1. 实训目的

掌握 Windows Server 2019 中的域用户的创建、账户属性的设置、域组的创建和域组的管理等。

2. 设备和工具

Windows Server 2019 域控制器 1 台,VMware 虚拟机软件、Windows Server 2012 计算机 1 台等。

3. 实训内容及要求

(1) 使用系统管理员登录到域控制器,创建组织单位 school,在其下创建域组 class,类型为安全组,作用域为全局组。

(2) 仍然使用系统管理员登录到域控制器,创建三个域用户:stud1、stud2、stud3,账户属性如表 6-2 所示。

表 6-2　账户属性

登录名	隶属于组	登录时间	登录到	密码设置
stud1	Administrators	周一至周五 8:00—20:00	所有计算机	stud1
stud2	Domain Admins	周六至周日	Windows Server 2019 域控制器	stud2
stud3	Users	周三一天	Windows Server 2012	stud3

(3) 分别用这三个用户账户登录,验证属性设置情况。

4. 实训总结

本实训将域用户账户、域组以及组织单位三者整合在一个项目中。通过对账户属性的设置完成账户的建立、设置以及组的基本管理,通过对账户属性的验证完成账户的登录以及对网络资源的使用。

6.6 课 后 习 题

一、选择题

1. 下面命令( )可以查看 IP 地址和 DNS 等信息。

    A. ipconfig   B. ipconfig/all

    C. ipconfig/release   D. ipconfig/renew

2. 以下不是创建域的必要条件的是( )。

    A. DNS 域名   B. DNS 服务器

    C. 一个 NTFS 磁盘分区   D. 组织单位

3. Windows Server 2019 的域用户账户可以分为内置账户和自定义账户,下列属于内置账户的是( )。

    A. User   B. Anonymous

    C. Administrator   D. Administrators

4. 以下可以安装活动目录的是( )。

    A. "管理工具"—"Internet 服务器管理器"

    B. "管理工具"—"计算机管理"

    C. "管理工具"—"配置服务器"

    D. 以上都不是

二、填空题

1. Windows Server 2019 域控制器中有三个重要的活动目录的工具,它们分别是_____、_____和_____。

2. 如果某个用户的账户暂时不使用,可将其_____。

3. Administrator 是操作系统中最重要的用户账户,俗称_____,它属于系统中的_____账户。

4. 域组可以分为安全组和通信组两大类,每一类又分为_____、_____、_____。

三、简答题

1. 将 Windows Server 2019 独立服务器升级为域控制器的步骤是什么?升级的条件是什么?

2. "工作组"和"域"两种模式的区别是什么?

3. 如何将 Windows Server 2012 客户机加入 Windows Server 2019 域中?

4. 分析域、域树以及域林的特点和关系。

5. 你是活动目录域 windows.edu.cn 的管理员,某个用户由于忘记密码不能登录到域。经过查看,你发现用户昨天刚刚重设了密码并且成功登录到域中。要让用户登录到域中,你应当如何做?

6. 某公司需要创建一个域 abc.com,其中可用的 IP 地址为 172.18.192.1～172.18.192.200。将 Windows Server 2019 的服务器升级为域控制器,其他员工的计算机加入域 abc.com 中。

分析并解答以下问题。

(1) 通常情况下,如果要创建一个域,应该满足什么前提条件?

(2) 如果域控制器同时担任 DNS 服务器的角色,将 172.18.192.1 分配给该域控制器,请给出域控制器和加入域的客户机的配置(见表 6-3 和表 6-4)。

表 6-3　域控制器配置

IP 地址	172.18.192.1
子网掩码	255.255.255.0
DNS 服务器 IP	

表 6-4　客户机(其中一台)配置

IP 地址	
子网掩码	
DNS 服务器 IP	

(3) 在客户机加入域之前,如何在命令提示符环境下用命令查看包括 DNS 等网络设置?

(4) 在客户机上如何用命令测试网络? 查看是否和域控制连通?

(5) 简述客户机加入域的具体操作过程。

项目 7　用户工作环境的配置

◆ 内容结构图

用户工作环境的配置包括各类用户配置文件的运用、用户主文件夹、登录脚本的设置与使用、组策略的运用。

完成该典型任务的过程中所需的理论知识和实施步骤如图 7-1 所示。

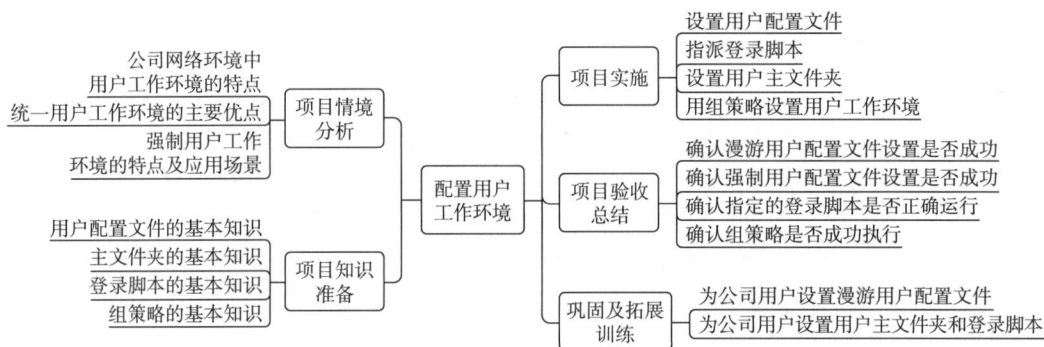

图 7-1　内容结构图

7.1　项目情境分析

公司网络及其系统环境的规范化配置与管理有助于提高公司的管理效率,同时也能提高公司网络及系统的安全性。一般情况下,公司人员虽然都有各自的需求,但是对公司业务需求的计算机系统环境的配置要求基本相同。因此,可以利用 Windows Server 系统的用户工作环境配置的功能来统一员工的工作环境,如统一的 Office 办公软件、桌面环境、其他的应用程序组件以及进入桌面时的提示信息等,当有新的计算机加入网络中时,计算机系统能够自动安装软件及配置员工的桌面;如果有软件更新,也可以通过网络统一部署更新。这些对于一个网络管理员来说,不仅减轻了公司网络的管理工作量,也便于维护网络的安全性,使其能够更可靠地运行。

本项目主要为 Windows Server 2019 系统的用户设置桌面环境、登录脚本以及主文件夹,以便用户在域环境下灵活管理自己的工作环境。

◇ 项目目标

本项目通过漫游和强制用户配置文件管理配置域用户的工作环境,以便让用户无论什么时间在任何一台计算机上登录都有相同的工作环境和界面;创建登录脚本以便用户登录时可自动运行某个脚本文件;利用主文件夹可以存储各个用户的私人文件,又不影响登录时网络的通信量。

本项目的实施流程如图 7-2 所示。

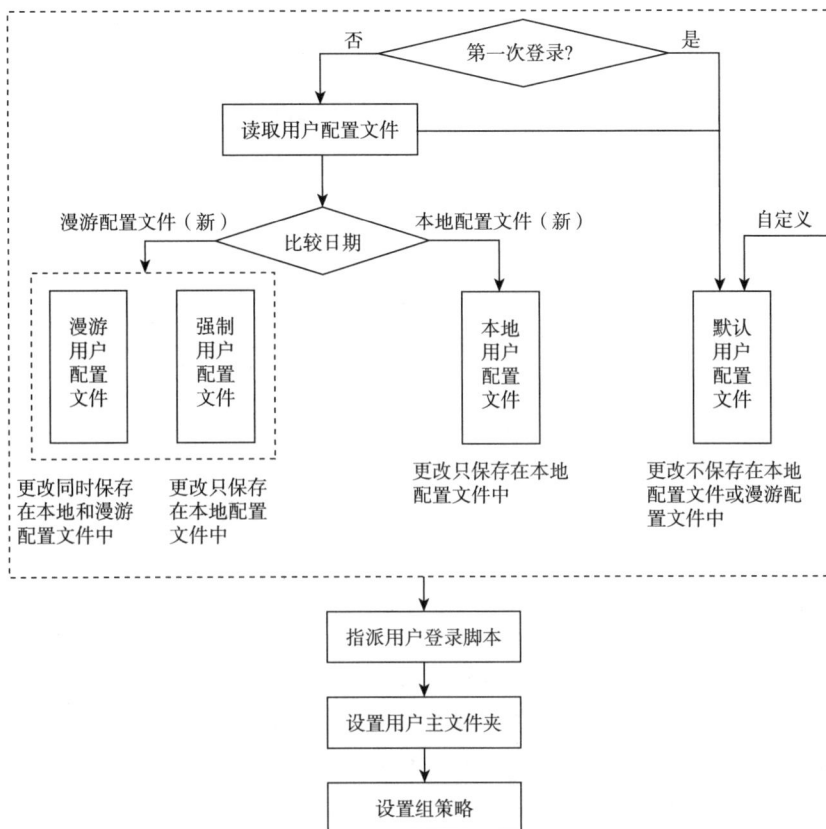

图 7-2　项目实施流程

1. 用户配置文件

用户配置文件包括桌面设置、我的文档、收藏夹、IE 设置等一些个性化的配置。用户配置文件分本地、漫游、强制三种,本项目将详细介绍三种配置文件的区别和具体实现方法。

2. 指派用户登录脚本

指派用户登录脚本,可以使用户登录时自动执行某个应用程序或脚本。登录脚本与用户配置文件配合使用,可以让企业管理员更容易管理用户客户端的桌面设置。

3. 设置用户主文件夹

通过主文件夹存储个人信息,只有用户本人和 Administrator 才有权访问。主文件夹不包含在用户配置文件中,因此可以节省使用漫游配置文件的用户登录和注销的时间。

4. 设置组策略

利用组策略也可以指派用户登录脚本,还可以限制用户使用某个程序或设备、配置用户安全选项,使域网络更安全和便于管理。

7.2 项目知识准备

7.2.1 用户配置文件

用户配置文件就是定义在用户登录时系统加载所需环境的设置和文件的集合,它包括所有用户专用的配置设置。用户配置文件并不是一个单独的文件,而是一系列文件和文件夹的集合。它最初的内容由 Default 文件夹和"公用"文件夹中的公用程序组(无论哪个登录到计算机的用户,都可以使用的程序组)两部分组成。这两个文件夹位于系统安装盘中的"用户"文件夹下,它们包含桌面和"开始"菜单等项目。Default User 文件夹中的 NTuser.dat 文件包含 Windows Server 2019 家族的配置设置选项。

分别打开未加入域的客户机和加入域的计算机上的"用户"文件夹,系统管理员登录时的用户配置文件内容如图 7-3 和图 7-4 所示。图 7-3 中只有两个文件夹:"公用"和 jssvc,其中 jssvc 是本次登录的系统管理员。

提示:图 7-4 中的 Administrator 和 Administrator.jssvc 的区别在于前者属于本地系统管理员,是本地账户;后者是域系统管理员,属于域账户。如果本机和域上有一个同名用户,并且都登录过该台计算机,本地用户的配置文件名字直接以用户命名,域用户的配置文件名字形式为"用户名.域名"。

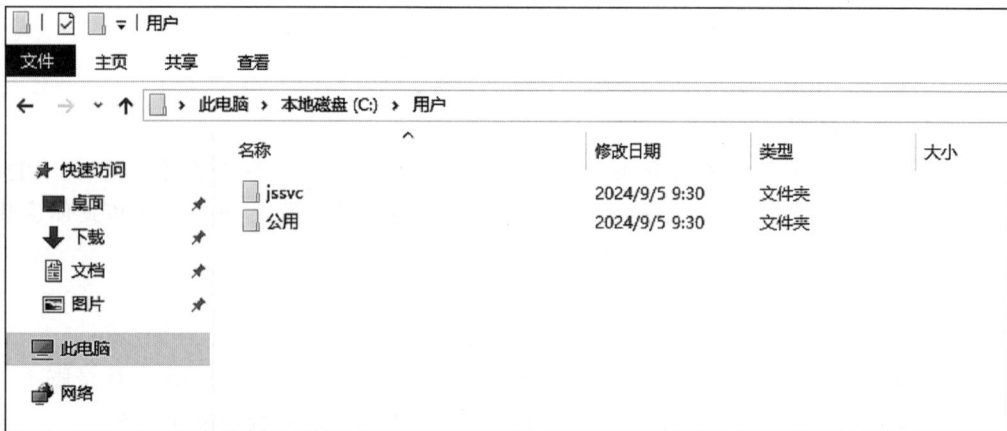

图 7-3　未加入域的客户机上的用户配置文件

图 7-4 加入域的计算机上的用户配置文件

1. 本地用户配置文件

当用户第一次登录到某台计算机时,系统会自动创建一个本地用户配置文件保存在该台计算机硬盘上的%systemdrive%\users\%Username%文件夹中。所有对桌面的改动都会修改本地用户配置文件,而本地用户配置文件的修改都只针对用户所在的这台计算机。本地用户配置文件不限于本地用户登录,域用户登录也有本地配置文件。所谓的"本地",是限定于某台登录的计算机。

2. 漫游用户配置文件

漫游用户配置文件只能在域环境下由系统管理员创建,保存在网络服务器上。用户登录到网络中的任何一台计算机并且通过身份验证时,漫游用户配置文件会从网络服务器复制到用户当前所在的这台计算机。因此,用户登录到域中的任何一台计算机都可以使用相同的工作环境。

当用户第一次登录时,Windows Server 2019 会将所有的用户配置文件都复制到本地计算机上。此后用户再次登录时,Windows Server 2019 只需比较本地存储的用户配置文件和服务器上的漫游用户配置文件,系统只复制用户最后一次登录使用并修改的部分。

当用户注销时,Windows Server 2019 会自动把本地修改后的漫游用户配置文件再复制到网络服务器上,下次用户登录时将使用修改后的漫游用户配置文件。

3. 强制用户配置文件

强制用户配置文件是一种特殊的漫游配置文件,实际上是只读的漫游用户配置文件,即把存储在服务器上的漫游用户配置文件 NTuser. dat 改成 NTuser. man。扩展名为.man 的说明文件类型为只读。使用强制用户配置文件,用户注销时 Windows Server 2019 不会保存登录期间对用户配置文件的修改。

4. 默认用户配置文件

默认用户配置文件是生成一个新用户配置文件的基础，该文件保存在 C:\users\ Default user 隐藏文件夹中。默认用户配置文件在所有基于 Windows 系统的计算机上都存在，所有对用户配置文件的修改都是在默认用户配置文件的基础上进行。

7.2.2 用户主文件夹

Windows Server 2019 提供一个可以让用户存储私人信息的文件夹，称为"主文件夹"，只有该用户与 administrator 才有权访问该文件夹。主文件夹既可保存在客户机上，又可保存在网络上某台服务器的共享文件夹里。基于安全性考虑，应将主文件夹存放在 NTFS 卷中，这样可以利用 NTFS 的权限来保护用户文件。

"主文件夹"和"我的文档"功能类似，都是存储个人信息的地方。但两个有本质的不同："我的文档"默认路径为 C:\users，包含在用户配置文件内，因此一旦用户使用漫游配置文件，登录和注销都会花费大量时间进行数据传输和存储；而"主文件夹"不包含在用户配置文件内。

域用户的主文件夹最好设置在网络上某台服务器的共享文件夹里，本地用户的主文件夹最好设置在本地计算机内。

7.2.3 登录脚本

登录脚本是用户登录计算机时自动运行的程序，扩展名可以是 vbs、js、cmd 或者 bat，也可以是 exe。

本地登录脚本的默认位置是％Systemroot％\System32\Repl\Imports\Scripts 文件夹。全新安装的 Windows 中不会创建此文件夹，必须通过使用 Netlogon 共享名称来创建和共享 SystemRoot\System32\Repl\Imports\Scripts 文件夹。％Systemroot％是存储系统文件的文件夹，如：C:\windows。

7.2.4 组策略

组策略设置定义了需要管理的用户桌面环境的各种组件，组策略包括"用户配置"策略设置和"计算机配置"策略设置两部分。组策略的设置优先于用户配置文件的设置。网络管理员使用组策略可以方便地控制整个网络内部用户的桌面环境，可以统一给用户安装软件，具体的功能如下。

- 指派脚本：包括计算机的启动、关闭、登录、注销等。
- 管理应用程序：通过"组策略软件安装"来发布或指派、更新、修复应用程序。
- 重定向文件夹：可以从本地计算机的 users 文件夹重定向到网络中的其他计算机上。
- 指定安全选项：针对某一组策略对象（GPO）设置的安全权限。

7.3　项 目 实 施

7.3.1　本地用户配置文件的应用

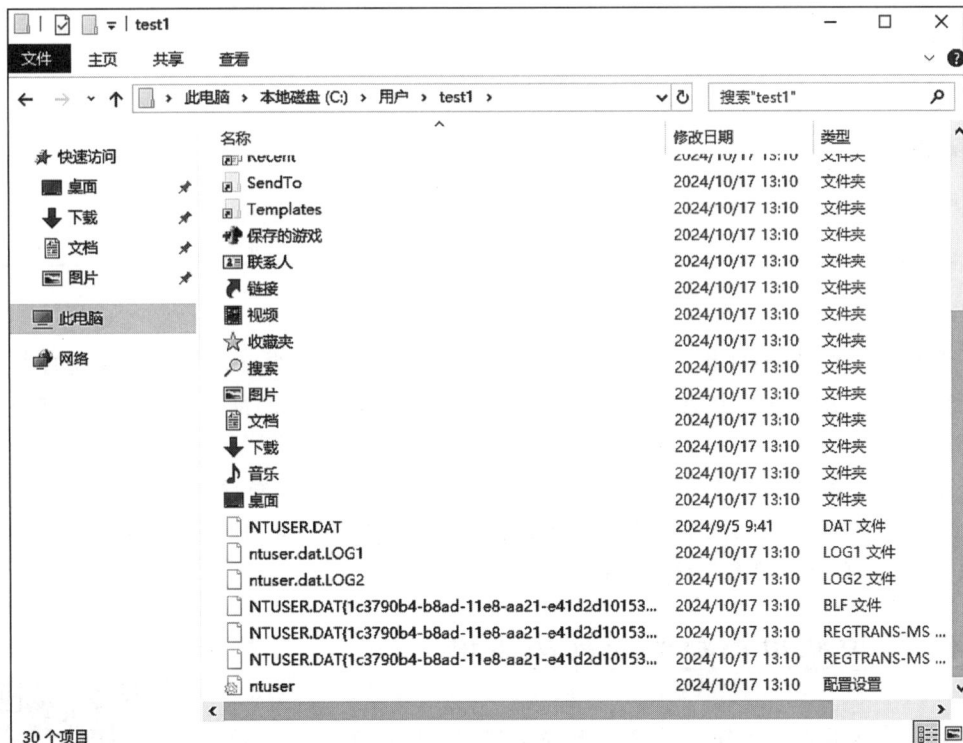

以域用户的登录为例,介绍本地用户配置文件的生成和应用。由于本地用户登录到某台计算机相对简单,应用本地用户配置文件的过程与域用户完全相同,因此不再重复介绍。

步骤一　在域控制器上以系统管理员身份登录,创建域账户 test1,设置用户下次登录时不必修改密码。使用 test1 登录到域中的某台非域控制器上。

本地用户
配置文件

提示：登录时选择登录到域 JSSVC,登录成功后查看登录到的那台计算机系统盘下的"用户"文件夹,可以发现多了一个以登录名命名的 test1 文件夹。test1 文件夹中部分内容属性为隐藏,可通过"工具"|"文件夹选项"|"查看"|"显示所有文件和文件夹"显示其所有内容,如图 7-5 所示。

图 7-5　第一次登录后"用户"文件夹的变化

步骤二　右击桌面空白处,新建一个文件夹 files。再次观察 test1 文件夹,发现其子文件夹"桌面"内容有变化：增加了一个 files 文件夹,如图 7-6 和图 7-7 所示。

221

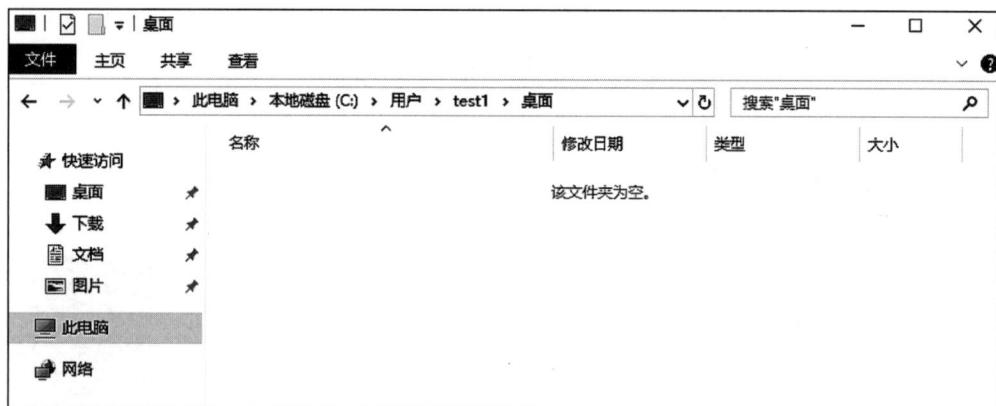

图 7-6　修改桌面前

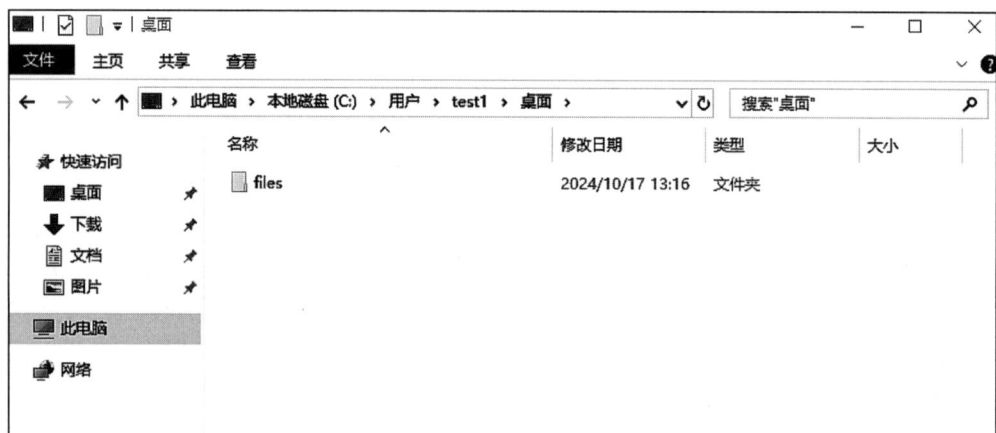

图 7-7　修改桌面后

步骤三　注销 test1 账户，再次使用 test1 账户登录，发现桌面成为最近修改的内容。用"详细信息"方式查看本地用户配置文件，可以看到 test1 中的部分内容已经修改为当前时间。

提示：登录的账户只能查看"用户"文件夹下以自己账户命名的文件夹和 Default User 及"公用"文件夹的内容。如果 test1 账户要访问"用户"文件夹下 Administrator 文件夹的内容，则会显示无权访问的提示信息。

7.3.2　漫游用户配置文件的应用

当用户想要在域内任意计算机上登录都有相同的工作环境时，就需要设置漫游用户配置文件，设置步骤如下。

步骤一　在域控制器上以系统管理员身份登录，创建域账户 test2，设置用户下次登录时不必须修改密码。

漫游用户配置
文件设置

步骤二   在域控制器上的 C 盘下将已有文件夹 share 设置为共享文件夹,用户数限制为"允许最多用户",修改 Everyone 组对该文件夹有"完全控制"权限,如图 7-8 和图 7-9 所示。

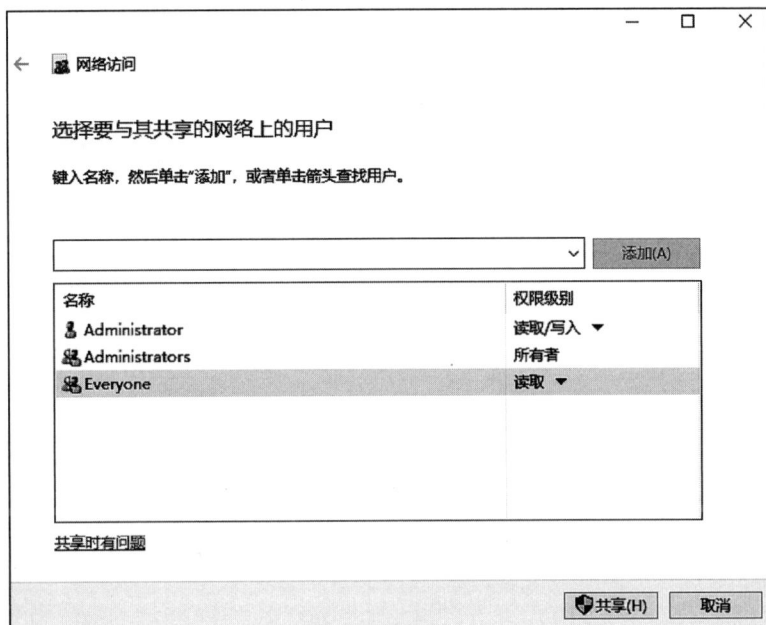

图 7-8   设置共享

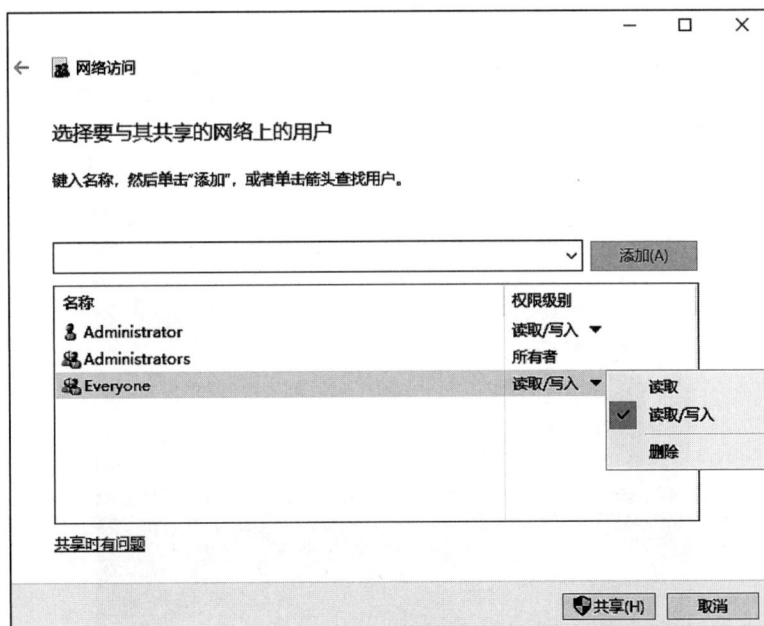

图 7-9   修改权限

步骤三   在域控制器上进入"开始"|"服务器管理"|"Active Directory 用户和计算

223

机"管理控制台,右击 test2 用户,在弹出的快捷菜单中选择"属性"命令,打开如图 7-10 所示的对话框。

步骤四 单击"配置文件"选项卡,在"配置文件路径"文本框中输入 UNC 网络路径:\\dc\share\test2,指定漫游用户配置文件的存储位置后单击"确定"按钮,如图 7-11 所示。

图 7-10　test2 用户属性

图 7-11　配置文件路径设置图

步骤五 用 test2 账号登录 client 客户机,修改桌面背景等个性化设置,如图 7-12 所示。

图 7-12　test2 的桌面

　　步骤六　打开系统属性的"高级"选项卡,弹出"用户账户控制"窗口,如图 7-13 所示,输入管理员账户,弹出"系统属性"窗口,如图 7-14 所示,单击用户配置文件的"设置"按钮,可以看到用户 test2 的用户配置文件为漫游,表明 test2 的用户配置文件在域服务器中。若用户配置文件为本地说明使用的是本地主机上的文件,其窗口如图 7-15 所示。

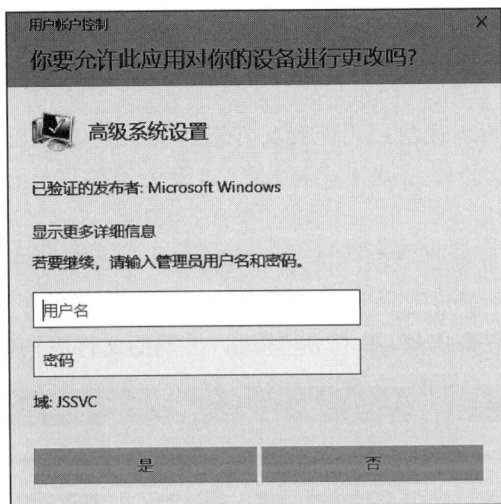

图 7-13　"用户账户控制"窗口

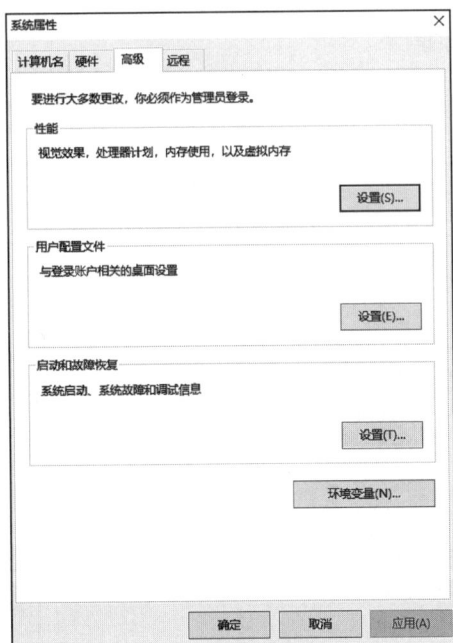

图 7-14　"系统属性"窗口

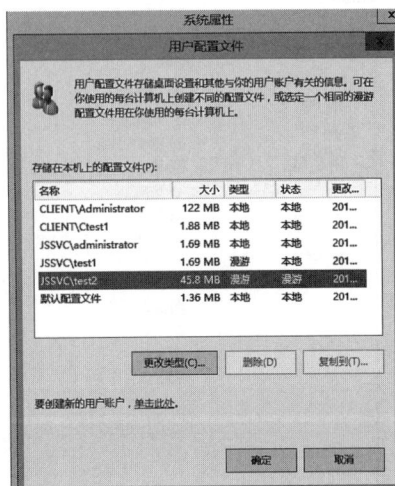

图 7-15　用户配置文件

　　步骤七　打开"我的电脑",输入 UNC 路径\\dc\share。可以看到 test2 对应的用户配置文件夹 test2.V6。

步骤八 在其他任意客户机上用 test2 身份登录，可以看到用户桌面与 client 相同。

提示：当用户注销后，桌面设置等更改会存储到服务器上的漫游用户配置文件中，也会存储到本地用户配置文件中。如果更改桌面图案，则必须在需要登录的每台计算机的相同地点都有此图形文件才行。

7.3.3　强制用户配置文件的应用

当用户不希望以后再对漫游用户配置文件进行修改时，可以设置成强制用户配置文件，这样用户对工作环境的修改就不会被保存到服务器的用户配置文件中。设置步骤如下。

步骤一 用管理员身份登录客户机 client，再用 test2 用户身份连接 test2 的用户配置文件\\dc\share\test2. V6，选择显示隐藏文件，显示隐藏的系统文件，显示文件后缀名，出现如图 7-16 所示警告信息，单击"是"按钮，出现的文件夹内容如图 7-17 所示。

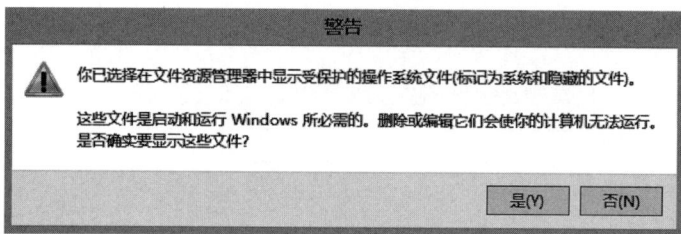

图 7-16　显示系统隐藏文件

图 7-17　test2 用户配置文件夹

步骤二　将 NTUSER.DAT 文件重命名为 NTUSER.man，如图 7-18 所示。

图 7-18　将 NTUSER.DAT 重新命名为 NTUSER.man

步骤三　用 test2 用户身份登录域 jssvc，修改 test2 的桌面工作环境。

步骤四　注销后再次利用 test2 账户在其他客户机登录到域，发现桌面工作环境并没有变化。

提示：如果用户使用强制用户配置文件，登录后能更改桌面设置，可注销时不会将修改内容存储到服务器上的强制用户配置文件中，但会存储到本地的本地用户配置文件内。下次登录时如果强制用户配置文件可以访问，将仍然使用原来的强制用户配置文件；如果强制用户配置文件无法访问，则会使用本地用户配置文件。

7.3.4　登录脚本的应用

1. 给本地用户指定登录脚本

步骤一　以本地管理员身份登录，在本地计算机文件夹%Systemroot%（这里是 C:\windows，视安装情况而定）中创建子文件夹 scripts，并设置共享，共享名为 netLogon，如图 7-19 所示。

步骤二　将 Windows 自带程序 cmd.exe 复制到本地共享文件夹内。

提示：为了简便，此处不要求再自行创建脚本文件，用户可自行尝试。cmd.exe 位于 C:\windows\system32 文件夹内，也可利用搜索工具获取。

给本地用户
指定登录脚本

步骤三　在本地计算机上单击"开始"|"管理工具"|"计算机管理"|"系统工具"|"本

227

地用户和组"|"用户",右击 Ctest1 账户（可自行创建），选择"属性"|"配置文件",在登录脚本中输入 cmd.exe,如图 7-20 所示。

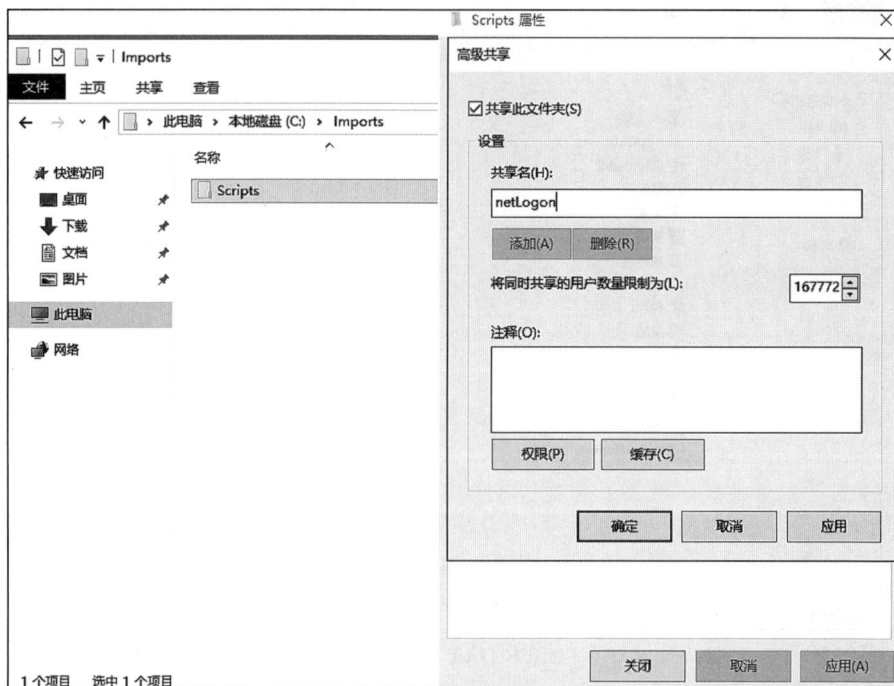

图 7-19　netLogon 共享文件夹

图 7-20　用户登录脚本设置

提示：这里默认是到 netLogon 路径下查找登录脚本,所以不能输入完整路径,只能输入相对路径或登录脚本名。如果登录脚本直接存储在默认路径下,则只需要输入登录脚本名;如果登录脚本存储在默认登录脚本路径的子文件夹中,则要在文件名之前加上该文件夹的相对路径。

步骤四 利用 Ctest1 账户在本地计算机上登录,可看到登录后自动运行 cmd.exe 程序。

2. 给域用户指定登录脚本

步骤一 以管理员或管理员组成员身份登录域控制器,默认将"％Systemroot％(这里是 C:\windows,视安装情况而定)\SYSVOL\sysvol\域名称\scripts"文件夹设置为共享,共享名为 netLogon。

提示:Windows Server 2019 域控制器会定期将 SYSVOL 文件夹内的文件复制到其他域控制器上,而且用户登录时任何一台域控制器都有可能负责审核工作,因此将登录脚本放至该文件夹中可以让每台域控制器都有该登录脚本。

步骤二 将 Windows 自带程序 cmd.exe 复制到刚才创建的共享文件夹内,如图 7-21 所示。

图 7-21 域登录脚本文件夹

步骤三 在域控制器上单击"开始"|"服务器管理"|"Active Directory 用户和计算机",右击 test2 账户(可自行创建),选择"属性"|"配置文件",在登录脚本中输入 cmd.exe。

步骤四 利用 test2 账户在客户机上登录到域 jssvc,可看到登录时自动运行 cmd.exe 程序。

7.3.5 利用主文件夹存储私人文件

1. 给本地用户指定主文件夹

步骤一 以本地管理员身份登录到本地计算机,创建本地用户 Ctest1。

步骤二 选择"开始"|"服务器管理"|"计算机管理"|"系统工具"|"本地用户和组"|"用户",选中 Ctest1 账户右击,选择"属性"|"用户配置文件"。

步骤三 在主文件夹"本地路径"文本框内输入 c:\ctest1\Ctest1,如图 7-22 所示。

229

图 7-22　本地用户主文件夹路径

2. 给域用户指定主文件夹

步骤一　在域控制器上以系统管理员身份登录，创建域账户 test2。

步骤二　在域控制器上创建文件夹 domain private，并设置为共享，管理员对该共享文件夹具有"更改"权限。

步骤三　单击"开始"|"服务器管理"|"Active Directory 用户和计算机"，打开管理控制台，右击 test2 用户，选择"属性"|"用户配置文件"。

步骤四　在主文件夹"连接"文本框内输入 UNC 网络路径：\\dc\domain private\％username％，如图 7-23 所示。

提示：％username％是系统环境变量，系统会自动利用用户账户名取代，并在 domain private 文件夹下自动创建 test2 子文件夹，并将该文件夹的权限设置给该用户与管理员。

7.3.6　组策略的使用

使用组策略可以对整个企业或各个部门统一设置用户工作环境，并且组策略的设置优先于用户配置文件的设置。基于安全考虑，设置组策略禁止员工在客户机上使用移动存储设备，过程如下。

步骤一　单击"开始"|"服务器管理"|"工具"|"组策略管理"，打开"组策略管理"窗口，如图 7-24 所示。

步骤二　右击 Default Domain Policy，选择"编辑"，如图 7-25 所示。

图 7-23   域用户主文件夹路径

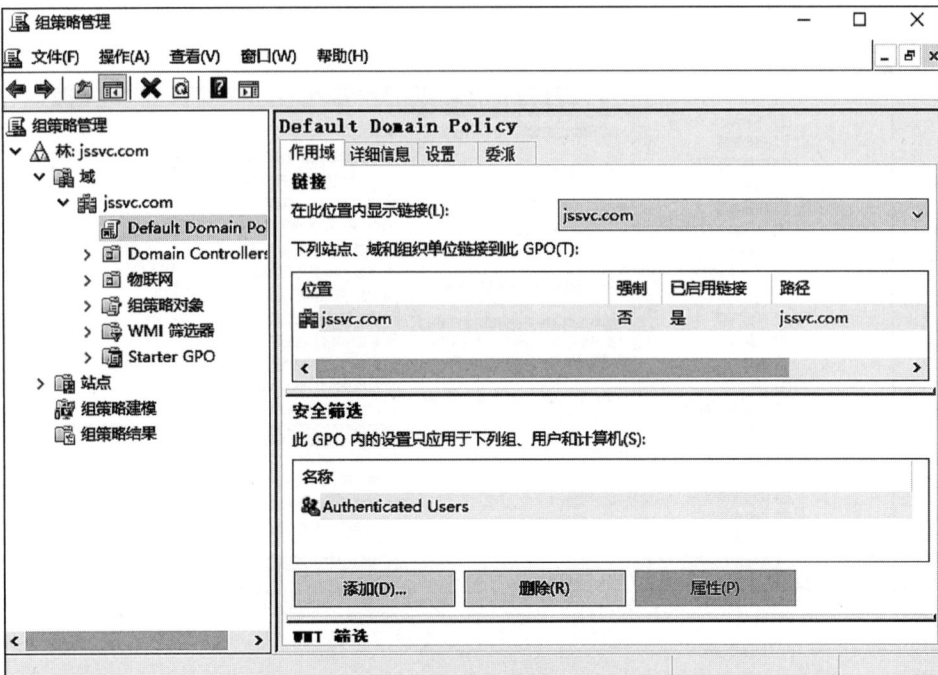

图 7-24   "组策略管理"窗口

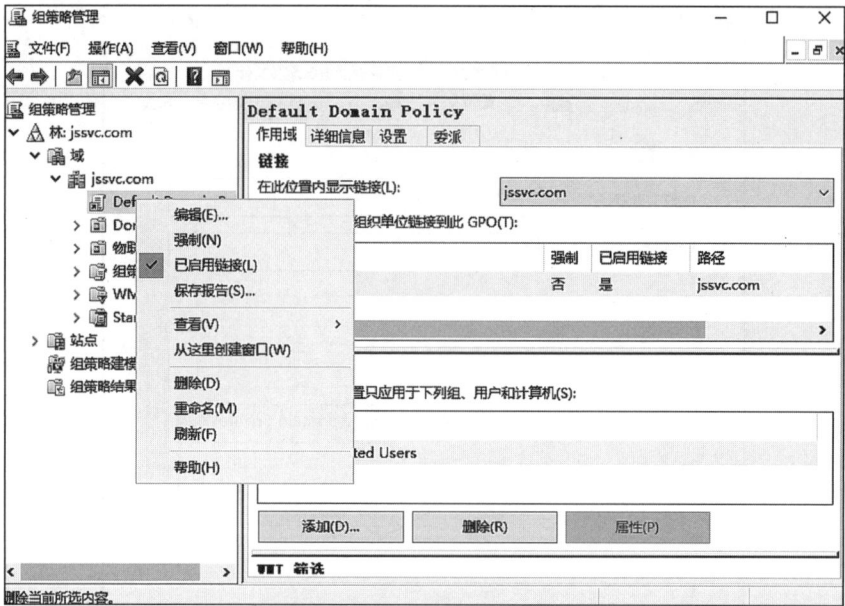

图 7-25　默认域策略修改

步骤三　在弹出的"组策略管理编辑器"窗口中依次展开"计算机配置"|"策略"|"管理模板"|"系统"|"可移动存储访问"，如图 7-26 所示。

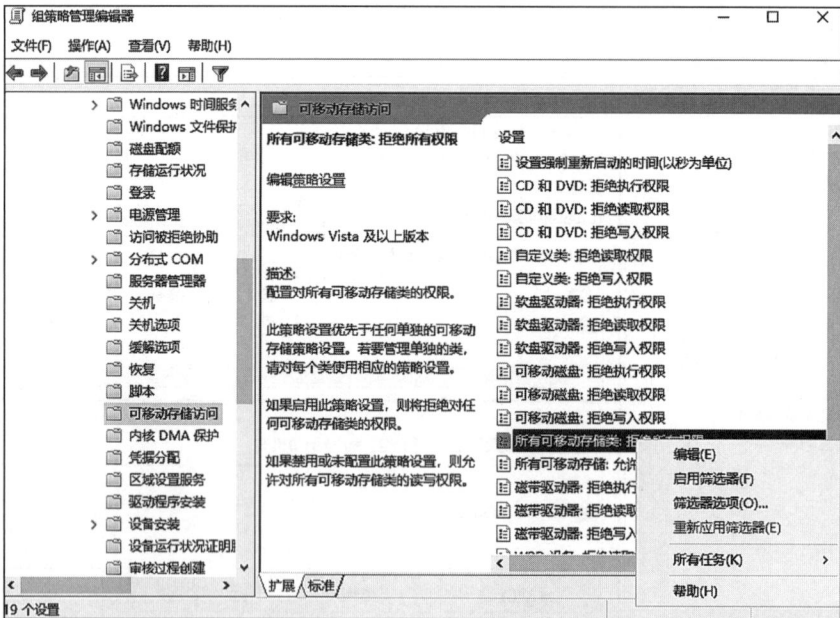

图 7-26　移动存储类权限修改

步骤四　找到"所有可移动存储类：拒绝所有权限"，单击"编辑"命令，启用这个策略，如图 7-27 所示。

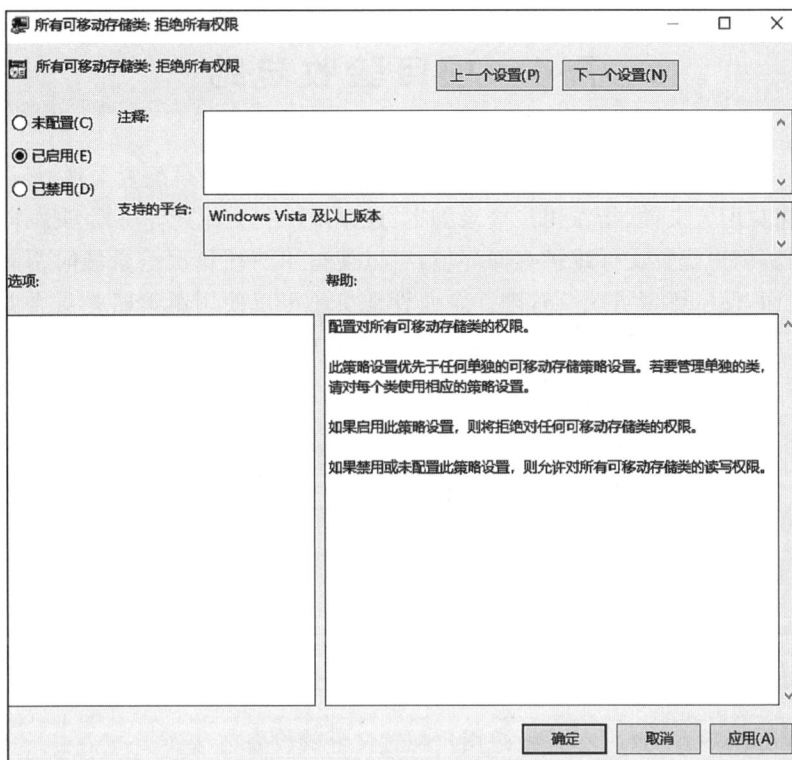

图 7-27　启用策略

步骤五　组策略一般定期更新，要让这个策略马上生效，运行 Windows PowerShell，输入命令 gpupdate /force，如图 7-28 所示。

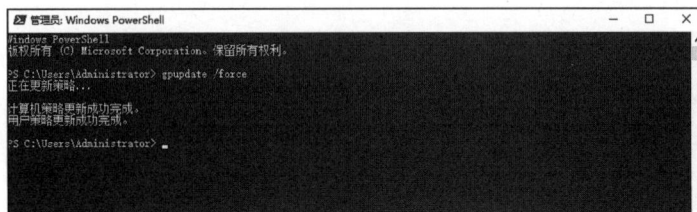

图 7-28　更新组策略

步骤六　开启客户机 client，插入 U 盘，系统显示无法访问，如图 7-29 所示。

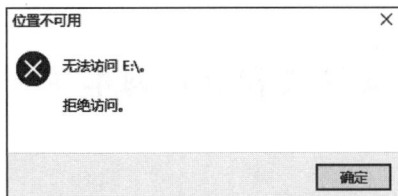

图 7-29　客户机 U 盘不可用

7.4　项目验收总结

　　本项目以定制用户工作环境为主要目标，通过设置本地用户配置文件、漫游用户配置文件、强制用户配置文件、指派用户登录脚本、设置用户主文件夹等一系列操作来实现。

　　使用漫游用户配置文件维护桌面环境，可以使得用户在每次登录域时都有统一的工作环境和界面，便于管理员统一管理。企业管理员还可以使用组策略来对企业各部门进行用户环境设置以及计算机配置。管理员在为用户设置主文件夹时应考虑用户可以通过网络中任何一台联网计算机访问主文件夹。

7.5　项目巩固及拓展训练

7.5.1　设置漫游用户配置文件

1. 实训目的

掌握 Windows Server 2019 漫游用户配置文件的设置方法。

2. 设备和工具

VMware 虚拟机软件、Windows 8 计算机、Windows Server 2019 服务器各 1 台。

3. 实训内容及要求

（1）新建域账户 sales，登录后创建一个新的漫游用户配置文件并存储在服务器上。
（2）新建域账户 master，使用 sales 账户的漫游用户配置文件。
（3）修改 master 账户的漫游用户配置文件为强制用户配置文件，登录验证。

4. 实训总结

无论用户登录到哪台基于 Microsoft Windows 的计算机，漫游用户配置文件都为用户提供相同的工作环境，从而避免因为更换机器而丢失以前的工作环境，也不会降低工作质量。

7.5.2　设置用户主文件夹和登录脚本

1. 实训目的

掌握 Windows Server 2019 用户主文件夹和登录脚本的设置方法。

2. 设备和工具

VMware 虚拟机软件、Windows 8 计算机、Windows Server 2019 服务器各 1 台。

3. 实训内容及要求

（1）设置 sales 账户登录后自动切换到用户主目录内。
（2）设置 master 账户的主文件夹存储在服务器上。

4. 实训总结

用户主文件夹和登录脚本的配置进一步完善了 AD 的功能。使用用户主文件夹和"我的文档"，管理员可以通过将用户的文件收集到某个位置，便于备份用户文件和管理用户账户。如果管理员为某个用户分配了一个主文件夹，就可以将该用户的数据存储到服务器上的一个中心位置，使数据的备份和恢复更加简单、可靠。登录脚本的配置使企业或公司的信息一体化落到实处。在配置过程中，必须以域管理员的身份登录，才能完成所有的配置。

7.6　课后习题

一、选择题

1. 当非漫游的域用户 test 第一次在客户机 client 登录时，他用到的是（　　）。
   A. 客户机上的默认配置文件　　　　　B. 域服务器上的默认配置文件
   C. 客户机上的 test 用户配置文件　　　D. 域服务器上的 test 用户配置文件
2. 在域用户登录域的过程中，用户配置文件和组策略的执行情况是（　　）。
   A. 先运用用户配置文件，再执行组策略
   B. 先执行组策略，再运用用户配置文件
   C. 只执行组策略的设置
   D. 只运用用户配置文件的设置

二、填空题

1. 用户配置文件有_____、_____、_____三种。
2. _____是一种在用户或计算机集合上强制使用一些配置的方法。
3. 管理员在域控制器上创建了一个用户，这个用户所使用的用户配置文件来自_____。
4. 组策略配置类型有_____和_____。

三、问答题

1. 用户配置文件有哪些种类？分析一下这几种用户配置文件的特点。

235

2. 本地用户的配置文件和域用户的配置文件命名形式有何不同？

3. 自定义本地的 Default 配置文件与漫游配置文件有何不同？

4. "主文件夹"和"我的文档"的区别是什么？

5. 本地登录脚本的默认位置是什么？

6. 什么叫组策略？组策略的作用是什么？

项目 8 域 DFS 的配置与管理

◆ 内容结构图

域 DFS 的配置与管理包括 DFS 的安装、命名空间的创建、共享资源的管理和访问等。

完成该典型任务的过程中所需的理论知识和实施步骤如图 8-1 所示。

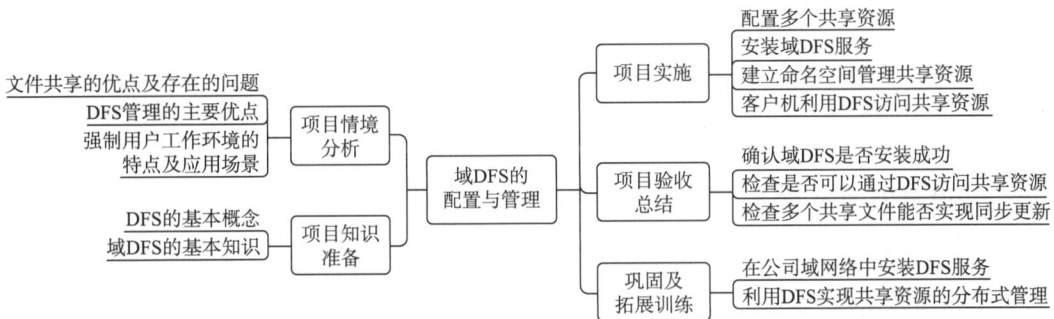

图 8-1 内容结构图

8.1 项目情境分析

在当前信息化时代下,互联网已经成为我们工作和生活中的一个重要组成部分,通过网络共享资源也日益成为人们一种重要的交流方式。网络资源分散在网络中的不同主机或位置上,传统的共享文件夹的方式虽然能够解决资源共享的问题,但是对于大量分散在不同位置的主机上的资源,这似乎不是一种最佳的方法。因为这不利于资源的快速检索和访问,资源的访问效率较低,资源管理也不方便。如何将这些分散的资源进行统一管理,将在一定程度上提高用户的共享资源的访问,也便于网络管理员更好地管理共享资源。

本项目将利用 Windows Server 2019 系统中的分布式文件系统(Distributed File System,DFS)功能,将域网络(jssvc.com)中分散的共享资源建立一个统一的文件系统空间,通过 DFS 分布式文件系统将网络中分散的共享资源进行集中管理,从而方便域中的成员访问共享资源,并且能够实现共享文件夹的同步和资源的负载均衡。

◇ 项目目标

资源共享及管理流程图如图 8-2 所示。

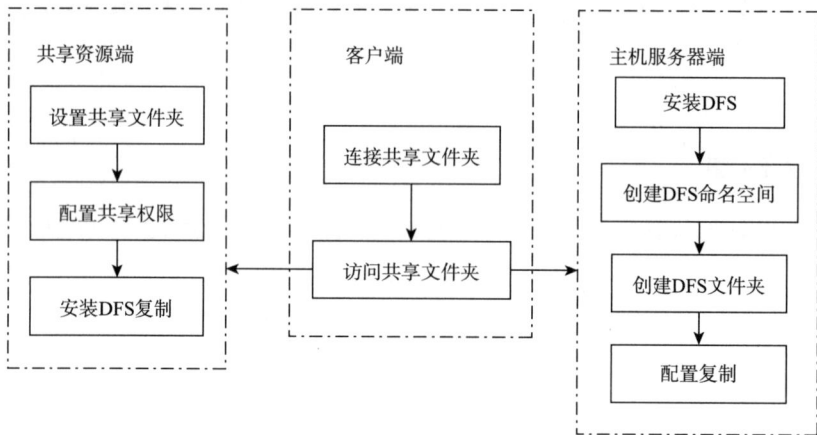

图 8-2　资源共享及管理流程图

1. 设置共享文件夹

当用户将计算机中某个文件夹设为"共享文件夹"后，具有适当权限的用户就可以通过网络访问该文件夹内的子文件夹、文件等数据。

分别在域内的计算机 DC、DC2、client 上设置共享文件夹，并配置相应的共享权限。

（1）在计算机 DC2 上创建共享名 Reports，位置 E:\ 财务报表。权限：Managers 组"读取"，Accountants 组"更改"，Administrators 组完全控制，其他用户不可以访问。

（2）在计算机 DC2 上创建共享名 Pictures，位置 E:\Pictures。权限：Everyone"读取"，Managers 组"完全控制"。

（3）在计算机 client 上创建共享名 Pictures，位置 C:\Pictures。权限：Everyone"读取"，Managers 组"完全控制"。

2. 集中管理共享资源

分布式文件系统（DFS）可以集中管理网络上分散的共享资源。

在计算机 DC 上创建域 DFS 命名空间，名称为 Dfs，存储在 C:\DfsRoot；分别创建两个 DFS 文件夹：Reports，位置是 \\DC\Reports；Pictures，位置是 \\DC2\Pictures $ 和\\client\Pictures。

3. 客户端访问共享文件夹

访问共享文件夹有两种方式。

（1）利用 UNC 路径。

（2）利用"映射网络驱动器"。

在客户端分别利用这两种方法访问已经创建的共享文件夹。

8.2 项目知识准备

系统管理员利用分布式文件系统(DFS)可以使用户更容易地访问和管理那些物理上跨网络分布的共享文件。通过 DFS,可以使分布在多个服务器上的文件如同位于网络上的一个位置一样显示在用户面前。用户在访问文件时不再需要知道和指定它们的实际物理位置。

1. DFS 的特性

1)文件易访问

(1)分布式文件系统使用户可以更容易地访问文件。即使文件可能分布于多个物理服务器上,用户也只需转到网络上的一个位置即可访问文件。

(2)当更改目标文件夹的物理位置时,不会影响用户访问文件夹。因为文件的位置看起来相同,所以用户仍然以与过去相同的方式访问文件夹。

(3)用户不再需要多个驱动器映射即可访问他们的文件。

(4)文件服务器维护、软件升级和其他任务(一般需要服务器脱机)可以在不中断用户访问的情况下完成。通过选择网站的根目录作为 DFS 根目录,可以在分布式文件系统中移动资源,而不会断开任何 HTML 链接。

2)确保用户可访问文件

域 DFS 通过两种方法确保用户对文件的访问。

(1)Windows Server 2019 操作系统自动将 DFS 映射发布到 Active Directory,这可确保 DFS 名称空间对于域中所有服务器上的用户是可见的。

(2)管理员可以复制 DFS 根目录和目标。复制是指管理员可在域中的多个服务器上复制 DFS 根目录和目标。这样,即使在保存这些文件的某个物理服务器不可用的情况下,用户仍然可以访问他们的文件。

3)服务器负载平衡

DFS 目录可以支持物理上分布在网络中的多个目标,这些目标通过文件复制功能可以相互复制文件并实现数据同步。与所有用户都在单个服务器上以物理方式访问某文件的情况不同,DFS 可确保用户对该文件的访问分布于多个服务器。然而,在用户看来,该文件保存在网络的同一位置上。

4)文件和文件夹安全

因为 DFS 管理共享资源符合标准 NTFS 和文件共享权限要求,管理员可使用安全组和用户账户来确保只有授权的用户才能访问敏感数据。

2. DFS 的映射关系

1)DFS 命名空间

DFS 是一个树状结构,DFS 命名空间是根目录,DFS 会为每个新建的命名空间自动创建一个共享文件夹存储在主机中。

通过在域中的其他服务器上创建"根目录目标"，可以复制 DFS 根目录。这将确保在主服务器不可用时，文件仍可使用。

2）DFS 文件夹

DFS 文件夹也就是 DFS 子节点，每个 DFS 文件夹的目标是映射到其他计算机内的共享文件夹。网络上的用户可以通过这个名称访问所映射的共享文件夹，而不必知道文件的实际物理位置。

DFS 的结构与映射关系如图 8-3 所示。图中有一个命名空间，内有 A 和 B 两个文件夹。例如文件夹 A 的目标是映射到服务器 1 的共享文件 1；文件夹 B 的目标是映射到服务器 2 的共享文件 3。

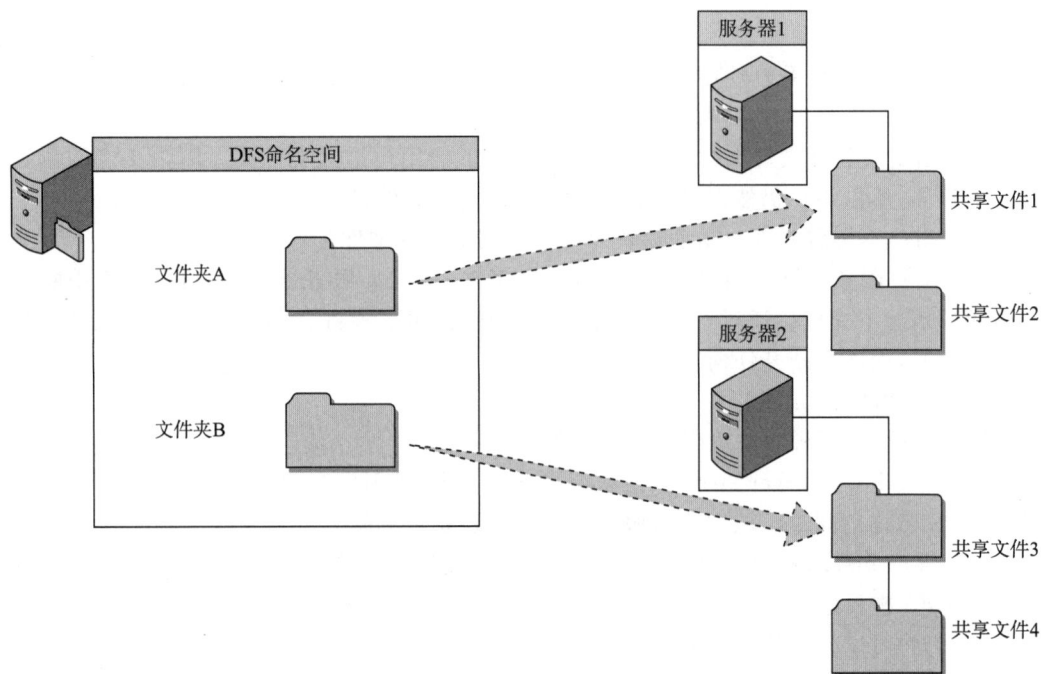

图 8-3　DFS 的结构与映射关系

需要说明的是，一个文件夹的目标也可以同时映射到多个计算机的多个共享文件夹，以提供容错的功能，这些共享文件夹内存储的文件会自动保持一致。

3. DFS 的类型

分布式文件系统有独立 DFS 和域 DFS 两种类型。

1）独立 DFS

独立 DFS 目录配置信息存储在本地服务器上，访问根或链接的路径以服务器名称开始，独立的根目录只有一个根目标，没有根级别的容错。因此，当根目标不可用时，整个 DFS 名称空间都不可访问。

独立 DFS 根目录具有以下特点。

- 不使用活动目录。
- 最多只能有一个根目录级别的目标。
- 使用文件复制服务不能支持自动文件复制。
- 通过服务器群集支持容错。

2）域 DFS

域 DFS 根目录所驻留的服务器称为主机服务器。因为域 DFS 的主服务器是域中的成员服务器，所以默认情况下 DFS 映射将自动发布到 Active Directory 中，从而提供了跨越主服务器的 DFS 拓扑同步。这反过来又对 DFS 根目录提供了容错性，并支持目标的可选复制，如图 8-4 所示。

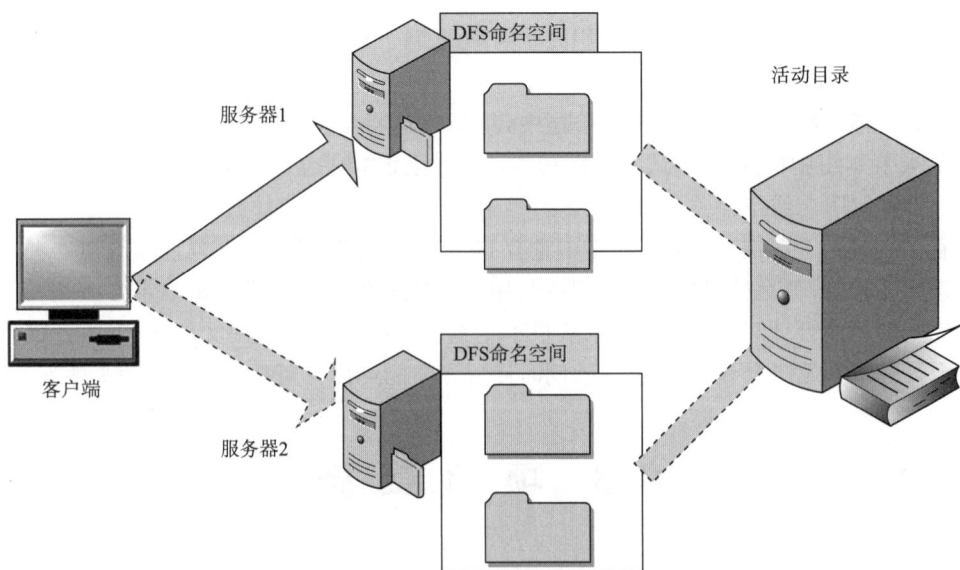

图 8-4　域 DFS 示意图

域 DFS 具有以下特点。

- 必须在域成员服务器上创建。
- 使其 DFS 名称空间自动发布到活动目录中。
- 可以有多个根目录级别的目标。
- 通过文件复制服务（File Replication Service,FRS）支持自动文件复制。
- 通过 FRS 支持容错。

4. 复制拓扑

所谓拓扑，一般用来描述网络上多个组件之间的关系，而此处的"复制拓扑"是描述主机服务器之间的逻辑连接关系，这种连接关系决定了文件自动复制过程中的数据流动方式，如图 8-5 所示。

对于每一个 DFS 根目录或 DFS 链接都可以指定以下两种基本拓扑类型。

（1）集散。此拓扑要求存在三个或更多的成员，否则此选项不可用。对于每个轮辐

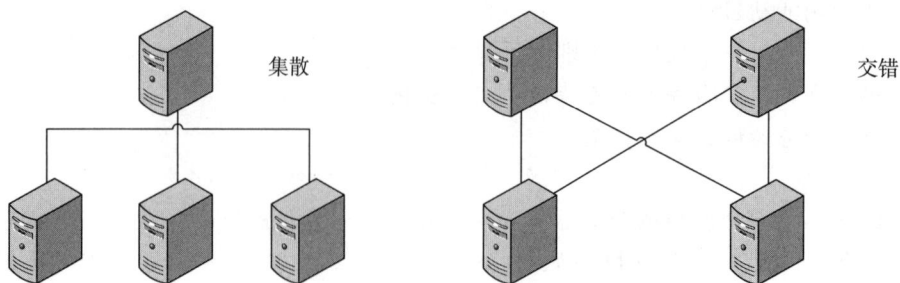

图 8-5　Windows Server 2019 支持的拓扑

成员，可以选择必需的中心成员和用于冗余的第二个中心成员（可选）。此可选中心可以确保轮辐成员在一个中心成员不可用时仍可以复制。如果指定两个中心成员，中心成员之间将采用交错拓扑。

（2）交错（或完全网状）。在此拓扑中，每个成员将与复制组的所有其他成员进行复制。如果复制组中的成员等于或少于 10 个，此拓扑非常适合。如果复制组中的成员多于 10 个，建议使用交错拓扑。

很多因素都会影响网络拓扑类型的选择，包括带宽、安全性、地理位置和组织的考虑事项。选择拓扑时，可通过有选择地启用或禁用计算机间的连接来进一步自定义该拓扑。可通过完全禁用两台计算机间的关系来从根本上禁止在它们之间复制文件，或者通过禁用从第一台计算机到第二台计算机的连接，同时使反方向的连接可用来实现单向的文件复制。

8.3　项 目 实 施

本项目所要创建的共享文件夹及域 DFS 映射关系如图 8-6 所示。项目实施过程：首先创建文件夹并配置共享权限，然后安装 DFS 服务，创建 DFS 命名空间集中管理这些分散的共享资源，最后测试访问这些共享资源。

8.3.1　配置共享资源

在本项目中，分别在域内的计算机 DC、DC2、client 上设置共享文件夹，并配置相应的共享权限。

（1）在计算机 DC2 上创建共享名 Reports，位置 E:\ 财务报表。权限：Managers 组"读取"，Accountants 组"更改"，Administrators 组"完全控制"，其他用户不可以访问。

配置共享资源

（2）在计算机 DC2 上创建隐藏共享名 Pictures，位置 E:\Pictures。权限：Everyone "读取"，Managers 组"完全控制"。

（3）在计算机 client 上创建共享名 Pictures，位置 C:\Pictures。权限：Everyone"读取"，Managers 组"完全控制"。

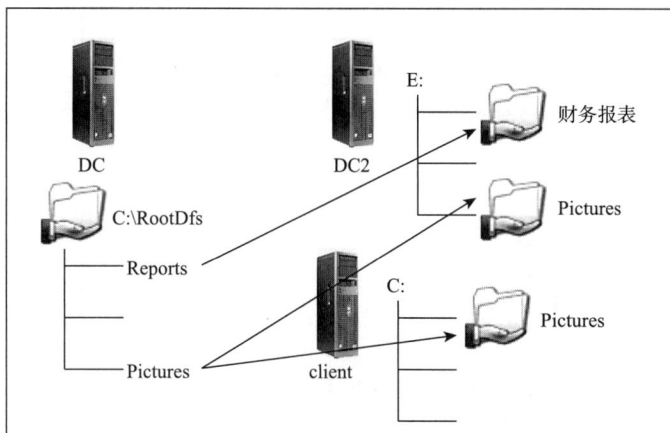

图 8-6　DFS 映射关系图

下面主要以创建计算机 DC2 上的文件夹"E:\财务报表"详细描述如何设置共享文件夹及共享权限。

1. 创建共享

步骤一　在 NTFS 分区上找到文件夹"E:\财务报表"。在该文件夹上右击,选择"属性"或"共享"命令,如图 8-7 所示。在弹出的对话框中打开"共享"选项卡,如图 8-8 所示,默认情况下不共享此文件夹。

图 8-7　右键快捷菜单

步骤二　单击图 8-8 中的"高级共享"选项,并输入 Reports 作为共享名,如图 8-9 所示。

图 8-8　共享选项卡

2. 配置共享权限

步骤一　单击图 8-9 中的"权限"按钮，弹出"共享权限"对话框，如图 8-10 所示。默认情况下 Everyone 具备"读取"权限。

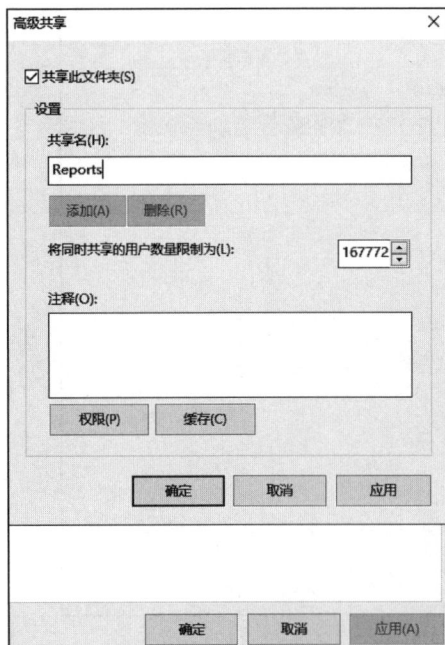

图 8-9　设置"共享名"

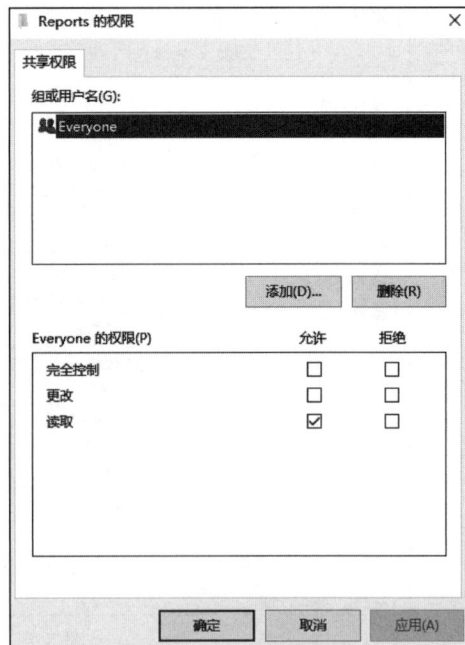

图 8-10　"共享权限"对话框

由于本项目要求普通员工没有共享权限,下面首先删除 Everyone 组的权限,然后再添加其他用户或组的权限。

步骤二　删除 Everyone 共享权限。

在图 8-10 中,选中 Everyone,然后单击"删除"按钮,即可删除该组的权限,如图 8-11所示。

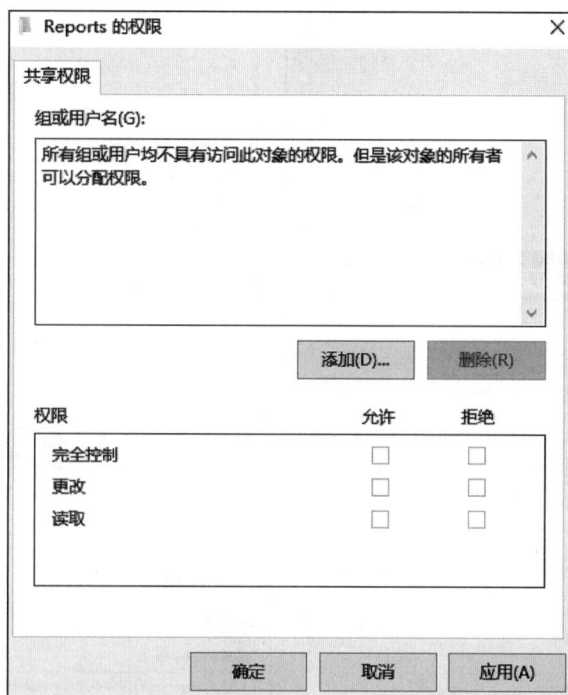

图 8-11　删除 Everyone 共享权限

步骤三　添加 Accountants 组共享权限。

在图 8-11 中,单击"添加"按钮,在打开的"选择用户、计算机、服务账户或组"对话框中依次单击"高级"|"立即查找"按钮,然后在"搜索结果"列表框中选择用户或组(如accountants),并依次单击"确定"|"确定"按钮,如图 8-12 所示。

添加的 accountants 组显示在"组或用户名称"列表中,然后设置"更改"权限为"允许",如图 8-13 所示。

步骤四　依次添加 Managers 组、Administrators 组并设置共享权限,如图 8-14 所示。

3. 设置 NTFS 权限

下面对文件夹 E:\Pictures 进行配置。当文件夹没有设置过 NTFS 权限时,除了设置共享权限,还需要设置 NTFS 权限才能满足要求。

步骤一　首先创建共享,共享名 Pictures $,如图 8-15 所示。然后设置共享权限,Everyone 组"读取",Managers 组"完全控制",如图 8-16 所示。

图 8-12　选择用户或组

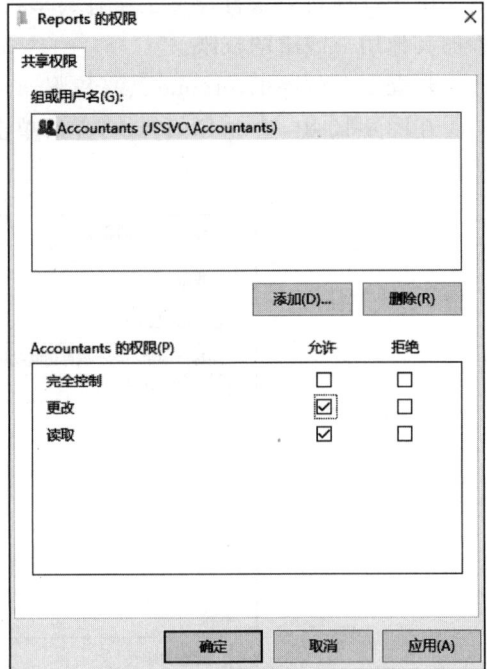

图 8-13　设置 Accountants 组

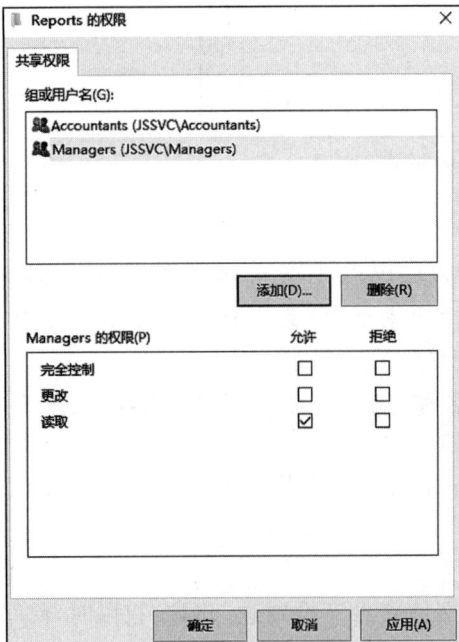

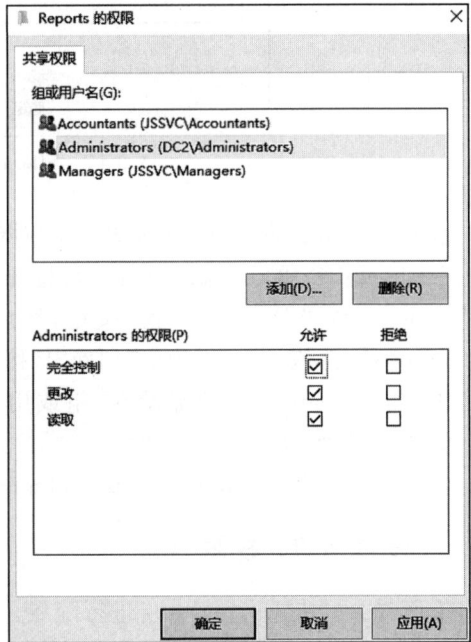

图 8-14　设置 Managers 组、Administrators 组共享权限

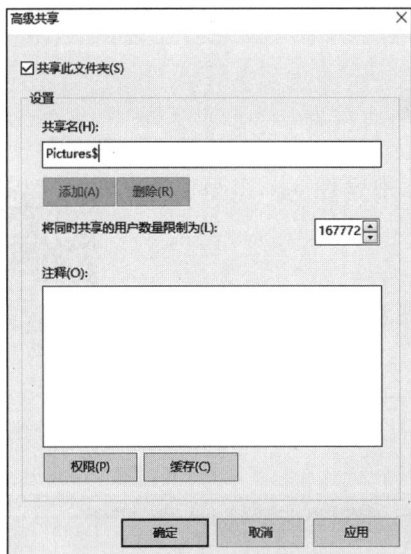

图 8-15　Pictures 共享选项卡

图 8-16　设置共享权限

小贴士

共享名最后一个字符用"＄"，可以隐藏共享文件夹，这样用户在网络中就看不到该共享文件夹了。隐藏后，虽然网络上的用户看不到该共享文件夹，但是用户只要知道该共享名，通过 UNC 路径还是可以访问该共享文件夹。

步骤二　在"Pictures 属性"对话框中单击"安全"选项卡，默认权限如图 8-17 所示。添加 Managers 组并设置为"完全控制"权限，如图 8-18 所示。

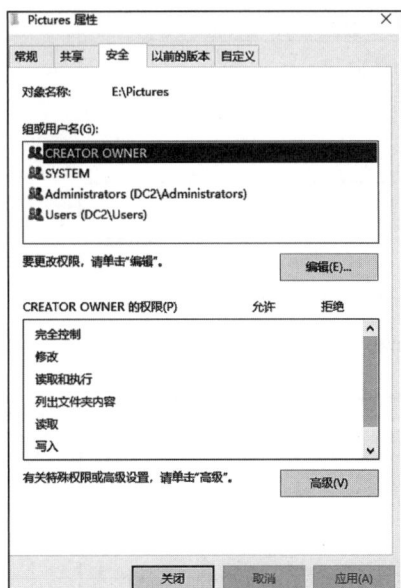

图 8-17　"安全"选项卡

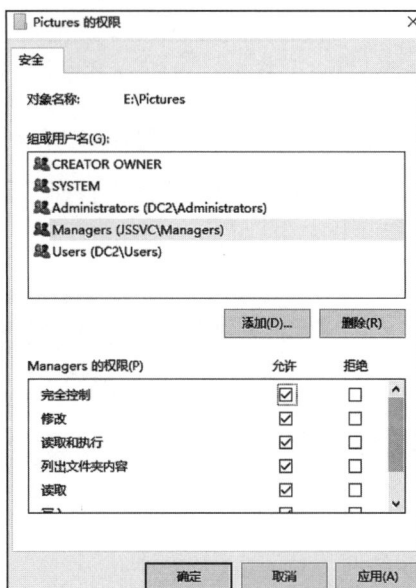

图 8-18　设置 Managers 组权限

在计算机 client 上创建共享 Pictures 的过程与上述步骤相同，这里不再赘述。

8.3.2　域 DFS 集中管理共享资源

下面开始创建图 8-6 所示的域 DFS，用来集中管理 8.3.1 小节所创建的共享资源（分散在域中多个计算机上）。

步骤一　安装 DFS。

（1）登录域服务器 DC，单击"开始"|"服务器管理"|"管理"|"添加角色"，如图 8-19 所示。

安装 DFS

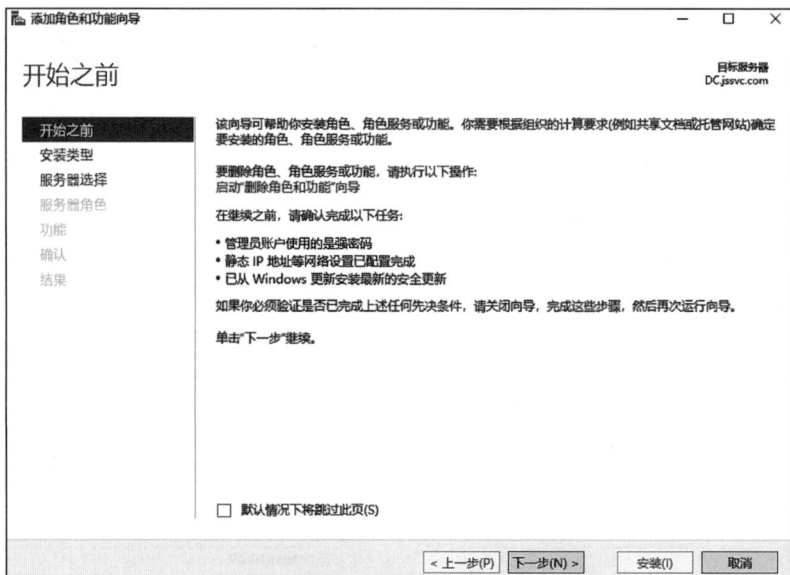

图 8-19　添加角色和功能向导

（2）选择安装类型，如图 8-20 所示。

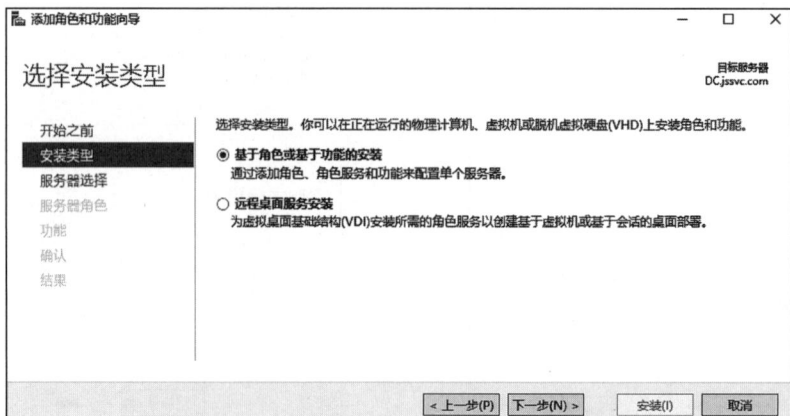

图 8-20　选择安装类型

248

（3）选择目标服务器 DC，如图 8-21 所示。

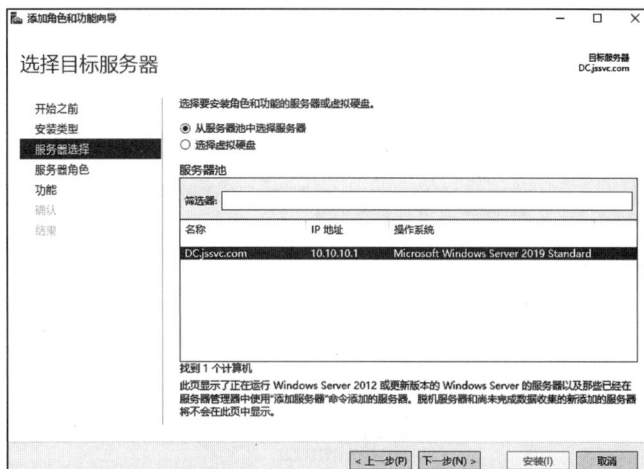

图 8-21　服务器选择

（4）选择需要添加的角色：文件和存储服务。选择复选框：文件服务器、DFS 复制、DFS 命名空间、文件服务器资源管理器，如图 8-22 所示。

图 8-22　服务器角色选择

（5）检查确定所有配置的安装选项，如图 8-23 所示。

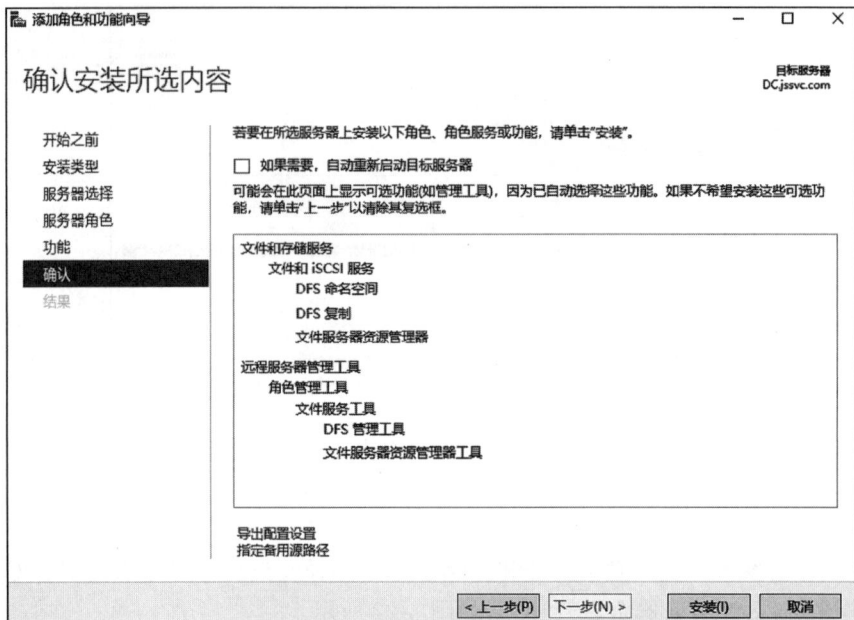

图 8-23　确认安装内容

步骤二　创建 DFS 命名空间。

（1）单击"开始"|"服务器管理"|"工具"|DFS Management，打开如图 8-24 所示的"DFS 管理"窗口。

图 8-24　"DFS 管理"窗口

（2）单击"操作"|"新建命名空间"命令，打开如图 8-25 所示对话框，输入 DFS 服务器名 DC。

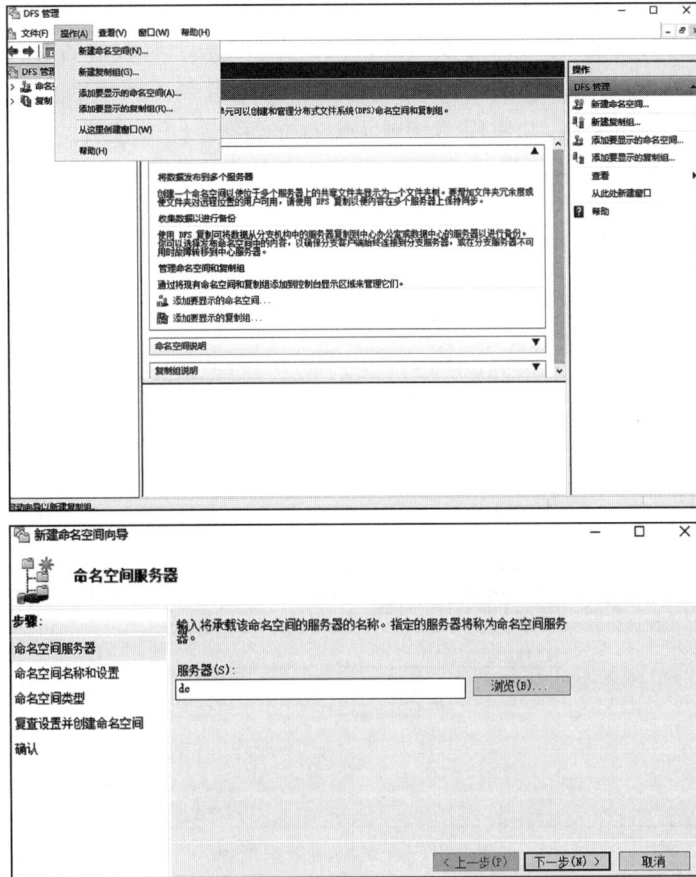

图 8-25　新建命名空间向导

（3）输入命名空间名称 Dfs，如图 8-26 所示。

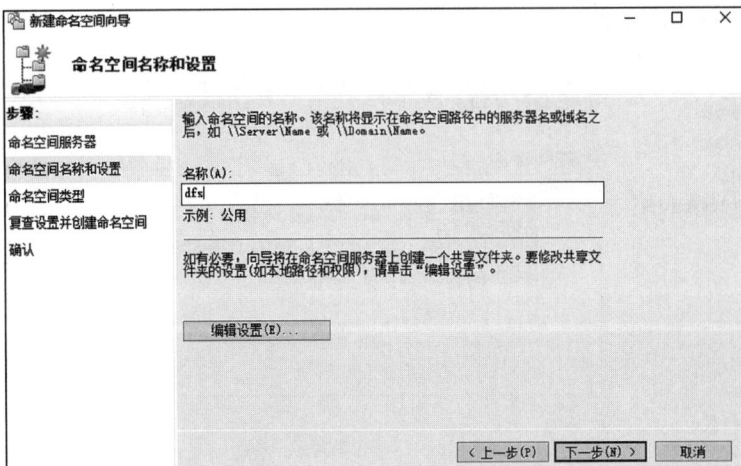

图 8-26　命名空间名称设置

（4）单击"下一步"按钮，打开如图 8-27 所示对话框。在此可以选择创建的 DFS 根目录类型，可以是域根目录，也可以是独立根目录。选择"基于域的命名空间"单选按钮（独立根目录的创建方法完全一样，只是目录所对应的主服务器不同而已）。与独立根目录不同，域根目录支持自动复制，并使用 Active Directory 存储 DFS 配置。

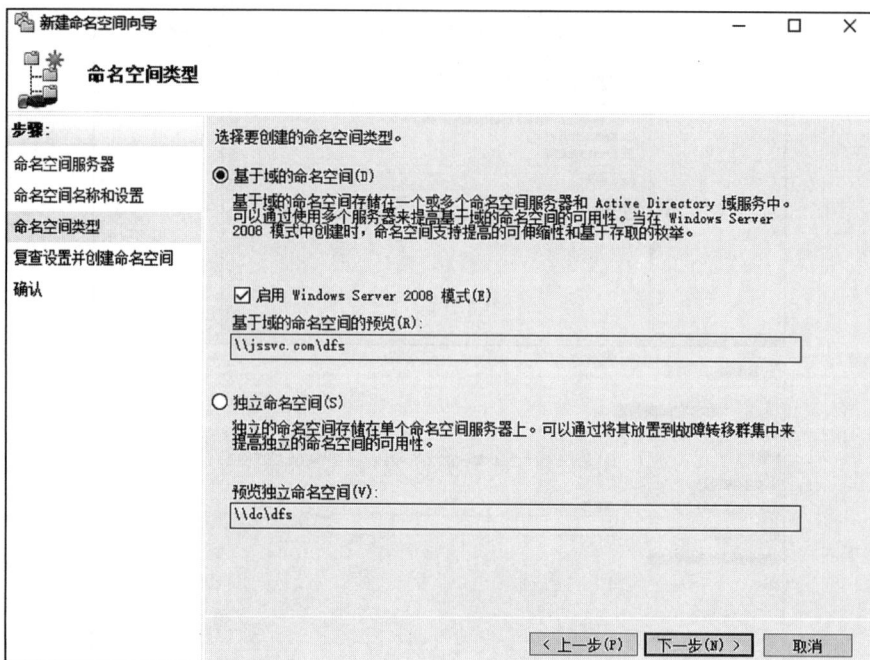

图 8-27　命名空间类型选择

（5）复查设置的选项，如图 8-28 所示。

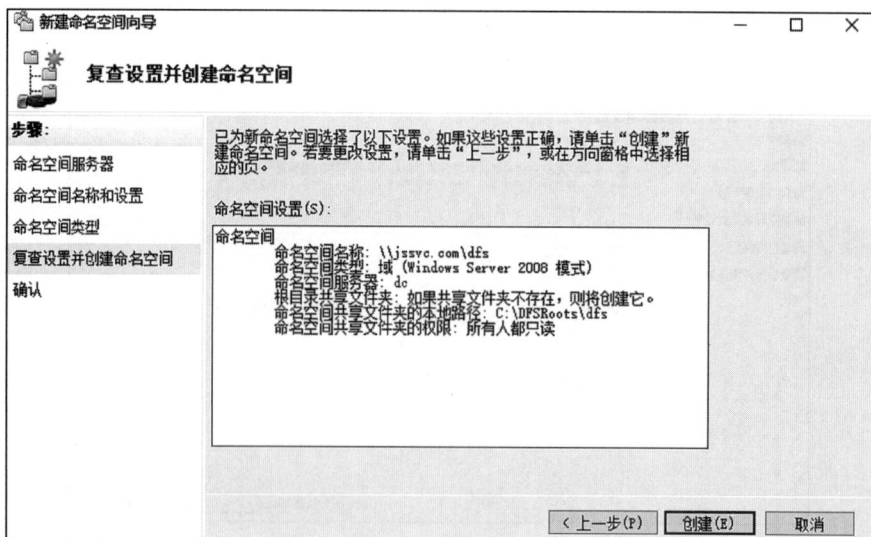

图 8-28　确认设置

（6）单击"创建"按钮完成命名空间的创建，如图 8-29 所示。

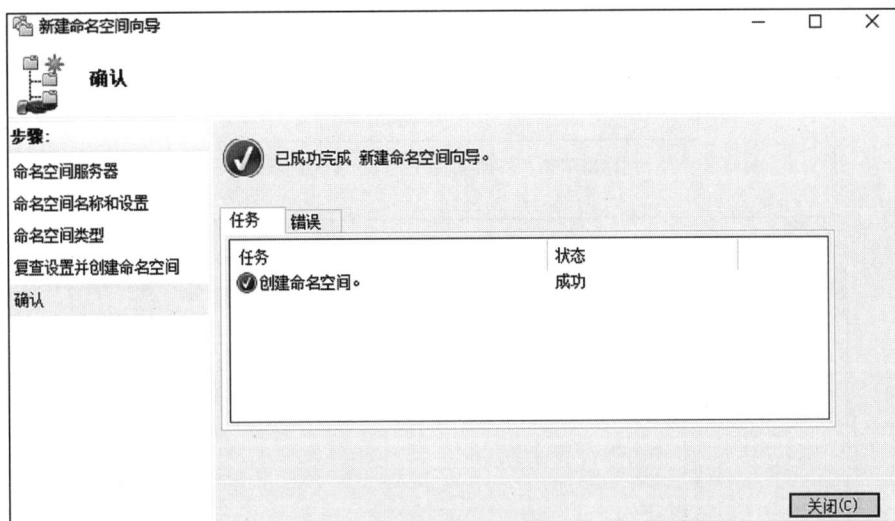

图 8-29　创建成功

步骤三　创建 DFS 文件夹。

首先创建新的文件夹 Reports，文件夹目标是 DC2\\Reports。

（1）在左窗格中右击命名空间目录，并选择"新建文件夹"快捷命令，弹出如图 8-30 所示界面，输入文件夹名 Reports。

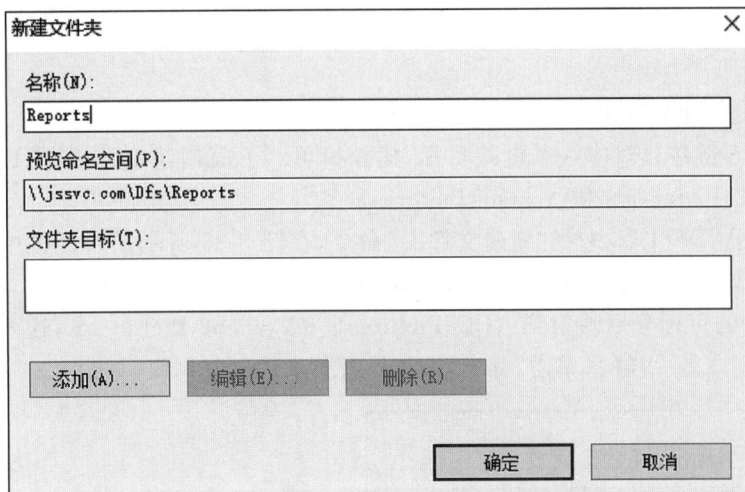

图 8-30　新建文件夹

（2）单击"添加"按钮，在文件夹目标路径中输入 UNC 路径"\\DC2\Reports"（或者单击"浏览"按钮，从"网络"中选择），如图 8-31 所示。单击"确定"按钮后，链接 Reports 就出现在根目录下，如图 8-32 所示。

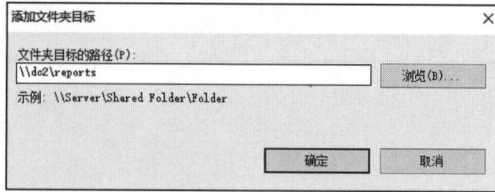

图 8-31　"添加文件夹目标"对话框

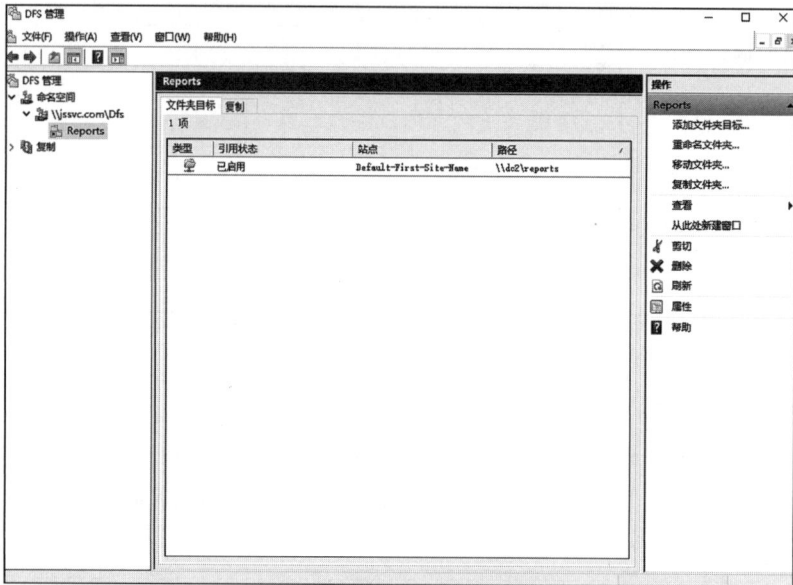

图 8-32　创建了 Reports 链接

步骤四　创建复制组。

以上 DFS 链接只对应一个链接目标，比较简单。下面创建 DFS 链接 Pictures，目标分别是\\DC2\Pictures$ 和\\client\Pictures$ 。

（1）右击\\DC\Dfs，选择"新建文件夹"命令，在图 8-33 所示的对话框中输入链接名称 Pictures，添加目标文件夹\\DC2\Pictures$ 和\\client\Pictures$ 。

Pictures 的目标分别映射到\\DC\Pictures$ 和\\client\Pictures$ ，这两个共享文件夹内的文件应该是一样的，单击"确定"按钮后会要求建立复制组，如图 8-34 所示。

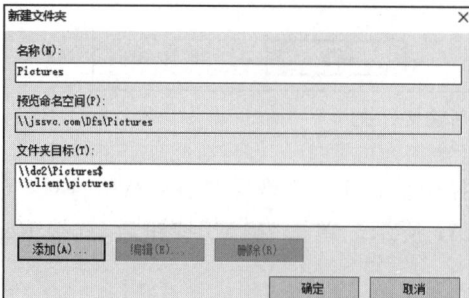

图 8-33　"新建文件夹"对话框

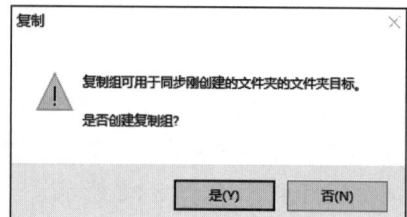

图 8-34　创建复制组

创建复制组之前需要 DC2 和 client 安装复制服务,否则会出现错误,如图 8-35 所示。

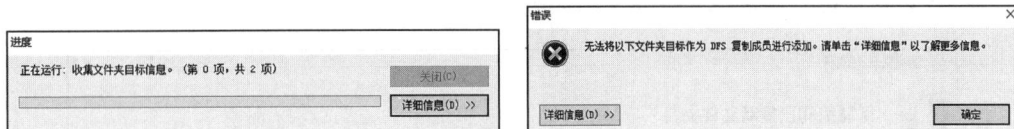

图 8-35　复制错误

(2) 以管理员身份登录 DC2,打开"管理服务器"窗口,启动"添加角色和功能向导",安装 DFS 复制,如图 8-36 所示。使用同样的方法在 client 上安装 DFS 复制功能。

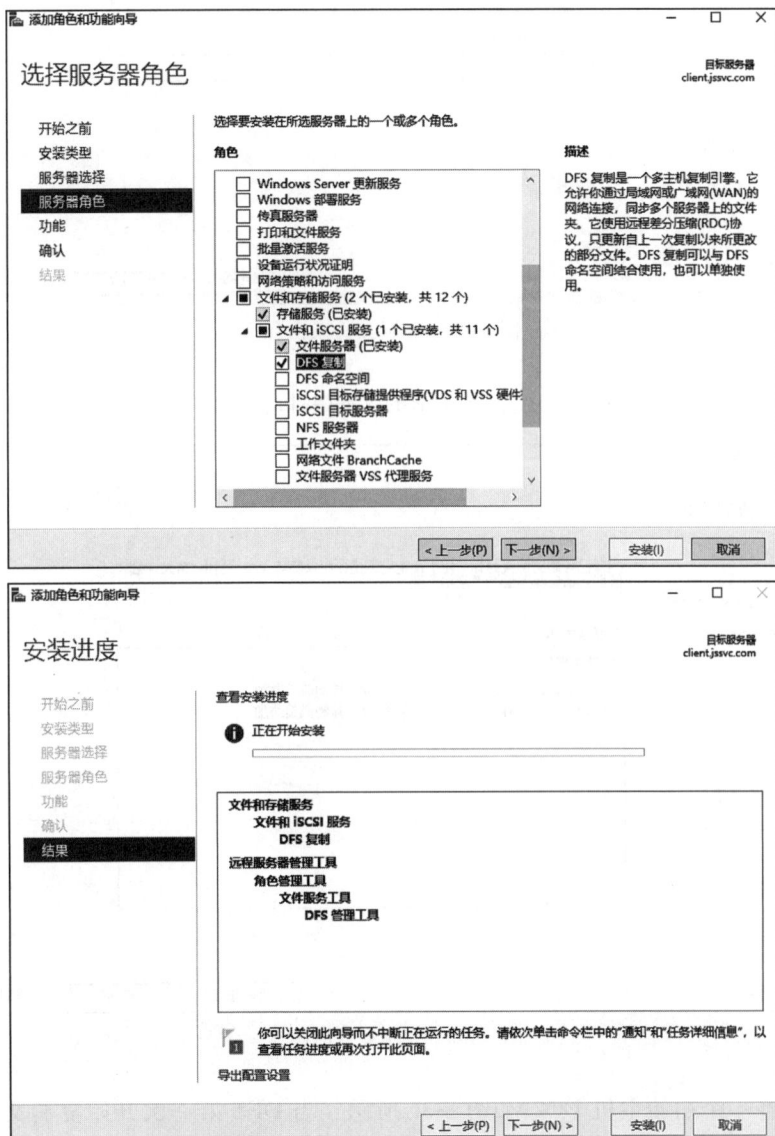

图 8-36　在 DC2 上安装 DFS 复制功能

（3）安装完成后登录 DC 服务器，打开 DFS 管理窗口，右击 Pictures 选择创建复制组，弹出"复制文件夹向导"，如图 8-37 所示。

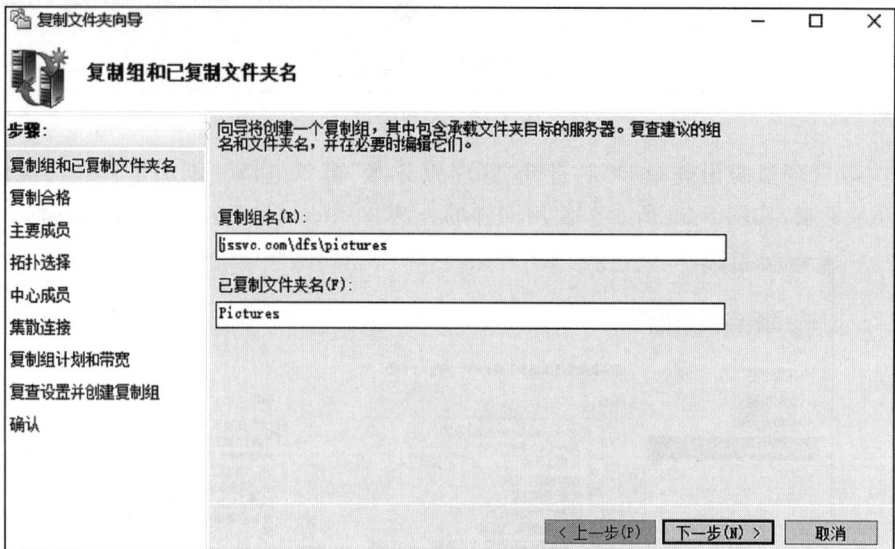

图 8-37　复制文件夹向导

（4）单击"下一步"按钮，确定参与复制的文件夹目标，如图 8-38 所示。

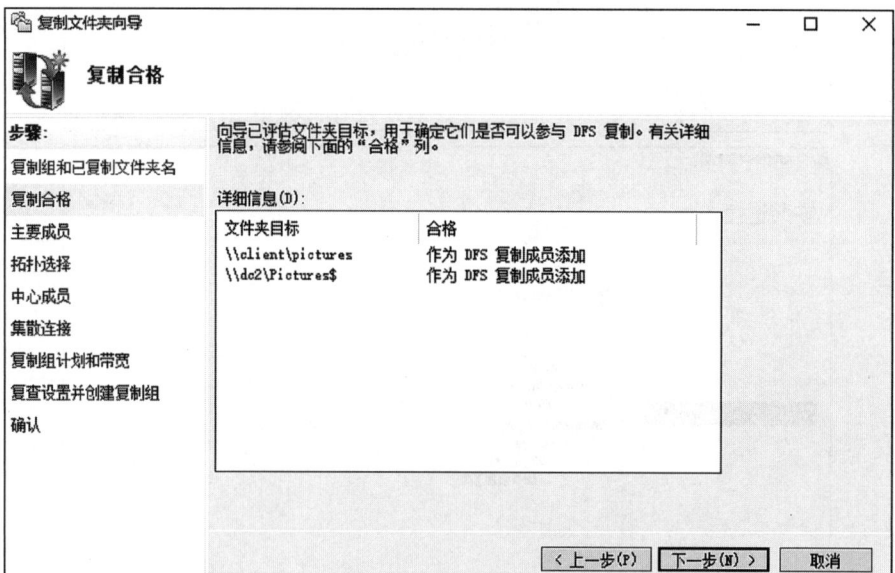

图 8-38　文件夹目标确认

（5）选择一个初始主机 DC2，如图 8-39 所示。当 DFS 第一次开始复制文件时，会将该初始主机内的文件复制到其他所有的目标。

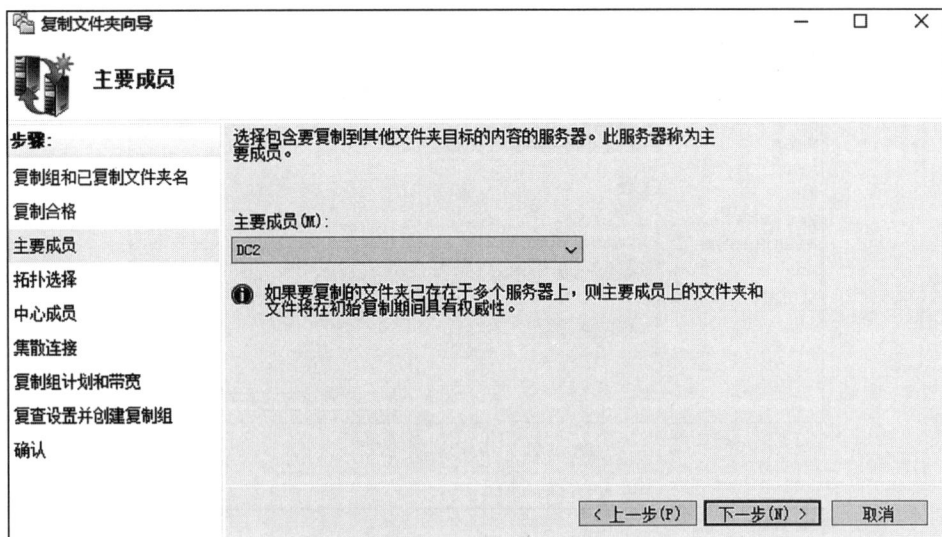

图 8-39　主要成员选择

（6）选择要复制的拓扑，如图 8-40 所示。

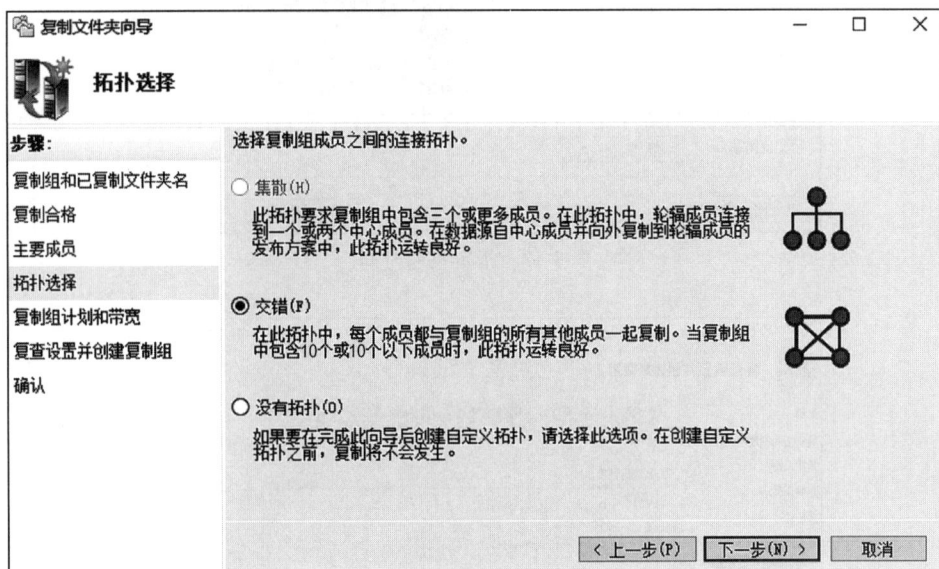

图 8-40　拓扑选择

（7）制定复制的带宽和时间，选择在指定日期和时间内复制，单击"编辑计划"选项，选中周一到周五 10：00—14：00，选择带宽为无复制，则表示这个时间段不进行文件的复制同步，如图 8-41 和图 8-42 所示。

（8）最后确认一遍复制的参数，如图 8-43 所示。

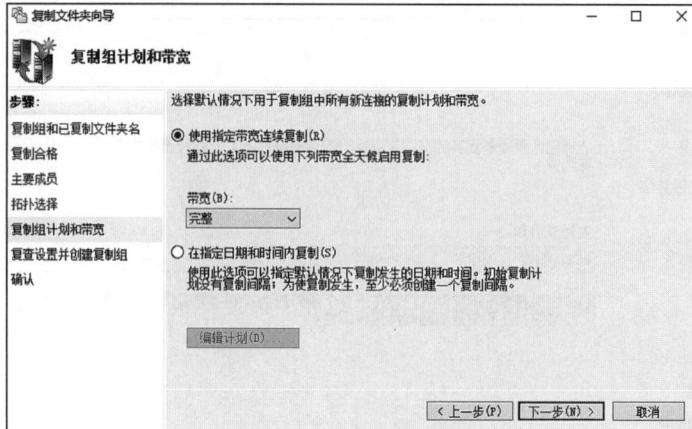

图 8-41 指定复制带宽

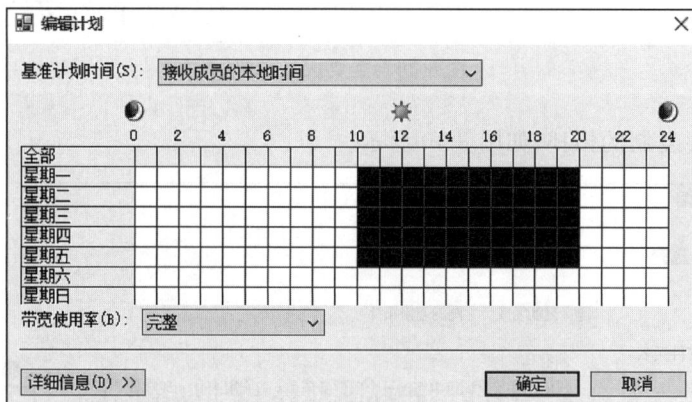

图 8-42 指定复制时间

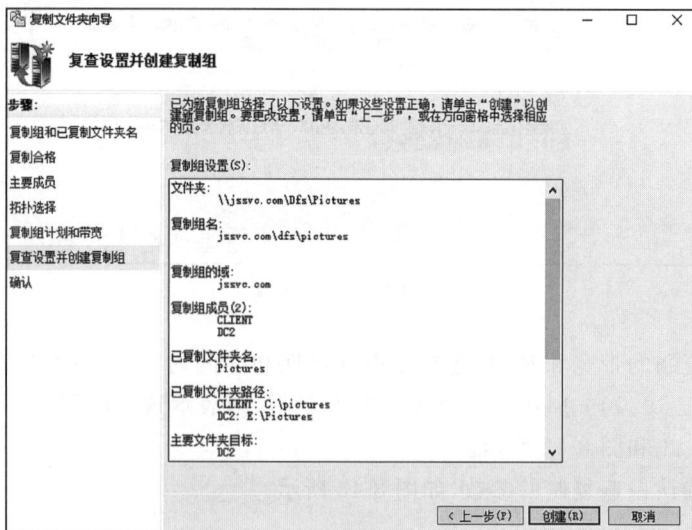

图 8-43 复制组设置确认

（9）复制组创建成功，如图 8-44 和图 8-45 所示。

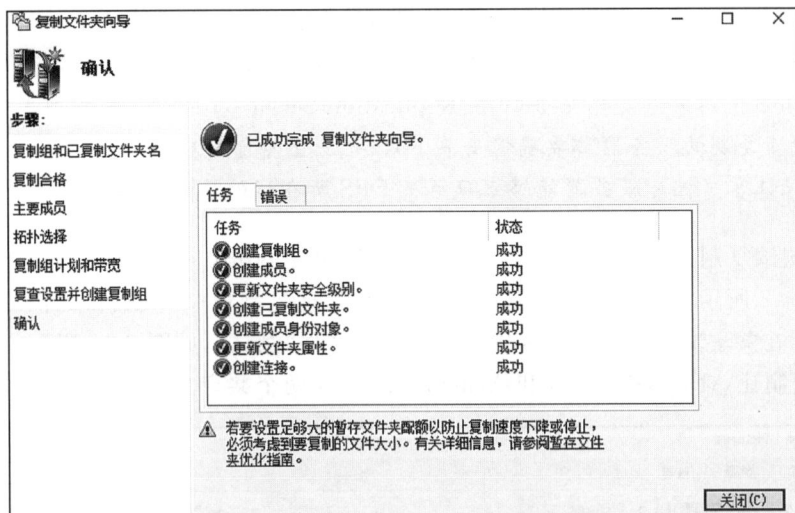

图 8-44　复制组创建成功

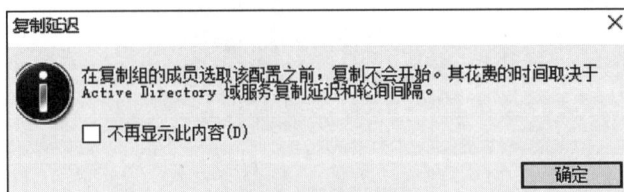

图 8-45　复制延迟

（10）完成后的画面如图 8-46 所示，链接 Pictures 的目标被同时映射到\\DC2\
Pictures$和\\client\Pictures$这两个共享文件夹。

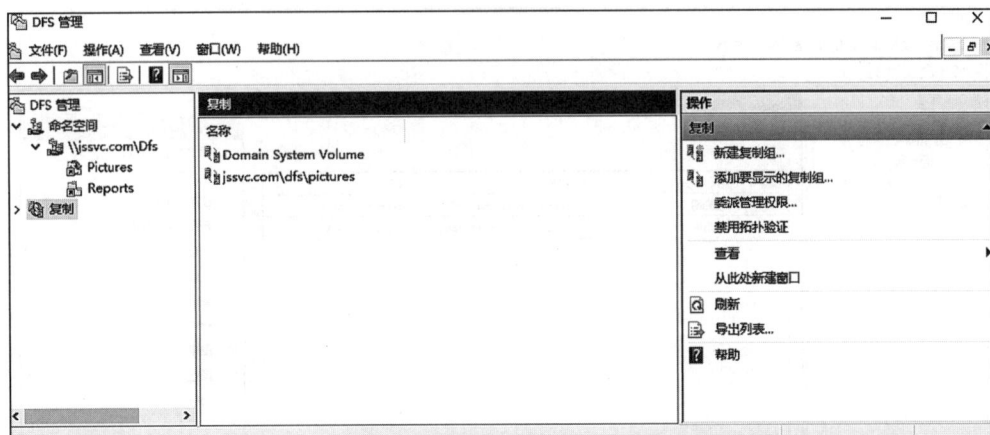

图 8-46　复制组创建完成效果

> **小贴士**
>
> 在配置复制的过程中，要注意以下几个问题。
>
> (1) 自动复制只适用于 NTFS 格式，其他类型的文件，如 FAT 文件都必须手动复制。
>
> (2) DFS 使用文件复制服务（File Replication Service，FRS）来保持副本的自动同步，所以配置复制的服务器都要确保安装 FRS 并设置为自动启动。
>
> (3) 保证客户机与服务器能够正确解析 DFS 所在域的域名。

(11) 测试复制效果：登录 DC2，在共享文件夹 Pictures 中新建一个文本文件"测试"，如图 8-47 所示。在 DC 服务器中打开 DFS 管理复制窗口并刷新，如图 8-48 所示。登录 client，在共享文件夹 Pictures 中发现了文本文件"测试"，如图 8-49 所示。可见 DFS 系统通过复制让\\DC2\Pictures 和\\client\Pictures 两个共享文件夹保持了同步。

图 8-47　\\DC2\Pictures 文件夹

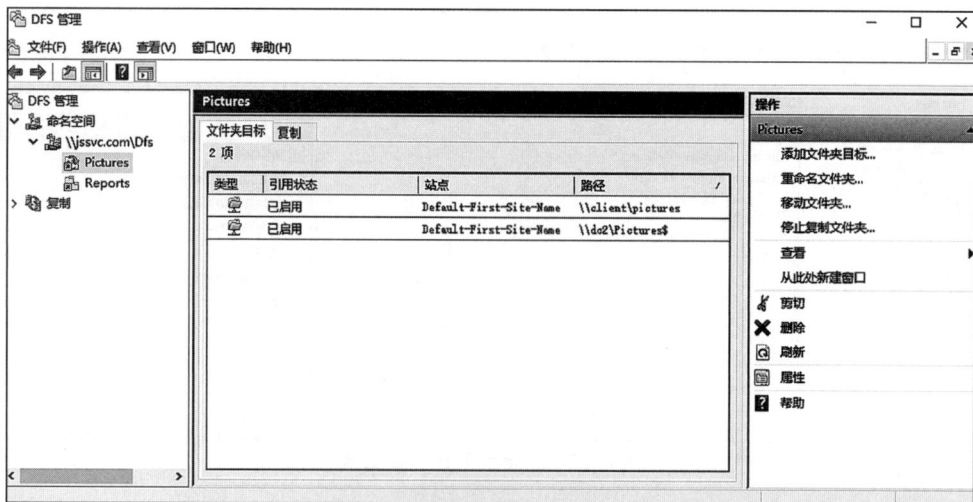

图 8-48　检查 DFS 复制状态

图 8-49　\\Client\Pictures 文件夹

8.3.3　访问共享资源

8.3.2 小节已经对 DFS 进行了详细的配置。网络上的用户就可以通过 DFS 来访问集中管理的共享资源,访问的方法可以参考项目 4,这里用命名空间的名字代替主机名就可以。

访问共享文件

1. 利用 UNC 路径

打开"我的电脑"窗口,输入\\jssvc.com\Dfs 就能打开 Dfs 管理的所有共享资源,其中 jssvc.com 是域名,Dfs 是新建的命名空间名,如图 8-50 所示。

图 8-50　访问 Dfs 共享文件

2. 利用"映射网络驱动器"

(1) 右击"我的电脑",如图 8-51 所示,选择"映射网络驱动器"命令,弹出如图 8-52 所示界面。

261

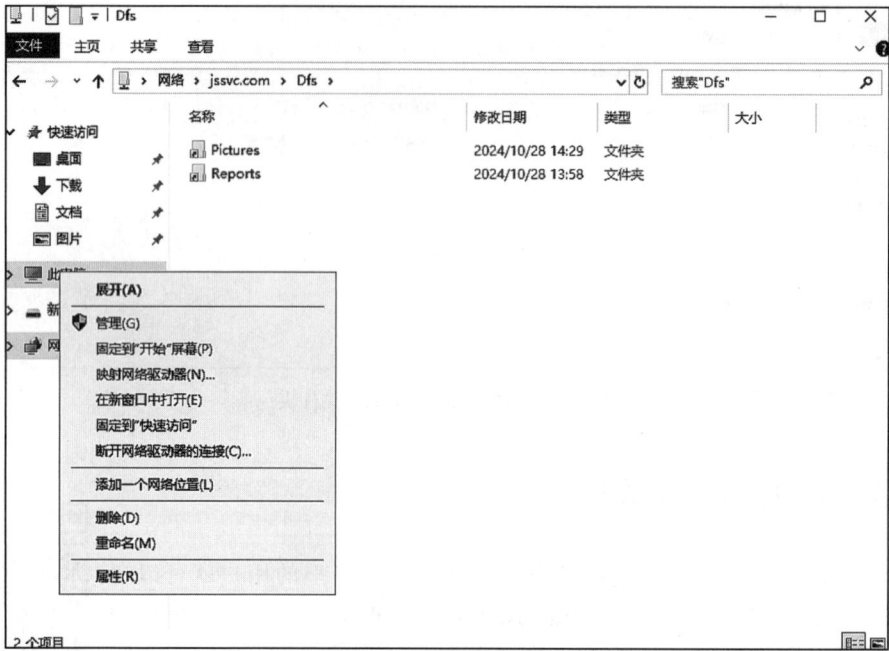

图 8-51 "我的电脑"窗口

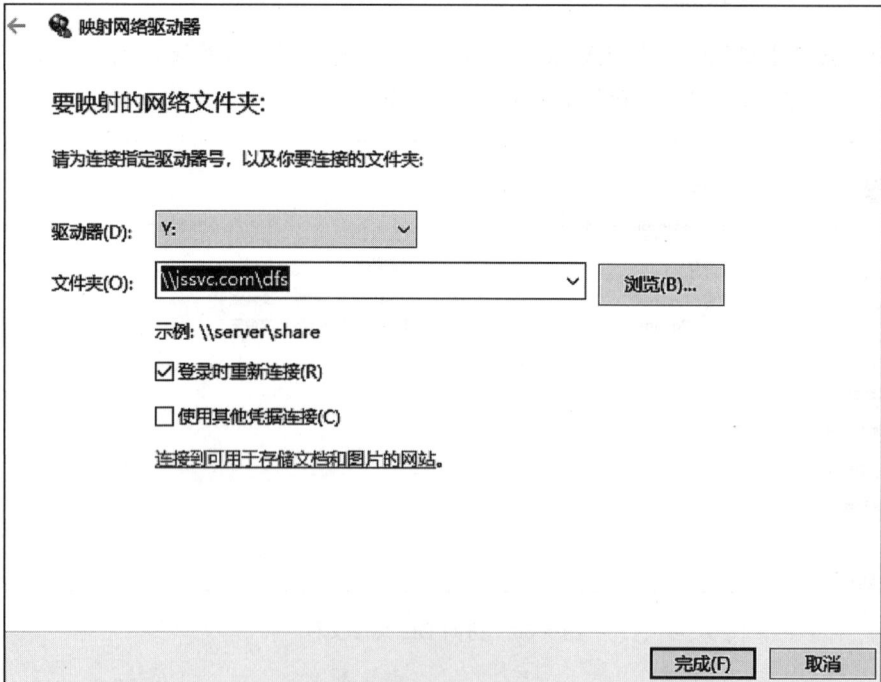

图 8-52 "映射网络驱动器"界面

（2）选择驱动器 Z，在文件夹中输入\\jssvc.com\Dfs，单击"完成"按钮，结果如图 8-53 所示，驱动器 Z 显示在"我的电脑"中。

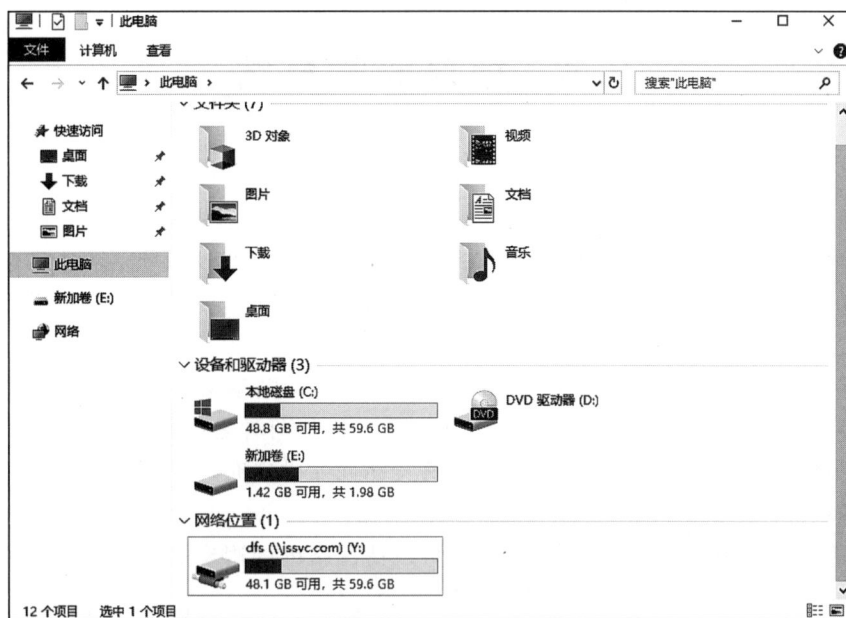

图 8-53　网络驱动器映射成功

（3）如果选择其他凭据连接，则出现如图 8-54 所示对话框，输入相应的用户名和密码连接到域。

图 8-54　连接身份对话框

小贴士

如果使用可移动的驱动器（例如记忆卡或闪存驱动器），Windows 会为这些驱动器分配第一个可用的驱动器盘符。如果映射网络驱动器使用较低的驱动器盘符，可能会造成冲突，最好为映射的网络资源指定较高的驱动器盘符（如 X、Y、Z）。

8.4　项目验收总结

共享文件夹是资源共享最常用的方式之一。无论文件夹位于 FAT、FAT32、NTFS 何种磁盘内，都可以被设置成共享文件夹，然后通过共享权限来设置用户的访问权限。只有拥有足够权限的用户才可以访问与其权限相对应的共享文件夹，并对共享文件夹进行相应的操作。共享权限有三种：完全控制、更改、读取。系统默认所有用户的权限为"读取"。

当用户从网络访问一个存储在 NTFS 文件系统上的共享文件夹时会受到两种权限的约束，用户最后的有效权限是共享权限与 NTFS 权限两者之中最严格的设置（也就是两种权限的交集）。而当用户从本地计算机直接访问文件夹时，不受共享权限的约束，只受 NTFS 权限的约束。

网络管理员利用 DFS 分布式文件系统可以使网络内的用户更容易地访问和管理那些分布在不同网络位置上的共享文件。

当 DFS 新建一个命名空间时会自动创建一个共享文件夹作为 DFS 映射关系的存储地点。每个 DFS 文件夹都有一个连接目标映射到其他计算机内的共享文件夹。一个文件夹的目标也可以同时映射到多个计算机的多个共享文件夹，以提供容错的功能。当然，这些共享文件夹内所存储的文件应该相同。

8.5　项目巩固及拓展训练

1. 实训目的

掌握域 DFS 集中管理共享文件夹的方法。

2. 设备和工具

一台已安装有 Windows Server 2019 的域服务器及若干 Windows 7 系统以上客户机；或一台安装有 Windows Server 2019 系统和 Windows Server 2019 ISO 安装镜像文件的虚拟机及若干 Windows 7 系统以上虚拟机。

3. 实训内容及要求

你是 jssvc.com 的网络管理员，公司网络服务器上分散着很多共享文件夹。为了让用户能够更方便地访问这些资源，在域控制器 DC 上创建一个域 DFS 命名空间 JssvcDFS 和两个 DFS 文件夹，并配置链接的目标映射关系。结构如图 8-55 所示。

要求：文件夹 JssvcData 的目标映射到计算机 B 上的共享文件 C:\Data；文件夹 JssvcPic 的目标映射到计算机 B 上的共享文件 D:\Pics 和计算机 C 上的共享文件 C:\Pictures。要求复制拓扑为"交错"，设置在星期一至星期五 10:00—17:00 之间复制任务。

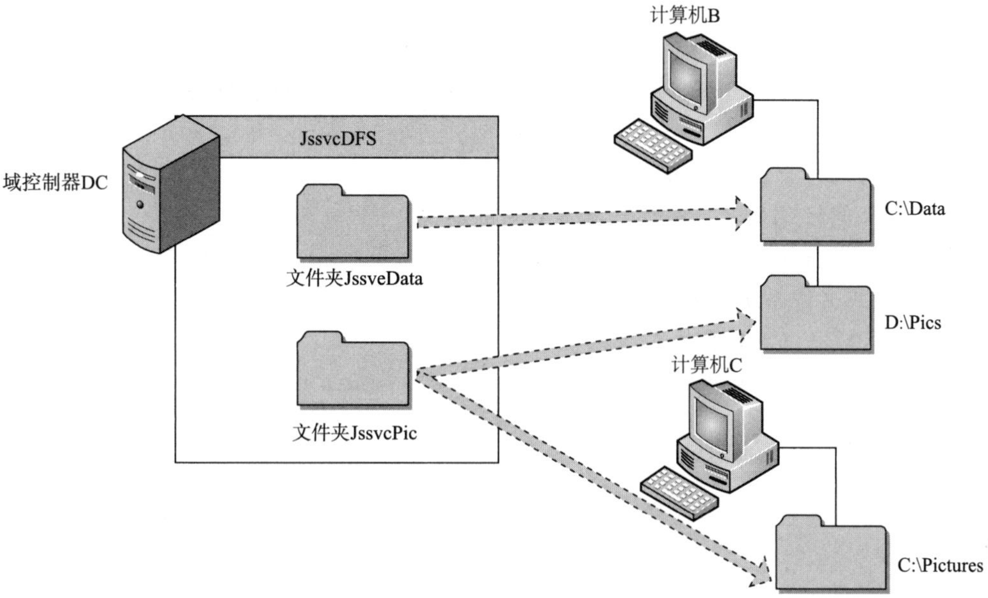

图 8-55 目标映射关系

4. 实训总结

本实训实现了用域 DFS 集中管理共享文件夹,项目实施后注意在客户机验证其正确性。

8.6 课 后 习 题

一、选择题

在域 jssvc. com 中,成员服务器 A 上有个共享文件 File1,DFS 服务器 B 上的命名空间 DFS1 中的文件夹 shareA 链接了该共享文件,则正确的访问方法是( )。

A. \\B\shareA   B. \\jssvc. com\File1

C. \\jssvc. com\DFS1\shareA   D. \\B\DFS1\shareA

二、填空题

1. 分布式文件系统有两种类型_____和_____。

2. DFS 实现文件复制的两种基本拓扑类型是_____和_____。

3. 通过 DFS 访问共享文件时使用标准的_____权限和_____权限,只有授权的用户才可以访问。

4. 安装 DFS 时通常需要安装_____、_____、_____服务。

265

三、问答题

1. 你是公司的网络管理员，在文件服务器 JssvcServer 上的 E 盘共享了文件夹，共享名为 share＄。

(1) 你有几种方法让公司的员工访问？

(2) 你如何将此共享文件夹发布在活动目录中？

(3) 这样做有什么好处？

2. 分布式文件系统（DFS）有哪些特性？

3. 域 DFS 根目录具有什么特点？

4. 写出访问 DFS 共享资源的两种访问方法。

项目 9　组策略的配置与管理

◆ 内容结构图

网络中恶意的攻击行为会对计算机系统造成巨大损失,要保证网络中的计算机系统不受蠕虫、病毒和恶意攻击的威胁,实施适当的安全策略可以减少这种风险的存在。本项目旨在通过对本地安全策略、域内计算机和用户安全策略的设置来保障 Windows Server 2019 服务器安全运行。同时通过事件查看器来了解系统的安全状况,以便及时做出反应,尽可能地保护服务器及网络的安全。

完成该典型任务的过程中所需的理论知识和实施步骤如图 9-1 所示。

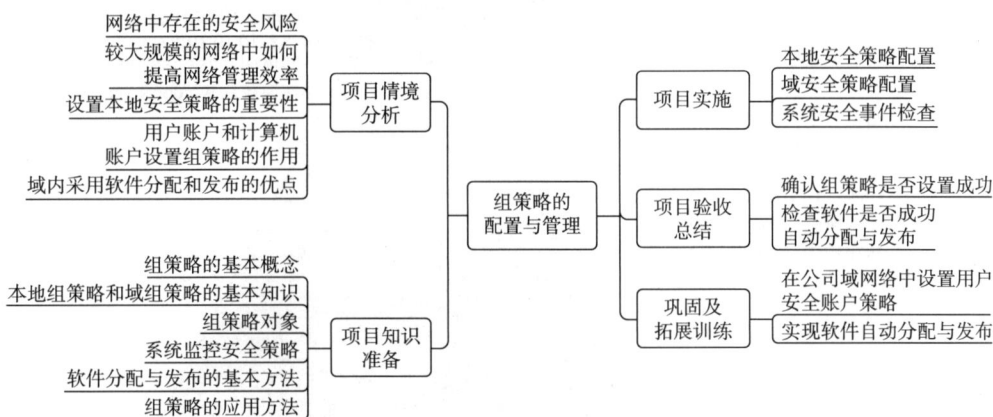

图 9-1　完成典型任务所需知识结构和实施步骤

9.1　项目情境分析

一个公司网络及其网络中主机的安全是极其重要的事情,特别是在公司规模比较大的网络环境中,网络的安全管理显得尤其重要。在 JSSVC 企业网络中,有 2000 多个用户和 1000 多台计算机。域管理员在日常管理和维护中需要做大量的工作。同时,服务器系统是一个很重要的环节,它的安全稳定运行尤其重要,如为了服务器操作系统口令的安全,要求系统管理员不能设置过于简单的密码,并要求其定期更新,避免因密码泄露出现公司网络安全问题。

本项目将通过 Windows Server 服务器组策略的设置来保障服务器(如域控制器)和网络(如域)的安全性,同时设置对系统资源的使用进行审核,并记录到事件日志中,让管理员通过事件日志记录的问题来及时发现安全问题，从而加固系统的安全性。此外，如果发生安全事件，也可以做到有据可查，追溯问题的根源。

◇ 项目目标

本项目主要任务是通过对 Windows Server 2019 的本地安全策略、组策略的设置实现对 JSSVC 企业计算机、用户账户及其密码的保护，同时监控系统的事件行为，保证系统安全。在 JSSVC 域控制器内，分别建有"技术部""生产部""财务部""人事部""销售部"等部门对应的组织单位，公司网络如图 9-2 所示。

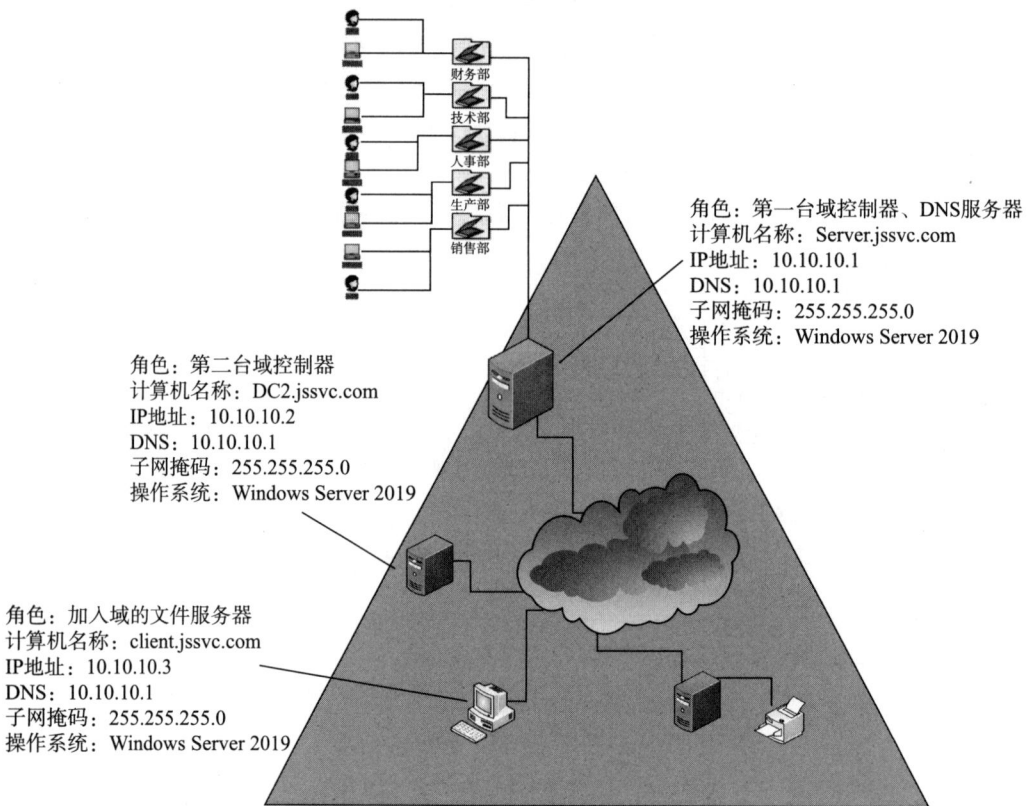

角色：第一台域控制器、DNS服务器
计算机名称：Server.jssvc.com
IP地址：10.10.10.1
DNS：10.10.10.1
子网掩码：255.255.255.0
操作系统：Windows Server 2019

角色：第二台域控制器
计算机名称：DC2.jssvc.com
IP地址：10.10.10.2
DNS：10.10.10.1
子网掩码：255.255.255.0
操作系统：Windows Server 2019

角色：加入域的文件服务器
计算机名称：client.jssvc.com
IP地址：10.10.10.3
DNS：10.10.10.1
子网掩码：255.255.255.0
操作系统：Windows Server 2019

图 9-2　JSSVC 公司网络图

项目主要完成五项任务。
（1）设置本地安全策略。
账户密码策略、账户锁定策略；
用户权限分配，如禁止某些账户登录本机；
安全选项，如不显示最后用户名。
（2）设置事件审核策略。
（3）查看系统的安全事件。
（4）使用组策略工具设置域组策略。

为域内计算机设置管理模板,显示用户以前登录信息。

为域账户设置密码策略和账户锁定策略。

配置用户权限分配。

(5) 软件的分配与发布。

将软件分配给 jssvc.com 域内的所有计算机。

为"技术部"用户分配软件。

为"生产部"用户发布软件。

1. 本地用户账户安全策略设置

(1) 要求本地用户账户的密码启用密码复杂性要求,密码长度不小于 8 个字符。

(2) 设置密码的最短使用期限为 3 天,最长使用期限为 30 天。

(3) 设置强制密码历史,要求前 12 个曾经使用过的密码不能继续使用。

(4) 设置账户的锁定策略,3 次无效登录即锁定账户,账户的锁定时间设置为 30 分钟,复位账户锁定计数器的时间设置为 30 分钟之后。

2. 域用户账户的安全策略设置

(1) 要求本地用户账户的密码启用密码复杂性要求,密码长度不小于 10 个字符。

(2) 设置密码的最短使用期限为 3 天,最长使用期限为 20 天。

(3) 设置强制密码历史,要求前 16 个曾经使用过的密码不能继续使用。

(4) 设置账户的锁定策略,3 次无效登录即锁定账户,并只能通过系统管理员来解锁该账户。

3. 用户权限分配及安全选项设置

设置常用的用户权限分配策略,如允许用户进行本地登录、拒绝本地登录、关系系统、拒绝从网络访问这台计算机等,确保本地计算机、域控制器及域的安全。

4. 设置事件审核策略

审核作为网络系统日常管理的一个重要部分,可以帮助管理员跟踪用户的使用情况、了解系统的安全问题以及网络的运行情况,在此需要完成以下任务:

(1) 确定事件审核的基本策略;

(2) 启用事件审核机制;

(3) 设置对象的审核策略。

5. 设置软件分配和发布

通过组策略可以将软件部署给域用户与计算机,域用户登录或域内计算机启动后,可以很方便地安装或者自动安装。

(1) 将软件分配给域内计算机;

(2) 将软件分配给"技术部"用户;

（3）将软件发布给"生产部"用户。

6. 查看系统的安全事件

通过事件查看器检查系统中已经发生的或可能会发生的安全问题,通过对日志的分析,及时做出适当的安全策略,保护系统的安全,具体查看的方法如下：

（1）查看事件日志；

（2）搜索事件日志；

（3）筛选事件日志；

（4）设置事件日志大小；

（5）事件日志保存。

项目实施流程图如图 9-3 所示。

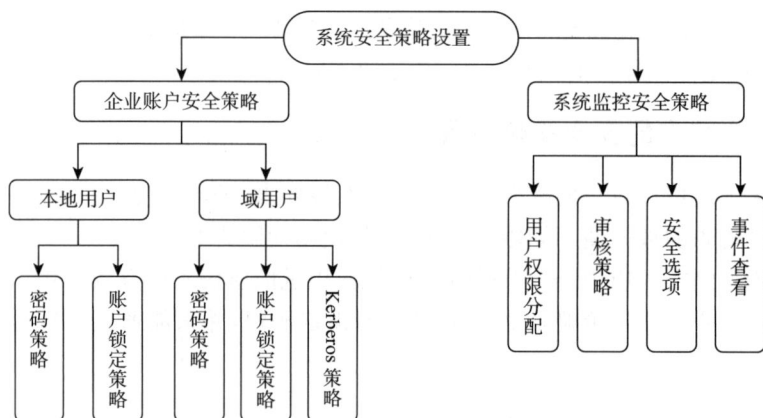

图 9-3　系统安全策略的配置与管理项目实施流程图

9.2　项目知识准备

9.2.1　组策略概述

组策略(Group Policy)是微软 Windows NT 家族操作系统的一个特性,它可以控制用户账户和计算机账户的工作环境。组策略提供了操作系统、应用程序和活动目录中用户设置的集中化管理和配置。

组策略对象会按照以下顺序(从上向下)处理。

1. 本地组策略

任何在本地计算机的设置,在 Windows Vista 和之后的 Windows 版本中,允许每个用户账户分别拥有组策略。

270

2. 站点

任何与计算机所在的活动目录站点关联的组策略（活动目录站点是指在管理促进物理上接近的计算机的一种逻辑分组），如果多个策略已链接到一个站点，将按照管理员设置的顺序处理。

3. 域

任何与计算机所在 Windows 域关联的组策略，如果多个策略已链接到一个域，将按照管理员设置的顺序处理。

4. 组织单元

任何与计算机或用户所在的活动目录组织单元（OU）关联的组策略（OU 是帮助组织和管理一组用户、计算机或其他活动目录对象的逻辑单元），如果多个策略已链接到一个OU，将按照管理员设置的顺序处理。

9.2.2　本地组策略与域组策略

1. 本地组策略

每一台计算机都有本地组策略（Local Group Policy，LGP 或 LocalGPO）。本地组策略是组策略的基础版本，它面向独立且非域的计算机。在 Windows Vista 以前，LGP 可以强制施行组策略对象到单台本地计算机，但不能将策略应用到用户或组。从 Windows Vista 开始，LGP 允许本地组策略管理单个用户和组，并允许使用 GPO Packs 在独立计算机之间备份、导入和导出组策略——组策略容器包含导入策略到目标计算机的所需文件。

2. 域安全策略

域级策略是针对域内所有的计算机与用户统一设置的策略，一般情况下存在默认域策略和默认域控制器策略。

（1）域策略：域内的所有对象都会受到域策略的影响。

（2）域控制器策略：域控制器容器中所有对象都会受到影响。

9.2.3　组策略对象

组策略是通过组策略对象（Group Policy Object，GPO）进行设置的，将 GPO 链接到指定的站点、域或组织单位，则 GPO 内的设置就会影响到站点、域或组织单位内的所有用户和计算机。

1. 内置 GPO

AD DS 域内有两个内置 GPO。

（1）Default Domain Policy：此 GPO 默认被链接到域，它的设置将应用到整个域内的所有用户和计算机。

（2）Default Domain Controller Policy：此 GPO 被链接到组织单位 Domain Controllers，此设置会应用到该容器内所有用户和计算机。

2. GPO 内容

GPO 被分为 GPC 和 GPT，存储在不同位置。

1）GPC 的内容

GPC(Group Policy Container)：存储在 AD DS 数据库内，记载 GPO 的属性与版本等数据。

2）GPT 的内容

GPT(Group Policy Template)：GPT 用来存储 GPO 的设置值与相关文件，它是一个文件夹，建立在域控制器的"%systemroot%\SYSVOL\sysvol\jssvc.com\Policies"文件夹内。

9.2.4　组策略设置

选择"服务器管理器"|"工具"|"组策略设置"，或在"运行"文本框（或 PowerShell 窗口）内输入 gpedit.msc 并点击"确定"（或按下回车键）。即可打开"组策略管理编辑器"，如图 9-4 所示。组策略分成"计算机配置"和"用户配置"两个不同的领域。而每个领域内都有三个部分："软件设置""Windows 设置""管理模板"。

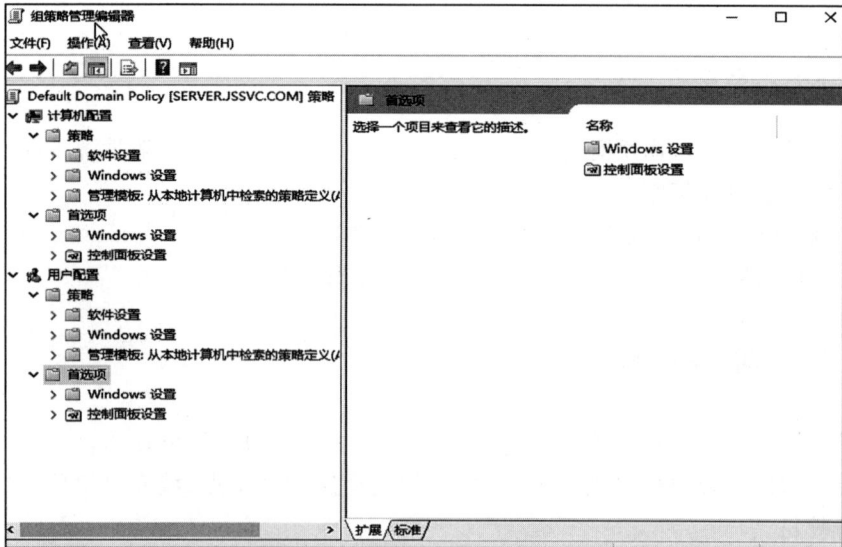

图 9-4　组策略管理编辑器

（1）软件设置：可以部署软件到用户或计算机。部署到用户的软件仅限于该用户，而部署到计算机的软件则对计算机的用户都可用。

（2）Windows 设置：包含对用户和计算机的脚本设置和安全性设置，以及针对用户配置的 Internet Explorer 维护。

（3）管理模板：控制用户或计算机环境各个方面。

9.2.5　软件部署

使用组策略部署软件的安装，可以分为预备、部署、维护和删除。需要安装的软件转换成 Windows 安装程序包文件。在域的文件服务器上共享文件夹，将需要安装的软件包存放在共享文件夹内，并保证域内的计算机和用户具有读取软件包的权限。

1. 分配软件

分配软件可以应用于用户和计算机。

（1）当给用户分配软件时，软件将在用户登录时通告应用程序，但是如果用户选择不安装，软件将不会被安装。

（2）当给计算机分配软件时，不会出现通告，并且在计算机启动时，软件会自动安装。通过分配软件给计算机，可以确保软件安装在所有的客户机上。

2. 发布软件

发布软件只能应用于用户，并且发布软件不会出现通告，用户可以通过“控制面板”|“添加和删除程序”中找到该软件，并手动安装。

9.2.6　组策略的应用时机

1. 计算机配置的应用时机

域成员的计算机会在以下场合中应用 GPO 的计算机配置值。
（1）计算机开机时会自动应用。
（2）若计算机已经开机，则会每隔一段时间自动应用。
域控制器默认每隔 5 分钟自动应用一次，非域控制器每隔 90～120 分钟自动应用一次。

2. 用户配置的应用时机

域用户会在下面场合中应用 GPO 的用户配置值。
（1）用户登录时会自动应用。
（2）若用户已经登录，默认每隔 90～120 分钟自动应用一次。

3. 手动应用

打开命令提示符或者“Windows PowerShell”窗口。

（1）执行"gpupdate /force"同时应用计算机与用户配置。

（2）执行"gpupdate /target：computer /force"应用到计算机配置。

（3）执行"gpupdate /target：user /force"应用到用户配置。

9.2.7 组策略的应用顺序

组策略的应用顺序如下。

（1）本地组策略。

（2）站点级 GPO。

（3）域级 GPO。

（4）组织单位 GPO。

（5）任何子组织单位 GPO。

计算机策略总是先于用户策略，如果组策略间存在设置冲突时，按"就近原则"，后应用的组策略设置将生效。

9.3 项 目 实 施

9.3.1 本地安全策略设置

运行 Windows 2000 Server 或者更高版本操作系统的计算机都有本地组策略。此策略影响本地计算机以及登录到该计算机的任何用户。本地用户账户安全策略设置如下。

本地用户账户安全策略的设置是在"本地安全策略"中来设置，可以通过以下步骤打开：单击"开始"|"服务器管理器"|"工具"|"本地安全策略"，打开"本地安全设置"控制台，如图 9-5 所示。

1）用户账户密码设置

在"本地安全设置"控制台中，在左边的窗格中单击展开账户策略，单击"密码策略"选项，在右边的窗格中，可以对相关的密码策略进行设置，如图 9-6 所示，设置步骤如下。

密码复杂性
要求

步骤一 设置密码复杂性：双击"密码必须符合复杂性要求"项或右击"密码策略"选择"属性"，在"密码必须符合复杂性要求 属性"对话框中选择"本地安全设置"选项卡，单击"已启用"单选按钮来启用该策略，如图 9-7 所示，然后单击"确定"按钮完成设置。

注意：一旦启用了密码复杂性要求，则密码必须满足以下要求：

（1）不能包含用户的账户名，不能包含用户姓名中超过两个连续字符的部分；

（2）至少有 6 个字符长；

（3）包含以下四类字符中的三类字符：英文大写字母（A～Z）、英文小写字母（a～z）、10 个基本数字（0～9）、非字母字符（例如！、$、#、%）；

（4）在更改或创建密码时执行复杂性要求。

图 9-5　本地安全策略设置

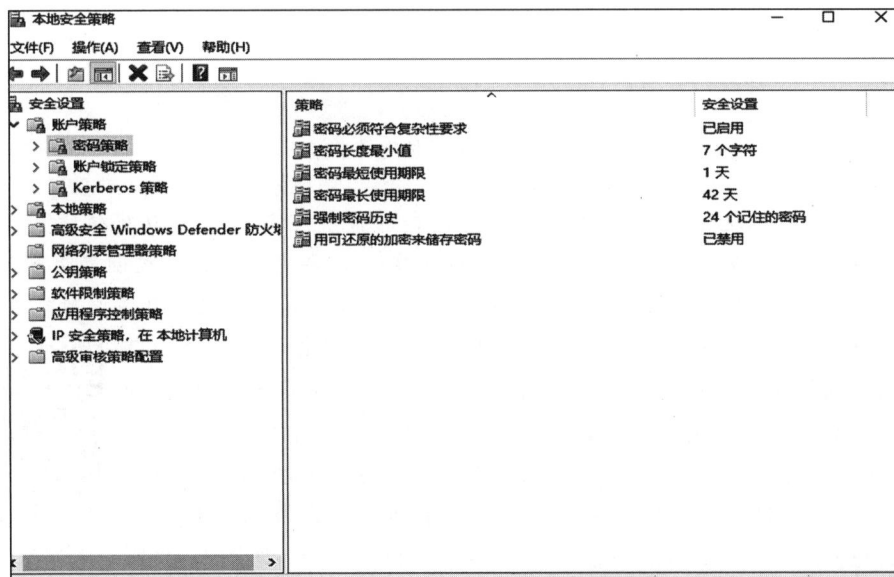

图 9-6　本地安全策略—密码策略

步骤二　设置密码长度最小值：双击"密码长度最小值"项，在"密码长度最小值 属性"对话框中选择"本地安全设置"选项卡，在"密码最小值设置"文本框中输入密码长度 8，即密码的最小长度不小于 8 个字符，设完长度后单击"确定"按钮，如图 9-8 所示。

密码长度
最小值

275

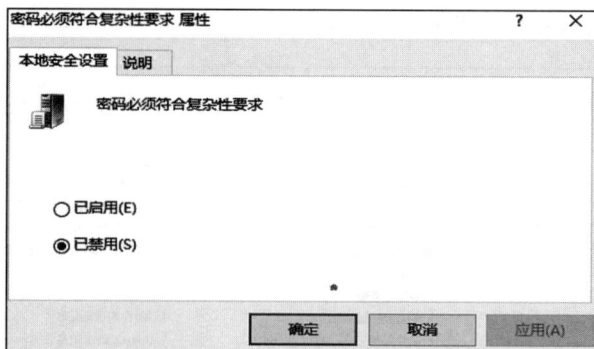

图 9-7　启用密码复杂性要求

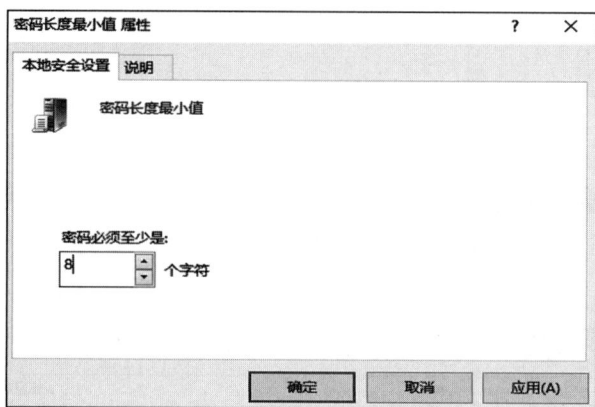

图 9-8　设置密码长度最小值

注意：本安全设置确定用户账户密码包含的最少字符数。可以将值设置为介于 1~14 个字符之间，或者将字符数设置为 0 以确定不需要密码。在域控制器上默认的最小长度为 7，在独立服务器上则为 0。默认情况下，成员计算机沿用各自域控制器的配置。

步骤三　设置密码的最长和最短使用期限：双击"密码最长使用期限"项，在"密码最长使用期限 属性"对话框中选择"本地安全设置"选项卡，在"密码最长使用期限"文本框中输入密码过期时间为 42 天，如图 9-9 所示，单击"确定"按钮完成设置；双击"密码最短使用期限"项，在"密码最短使用期限 属性"对话框中选择"本地安全设置"选项卡，在"密码最短使用期限"文本框中输入密码过期时间为 3 天，如图 9-10 所示，单击"确定"按钮完成设置。

密码最长使用期限和密码最短使用期限

注意：在密码最长使用期限中，设置的天数范围是 1~999，如果天数设置为 0，则密码永不过期；在密码最短使用期限中，设置的天数范围为 1~998，如果天数设置为 0，则允许立即更改密码。

步骤四　设置强制密码历史：双击"强制密码历史"项，在"强制密码历史 属性"对话框中选择"本地安全设置"选项卡，在"强制密码历史"文本框中输入 12，即前面使用的 12 个密码不能被重新使用，如图 9-11 所示，单击"确定"按钮完成设置。

276

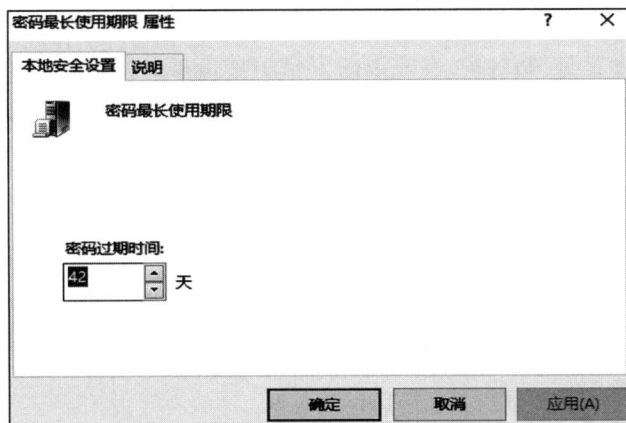

图 9-9　设置密码最长使用期限

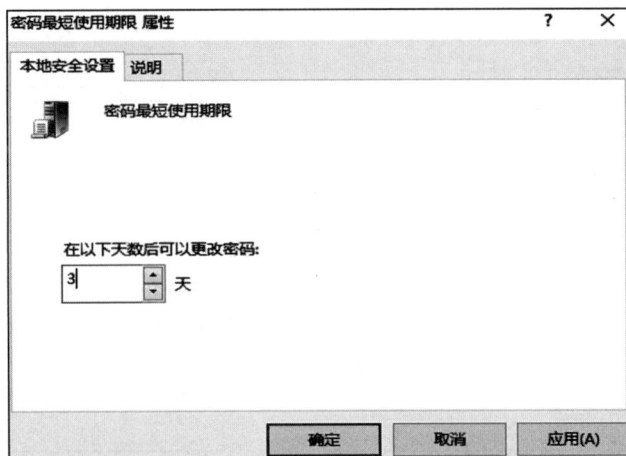

图 9-10　设置密码最短使用期限

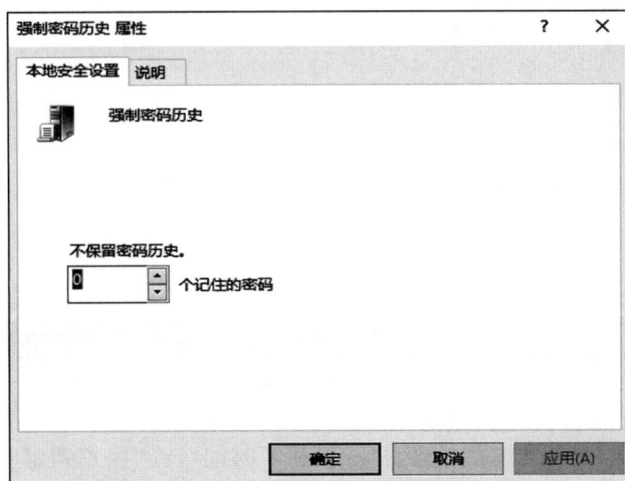

图 9-11　设置强制密码历史

2）账户锁定设置

在"本地安全设置"控制台中，在左边的窗格中单击展开账户策略，选择"账户锁定策略"，在右边的窗格中，可以对相关的账户锁定策略进行设置，如图 9-12 所示。

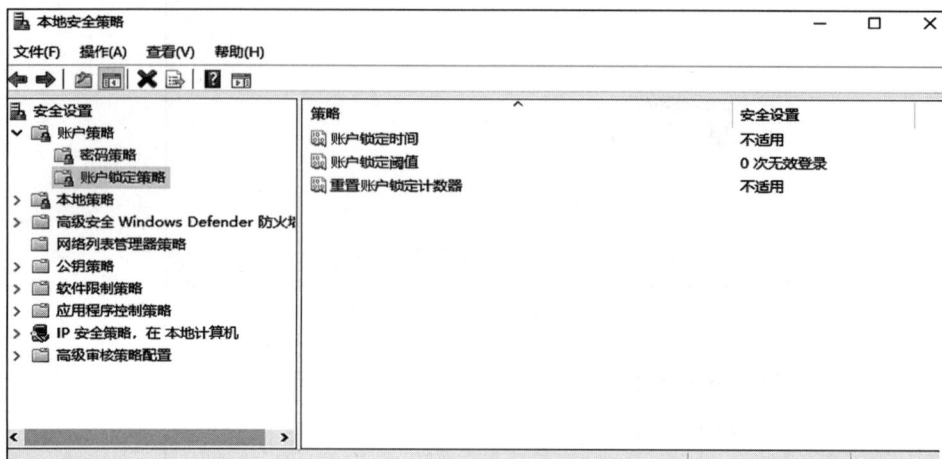

图 9-12 设置账户锁定策略

步骤一 设置账户锁定阈值：双击"账户锁定阈值"项，在"账户锁定阈值 属性"对话框中选择"本地安全设置"选项卡，在"账户锁定阈值"文本框中输入 3，即 3 次无效登录即锁定账户，如图 9-13 所示。如果前面的"重置账户锁定计数器"和"账户锁定时间"未事先设置，则此时会弹出"建议的数值改动"对话框，如图 9-14 所示，系统自动将这两项分别设置为建议的设置，即"重置账户锁定计数器"设为 30 分钟之后复位计数器和"账户锁定时间"设置为 30 分钟。

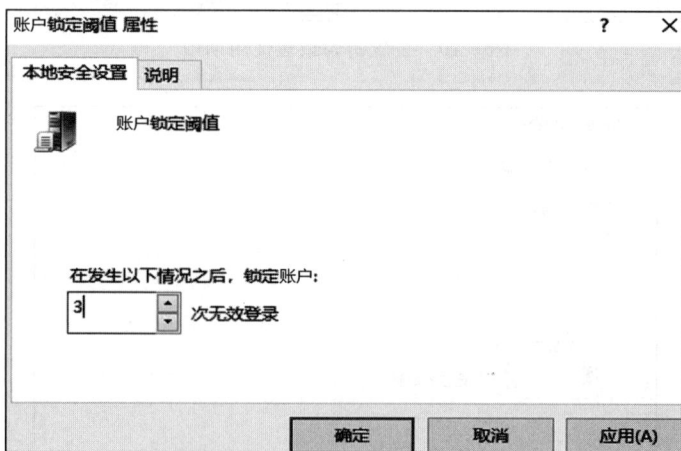

图 9-13 设置账户锁定阈值

步骤二 设置账户锁定时间：双击"账户锁定时间"，在"账户锁定时间 属性"对话框中选择"本地安全设置"选项卡，在"账户锁定时间"文本框中输入 30，即一旦账户锁定阈值超过 3 次，则将该账户锁定 30 分钟，如图 9-15 所示。

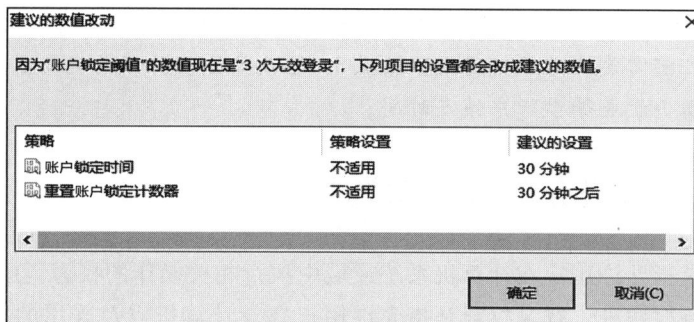

图 9-14　建议的数值改动

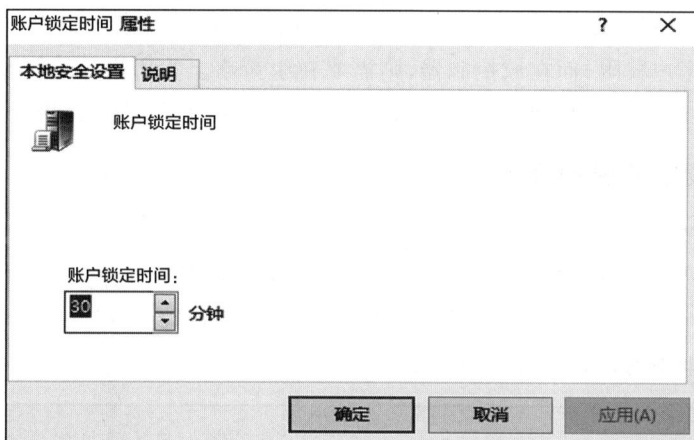

图 9-15　设置账户锁定时间

步骤三　设置复位账户锁定计数器：双击"重置账户锁定计数器"项，在"重置账户锁定计数器 属性"对话框中选择"本地安全设置"选项卡，在"重置账户锁定计数器"文本框中输入 30，即 30 分钟之后将计数器的值重置为 0，如图 9-16 所示。单击"确定"按钮完成设置。

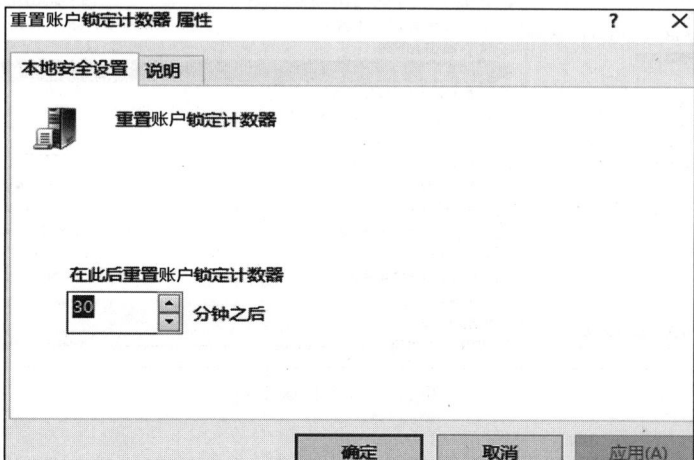

图 9-16　重置账户锁定计数器

279

注意：本安全设置确定在某次登录尝试失败之后将登录尝试失败计数器重置为 0 次错误登录尝试之前需要的时间。可用范围是 1～99999 分钟。如果定义了账户锁定阈值，此重置时间必须小于或等于账户锁定时间。

9.3.2　用户权限分配及安全选项设置

用户权限是指允许用户在计算机系统或域中执行相关操作的权力。用户权限的类型有登录权限和特权两种。登录权限是指允许用户登录计算机以及采用的登录方式；特权是指允许系统的哪些资源可以访问。

默认情况下，Windows Server 2019 在本地安全策略中已经定义了相关的策略规则。一般情况下，对于成员服务器或客户机的 Windows Server 2019 系统需要在本地安全策略中分配本地用户权限，而在域控制器，则需要在组策略上为用户分配权限。两者针对的对象不同，但是性质基本相同，本项目将在本地安全策略上来实施用户权限分配。

1. 用户权限分配的设置

1）设置步骤

单击"开始"|"服务器管理器"|"工具"|"本地安全策略"，打开默认的"本地安全策略设置"控制台，在左侧窗格中展开"本地策略"，单击"用户权限分配"选项，然后在右侧的窗格中可以进行策略的设置，如图 9-17 所示。

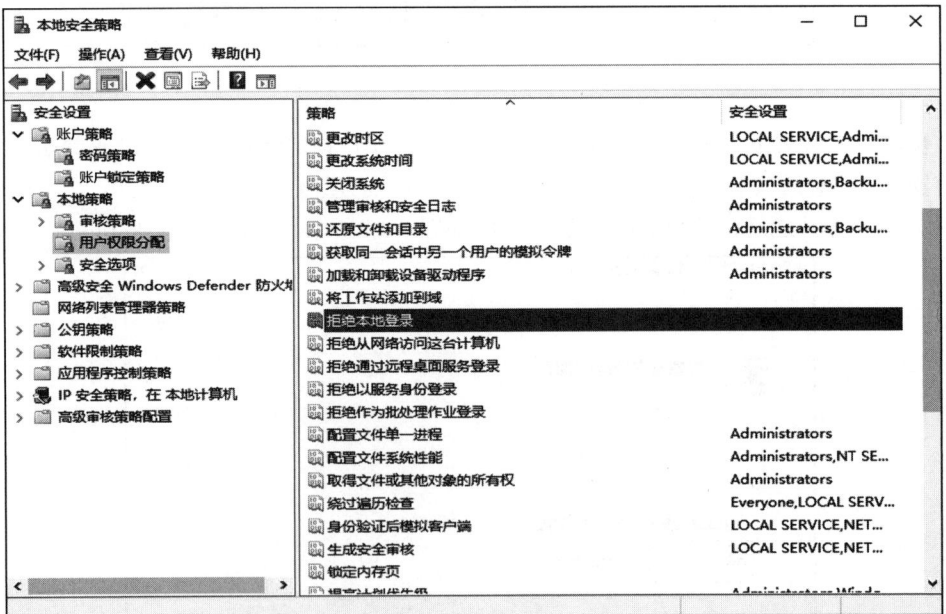

图 9-17　用户权限分配

如果要对其中某项用户权限分配策略进行设置，则可以双击该权限项，然后出现该项目的属性对话框，如图 9-18 所示。如果需要让某个用户或组具有这项权限，则单击"添加

用户或组"按钮来选择需要分配该项权限的用户或组,如图 9-19 所示,直接输入要添加的
用户或组的名称,也可以单击"浏览"按钮查找要分配权限的用户或组。

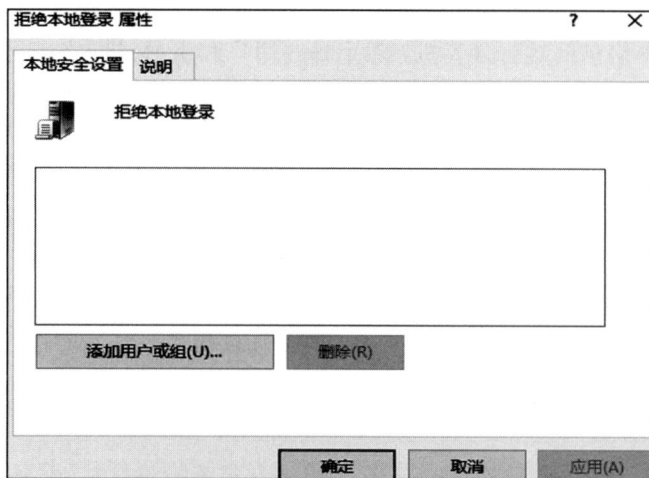

图 9-18　某项用户权限分配属性对话框

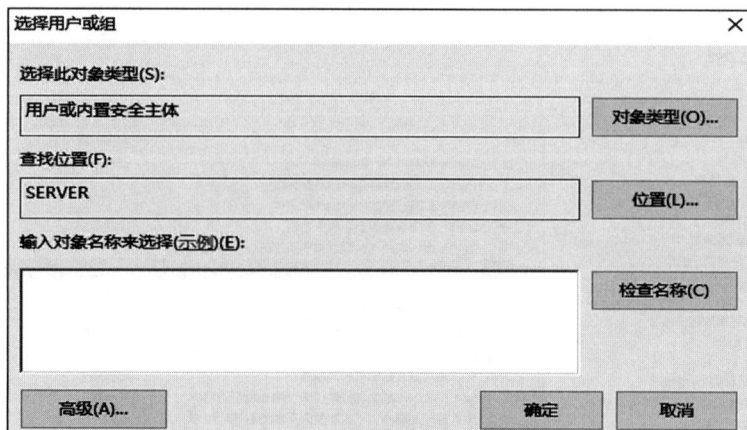

图 9-19　添加用户或组

2) 设置用户权限项目内容

(1) 备份文件和目录:允许哪些用户可以绕过文件和目录、注册表和其他永久对象
的权限进行系统备份。

(2) 从网络访问此计算机:允许哪些用户和组可以通过网络来连接到这台计算机。

(3) 从远程系统强制关机:允许哪些用户和组可以从网络上的远程计算机上关闭本
计算机。

(4) 更改系统时间:允许哪些用户和组可以更改计算机内部时钟上的日期和时间。

(5) 关闭系统:确定哪些通过本地登录到计算机的用户可以使用关机命令来关闭操
作系统。

(6) 管理审核和安全日志:设置哪些用户和组可以为单独的资源(如文件、Active

281

Directory 对象和注册表项)指定对象访问审核选项。

（7）拒绝本地登录：防止哪些用户和组能登录到该计算机。如果将 everyone 组添加到本策略中，则任何人都不能在本地登录。

（8）拒绝从网络访问这台计算机：防止哪些用户和组通过网络来访问本计算机。如果某用户被设置了本策略，且有被设置了"从网络访问此计算机"，则前者会取代后者的作用。

（9）取得文件或其他对象的所有权：设置哪些用户可以取得系统中任何安全对象（包括 Active Directory 对象、文件和文件夹、打印机、注册表项、进程以及线程）的所有权。

（10）允许本地登录：允许哪些用户能以交互方式登录到此计算机。

（11）加载和卸载设备驱动程序：允许哪些用户可以将设备驱动程序或其他代码动态加载和卸载到内核模式中。本权限不适用于即插即用设备驱动程序。

2. 设置安全选项

单击"开始"|"服务器管理器"|"工具"|"本地安全策略"，打开"本地安全策略设置"控制台，在左侧窗格中单击"安全选项"命令，在右侧的窗格中进行具体设置，如图 9-20 所示。双击其中某个策略，即可按照界面中的提示来设置该策略。主要的安全选项如下。

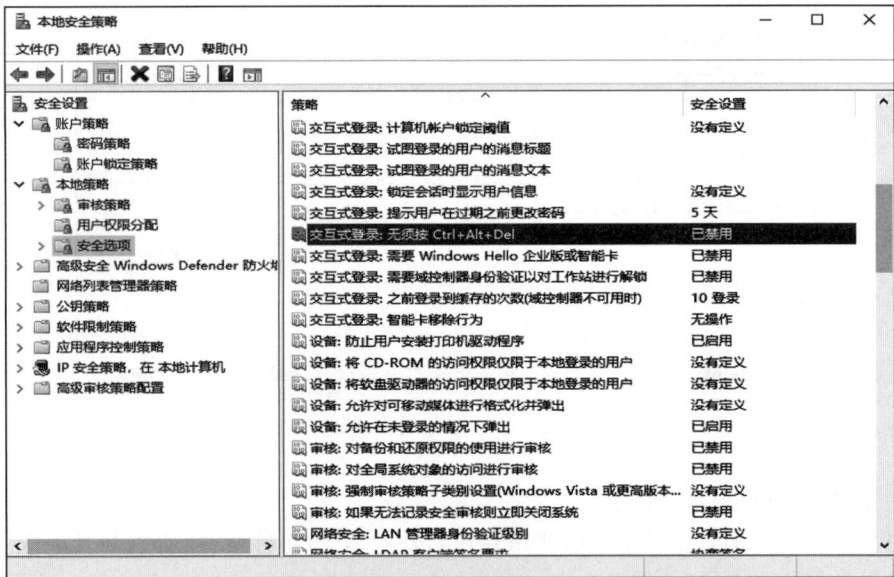

图 9-20 安全选项

1）关机：允许系统在未登录的情况下关闭

设置系统在没有登录之前可以将计算机关闭，即可以在按下 Ctrl＋Alt＋Del 组合键后出现的"登录 Windows"窗口中，使用"关机"按钮关闭计算机。

2）交互式登录：不显示上次登录

设置在 Windows 登录对话框中是否显示最后登录到该计算机的用户名称，如果启用该策略，则在"登录到 Windows"对话框中不显示最后成功登录的用户名称，反之则会显示。默认情况下此策略为禁用状态。

3）交互式登录：无须按 Ctrl＋Alt＋Del 组合键

设置用户是否需要按 Ctrl＋Alt＋Del 组合键才能登录。如果启用该策略，则用户不需要按 Ctrl＋Alt＋Del 组合键，可以直接登录到系统。为了保证系统的安全，建议在已经加入域的服务器和工作站禁用此策略。

4）交互式登录：提示用户在过期之前更改密码

设置向用户发出密码即将过期警告的提前天数，默认为 5 天。

5）交互式登录：试图登录的用户的消息标题

设置允许在包含"交互式登录：试图登录的用户的消息文本"的窗口的标题栏中显示标题的说明信息。

6）交互式登录：试图登录的用户的消息文本

设置指定用户登录时向其显示文本消息。消息文字一般用于法律原因，如警告滥用公司信息的后果。

9.3.3 设置事件审核策略

1. 定义审核策略

1）审核策略的定义原则

定义审核策略，即确定需要系统审查哪些具体的事件。审查的事件越多，获得的信息也越多。但是由此产生的日志也会越来越大，太多的日志往往导致不能突出重点问题，反而给管理者造成负担，管理效率也随之下降。因此，如何有针对性地设置事件的审核策略尤为重要。

审核策略定义的原则是在不增加管理员工作负担的前提下适当地保证系统和网络的安全。例如，审核策略在跟踪用户登录时，如果同时启用登录成功和登录失败的事件，那么虽然可以发现尝试密码登录的失败事件，但是同时也会产生很多正确登录的事件，反而给管理员的工作带来负担，也会影响系统的性能，因此只需审核失败登录事件就可以满足安全管理的需求。

2）启用审核策略

单击"开始"|"服务器管理器"|"工具"|"本地安全策略"，打开默认的"本地安全设置"控制台，在左侧窗格中单击"本地策略"|"审核策略"，在右侧的窗格中双击需要审核的策略项来设置需要的审核策略，如图 9-21 所示。

（1）审核策略更改。设置是否审核用户权限分配策略、审核策略或信任策略的每一个更改事件。默认情况下，在域控制器上设置为审核策略更改的"成功"事件；在成员服务器上设置为"无审核"。

（2）审核登录事件。设置确定是否审核用户登录或注销计算机的事件。一般情况下，定义审核登录的"失败"事件可以跟踪用户对系统密码的尝试。

（3）审核对象访问。设置确定是否审核用户访问指定了它自己的系统访问控制列表

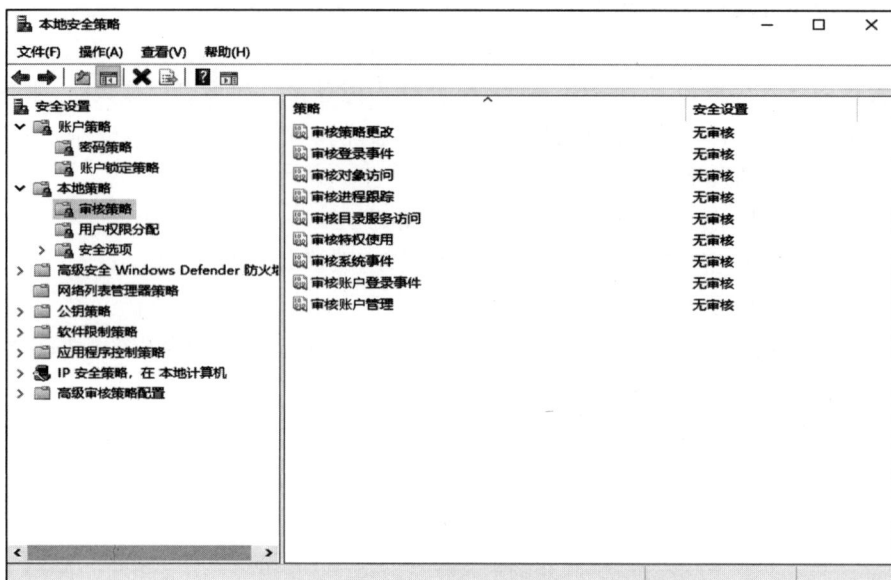

图 9-21　审核策略

（SACL）的对象，如文件、文件夹、注册表及打印机等事件。

（4）审核进程跟踪。设置是否审核事件的详细跟踪信息，如程序激活、进程退出等。默认不开启该审核策略。

（5）审核目录服务访问。设置是否审核用户访问指定了它自己的 SACL（系统访问控制列表）的 Active Directory 对象的事件。域控制器上默认开启了审核目录服务访问的"成功"事件。

（6）审核特权使用。设置确定是否审核用户执行用户权限的事件，默认不开启此项审核。

（7）审核系统事件。设置确定在用户重新启动或关闭计算机时或在发生影响系统安全或安全日志的事件时是否审核该事件。默认情况下，在域控制器上审核"成功"事件，而成员服务器则不开启此项审核。

（8）审核账户登录事件。设置确定是否审核用户登录或注销事件，在域控制器上对域用户账户进行身份验证时会生成账户登录事件。该事件记录在域控制器的安全日志中。在本地计算机上对本地用户进行身份验证时会生成登录事件。该事件记录在本地安全日志中。不生成账户注销事件。

（9）审核账户管理。设置确定是否审核计算机上的每个账户的管理事件，如创建、更改或删除用户账户；重命名、禁用或启用用户账户；设置或更改密码等。默认情况下，在域控制器上审核该策略的"成功"事件，而成员服务器则不开启此项审核。

2. 设置对象的审核

1）启动审核策略

为对象启动审核策略，首先需要开启"审核对象访问"策略。在图 9-21 中，双击右侧窗格中的"审核对象访问",在"审核对象访问 属性"对话框中,勾选"定义这些策略设置"来启用此审核策略,通过选择"成功"或"失败"复选框来审核成功或失败的事件,如图 9-22 所示。

2)为对象设置审核

首先,按上面的方法启用"审核对象访问",选择需要进行审核的对象,如%SYSTEMROOT%(假设为 C:\Windows 目录),右击该对象,选择"属性",打开 Windows 目录对象的属性对话框,选择其中的"安全"选项卡,如图 9-23 所示,单击"高级"按钮,打开Windows 目录对象的高级安全设置对话框,选择"审核"选项卡,如图 9-24 所示。

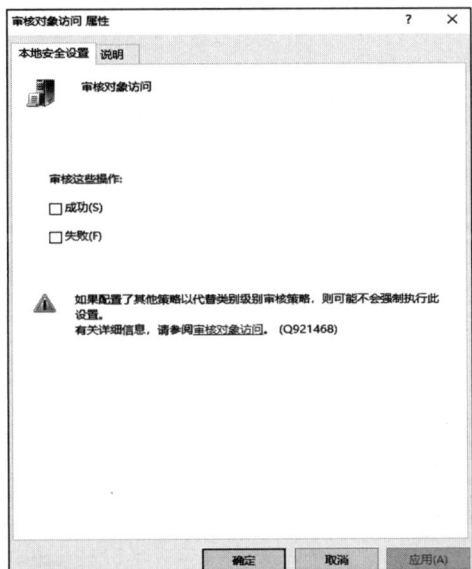

图 9-22　"审核对象访问 属性"对话框

图 9-23　Windows 目录对象属性

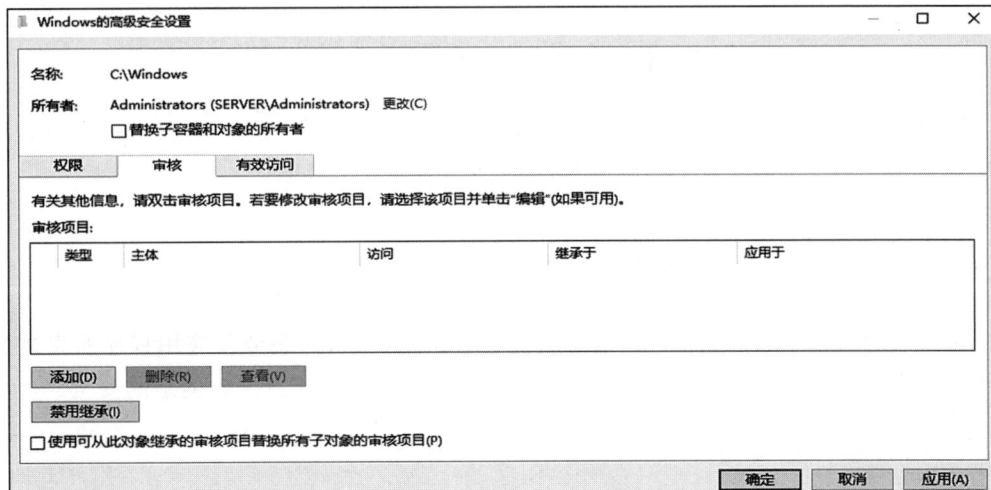

图 9-24　Windows 目录对象的高级安全设置

然后，单击"添加"按钮，添加需要访问该对象并进行安全审核的用户或组，如图 9-25 所示，单击"确定"按钮，系统会弹出选择需要审核的项目的对话框，如图 9-26 所示。选择需要设置的审核项目的"成功"或"失败"的访问控制，单击"确定"按钮完成设置。

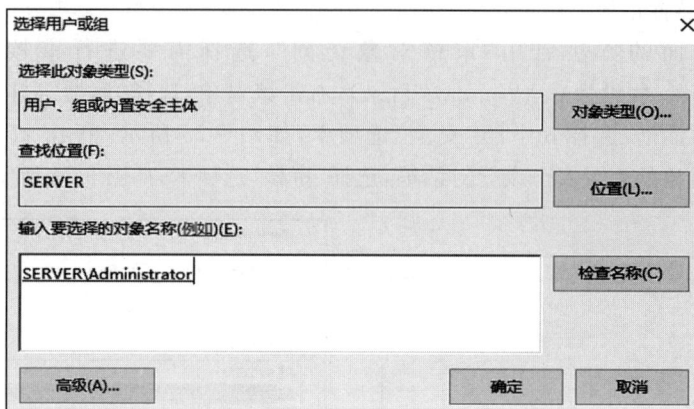

图 9-25　选择用户或组

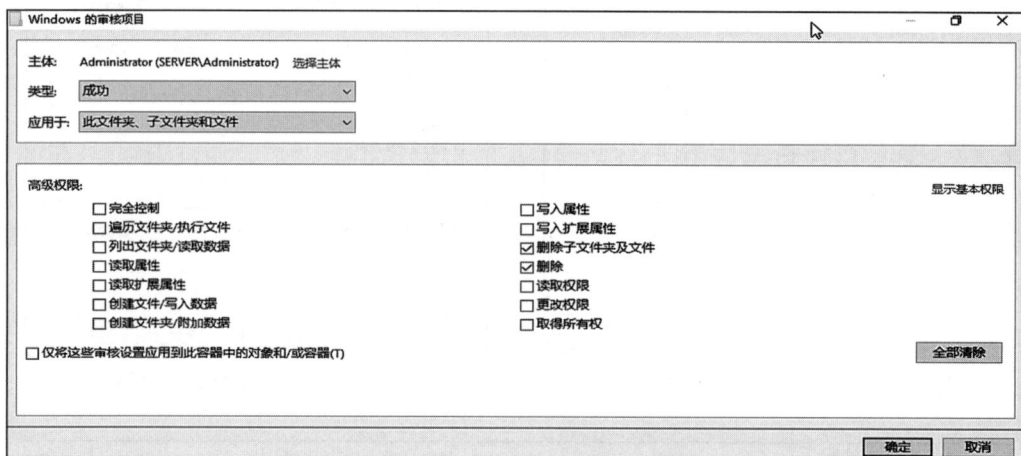

图 9-26　Windows 的审核项目

注意：一般情况下，设置对象审核时，除非该对象非常重要，否则不建议启用审核，否则会在事件日志中增加很多无关的信息，给管理员查看带来麻烦。

9.3.4　查看系统的安全事件

事件查看器主要的功能是可以通过它来查看系统的组件、服务及应用程序所发生的事件信息，是管理员管理系统和网络的一个重要辅助工具，保护系统和网络的安全。

1. 打开事件查看器

单击"开始"|"服务器管理器"|"工具"|"事件查看器"，打开"事件查看器"控制台窗

口,在域控制器上的事件如图 9-27 所示。

图 9-27　事件查看器

单击左侧窗格中的相应对象,在右侧的窗格中可以显示与该对象相关的日志信息。

2. 查看事件日志内容

事件的日志类型主要可以分成以下几类,如表 9-1 所示。

表 9-1　事件日志类型

类　型	内　　　容
关键	关键事件是指系统或应用程序中发生的严重错误,这些错误可能会导致系统崩溃、服务中断或其他严重的功能失效。这类事件通常需要立即关注和处理,以防止进一步的系统问题或数据丢失。
信息	信息事件一般指示不常发生但又比较重要的"成功"操作,如,当 Microsoft SQL Server 成功加载时会记录一个"已启动 SQL Server"的信息事件。如果在主要的服务器上记录该事件,则是正确的,但对于桌面应用程序,如果每次启动时都记录一个事件,则不太合适。
警告	警告事件一般指示不会马上就很明显的问题,但是它以后可能会带来问题,如磁盘空间不足时,应用程序会记录一个警告事件。如果一个应用程序从事件中恢复而未丢失功能或数据,它一般将这类事件归为警告事件。
错误	错误事件一般指示用户知道的重大问题,如功能或数据的丢失,如某项服务在系统引导时不能加载,则它会记录一个错误的事件。
审核成功	审核成功事件是一种安全性事件,在经审核的访问尝试成功时发生,如用户的登录尝试就是一个审核成功事件,
审核失败	审核失败也是一种安全性事件,在经审核的访问尝试失败时发生,如打开文件失败就是一个审核失败事件。

287

双击某一个事件，如安全性事件中的信息，打开该事件的属性窗口，如图9-28所示。

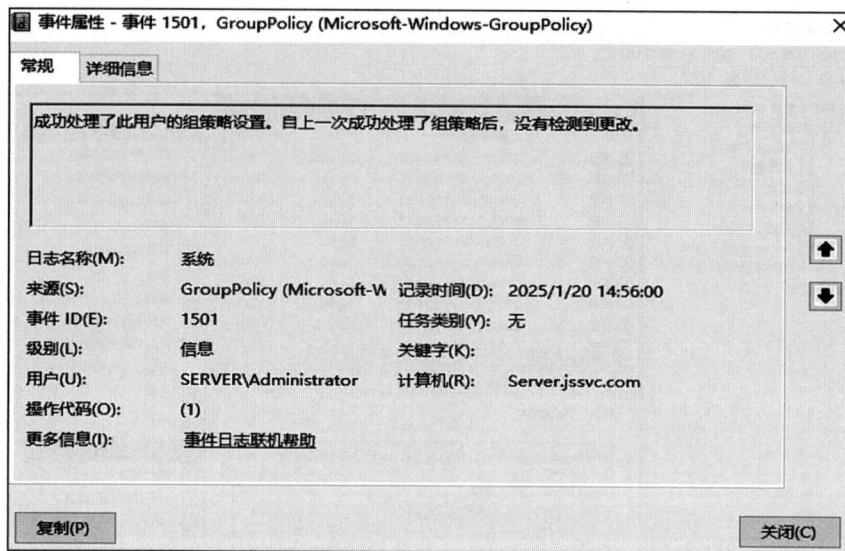

图9-28　事件属性

在图9-28中，显示了该事件发生的日期和时间、事件来源、类型、事件ID、用户、计算机和描述等信息。并可以通过该事件来了解用户账户的登录成功与失败的情况。

另外，可以通过"复制"选择"复制表格"或者"将详细信息复制为文本"将事件信息内容复制下来进一步分析。也可以通过"保存选择的事件"将事件保存为扩展名为.evtx的文件。

3. 搜索事件日志

在事件日志中，记录了各类的事件信息，默认情况下，它们按照事件发生的时间顺序排列，因此各类事件信息都混杂在一起，这使得要查找某类特定的信息就会有一定的难度。例如，要查看用户登录失败的事件信息，必须要从众多的事件信息中手动逐个查找，这样不仅效率低，而且容易遗漏。

事件搜索功能可以按照不同的事件类型、事件来源、类别、事件ID、用户、计算机等来指定需要查找的事件信息内容，这样可以快速地找到所需要的信息。

在管理工具中，打开"事件查看器"，选择某个事件日志，如"安全性"日志，单击"操作"|"查找"，如图9-29所示，打开"查找"对话框。

4. 筛选事件日志

事件筛选的功能可以将符合设定条件的记录单独显示，这样可以更直观地显示相同类型的事件，如要筛选系统日志中警告类型的事件日志，可以单击"系统"|"操作"|"筛选当前日志"|"筛选器"，如图9-30所示。只选择"错误"复选框，然后单击"确定"按钮。此时，在事件查看器的右侧窗格中会显示符合条件的记录，如图9-31所示。

图 9-29　查找命令

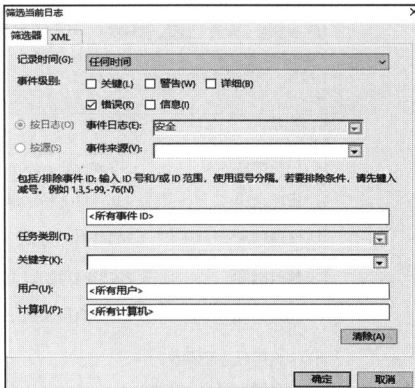

图 9-30　筛选器

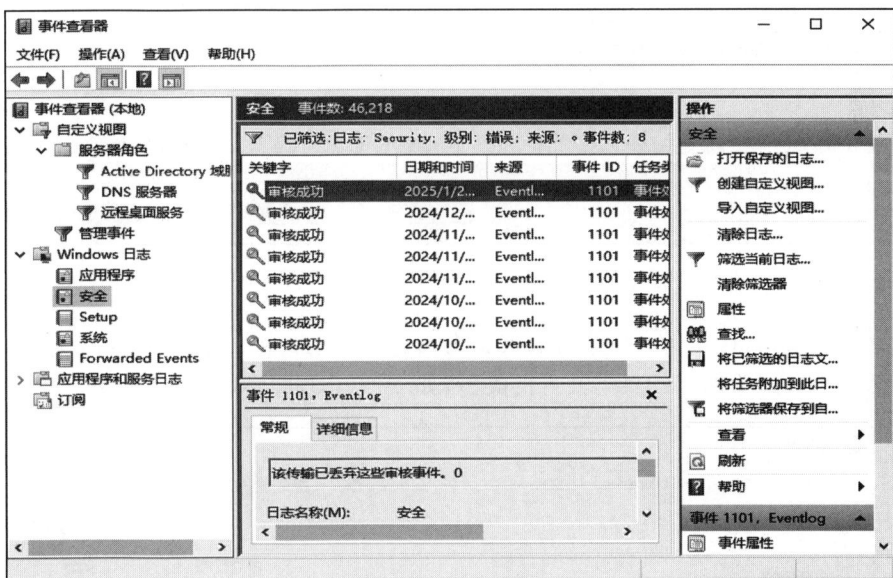

图 9-31　筛选结果

5. 设置事件日志属性

事件日志信息保存在事件日志文件中,如系统事件日志保存在％SYSTEMROOT％\system32\winevt\Logs 文件中,可以右击某个事件日志,选择属性,打开日志属性对话框,如图 9-32 所示。该对话框中显示了当前日志文件的大小、创建时间、修改时间和访问时间等信息。

6. 事件日志备份

因为事件日志一般情况下不可能无限制地被保存到事件日志文件中,但是在某些场合下,我们可能需要对事件日志进行统计、分析,检查系统的安装状况,此时就需要将其进行备份,即保存为另一个新的文件,以便今后进行审查。

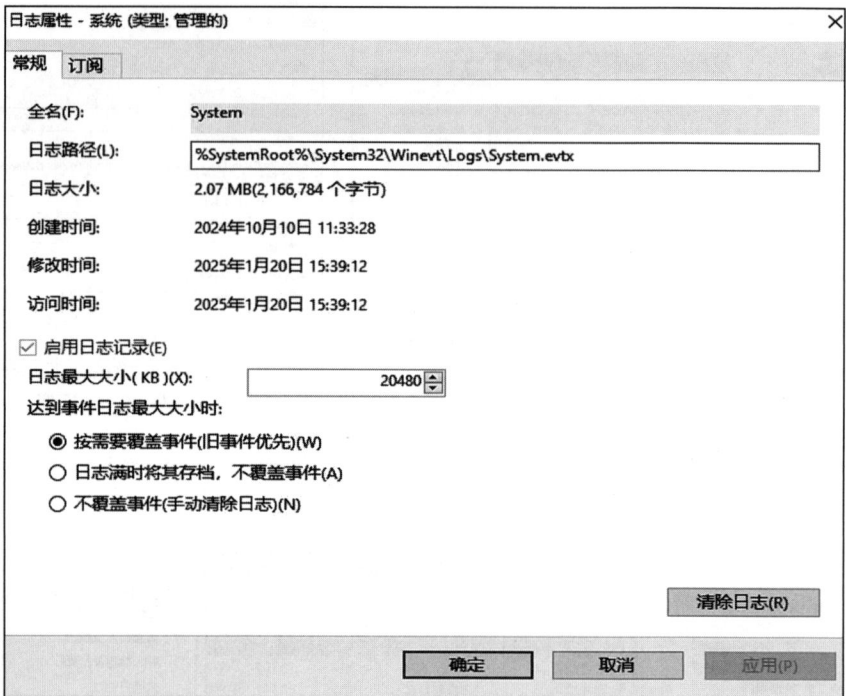

图 9-32　系统事件日志属性

保存的方法为，在要保存的事件日志上右击。选择"操作"|"保存选择的事件"，在弹出的对话框中选择要保存的日志文件的类型，如.evtx、.xml、.txt、.csv 等，如图 9-33 所示。

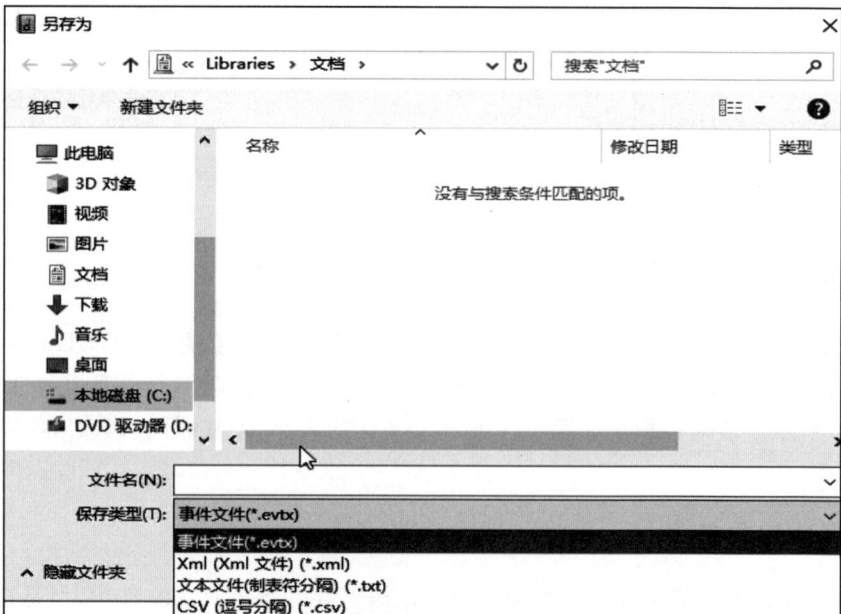

图 9-33　事件日志文件类型

9.3.5　组策略设置

针对域用户所设置的账户策略需要通过域级别的 GPO 来设置才有效。Default Domain Policy GPO 设置会应用到域内所有用户。

针对组织单位设置的账户策略,只会被应用到组织单位内的计算机本地用户,对于组织单位的域用户不会起作用。

域或组织单位如果都设置了账户策略,且有冲突时,组织单位内的计算机的本地账户会采用域的设置。

域的成员计算机的本地策略如果和域/组织单位的设置有冲突,则采用域/组织单位策略。

1. 计算机配置的管理模板策略

单击"开始"|"管理工具"|"组策略管理"|jssvc.com|Default Domain Policy GPO,右击选择"编辑"命令,如图 9-34 所示。在如图 9-35 所示的"组策略管理编辑器"内,选择"计算机配置"|"策略"|"管理模板"|"Windows 组件"|"Windows 登录选项"|"在用户登录期间显示有关以前的登录的信息",出现如图 9-36 所示界面,并在此界面中进行配置。

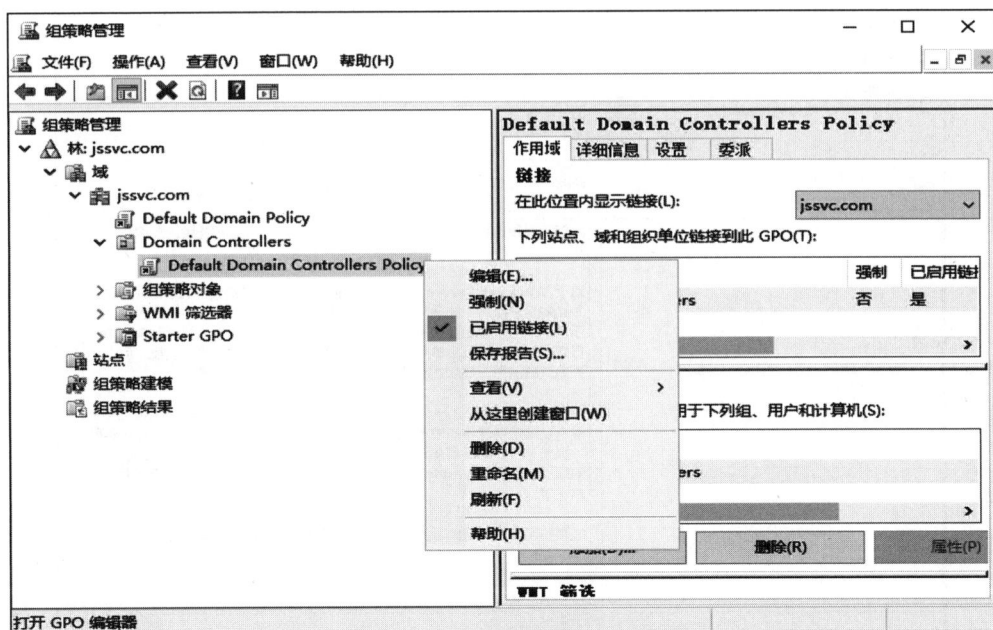

图 9-34　"组策略管理"窗口

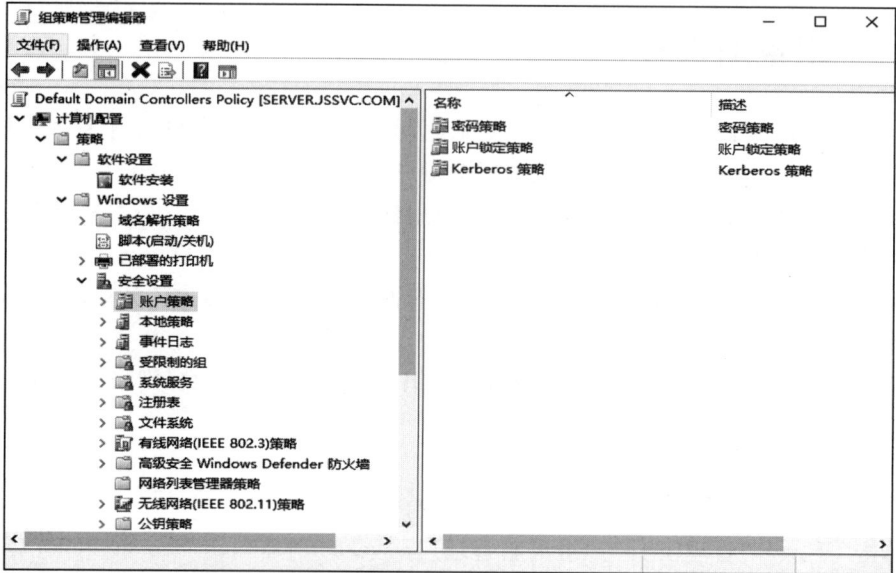

图 9-35 "组策略管理编辑器"窗口

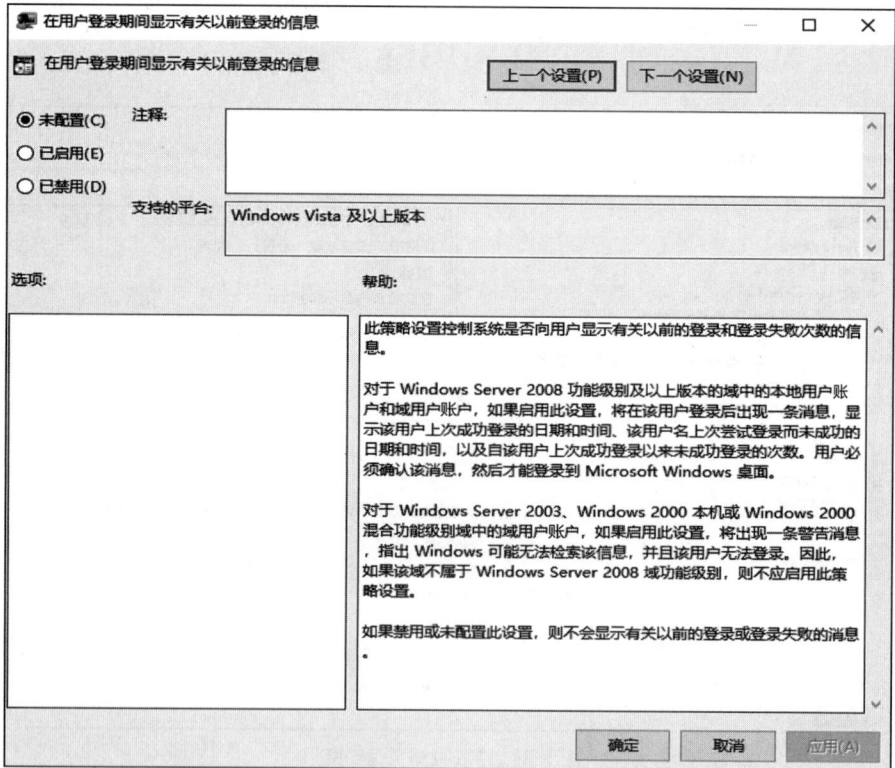

图 9-36 "在用户登录期间显示有关以前登录的信息"窗口

2. 配置账户策略

针对域用户设置的账户策略,需要通过域级别的 GPO 设置才有效。Default Domain Policy GPO 不但会应用到域内所有域用户账户,还会被应用到域内成员计算机和本地用户账户。针对某个组织单位设置的账户策略,则只会影响本组织单位内的计算机和本地用户账户,组织单位内的域用户账户不会受到影响。

步骤一 单击"开始"|"管理工具"|"组策略管理"|jssvc.com|Default Domain Policy GPO,右击选择"编辑"命令,打开"组策略管理编辑器"窗口,如图 9-37 所示。

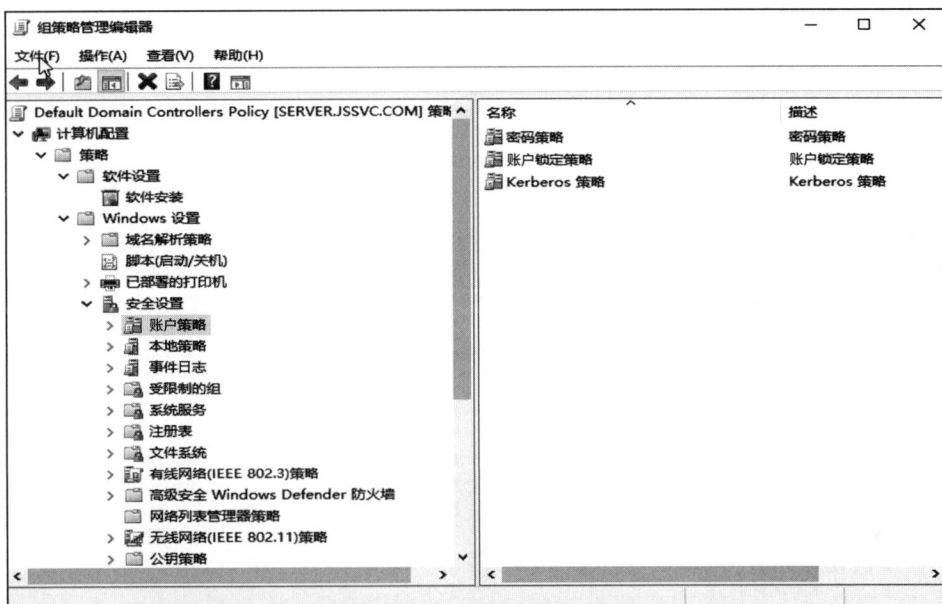

图 9-37 "组策略管理编辑器"窗口

步骤二 在"组策略管理编辑器"内选择"计算机配置"|"策略"|"Windows 设置"|"安全设置"|"账户策略"。

步骤三 "账户策略"展开后,有密码策略、账户锁定策略、Kerberos 策略。

其中,密码策略包含密码必须符合复杂性要求、密码长度最小值、密码最短使用期限、密码最长使用期限、强制密码历史、用可还原的加密来存储密码,如图 9-38 所示。账户锁定策略包含账户锁定时间、账户锁定阈值、重置账户锁定计数器,如图 9-39 所示。账户策略的操作与前面的本地安全策略设置相同,这里不再赘述。

3. 配置用户权限分配策略

域控制器等重要服务器上普通用户不能登录,系统默认只有某些如 Administrators 组内的用户才能在域控制器上登录。

若要开放普通用户在域控制器上登录的权限,首先需要管理员账户在域控制器登录后进行如下设置。

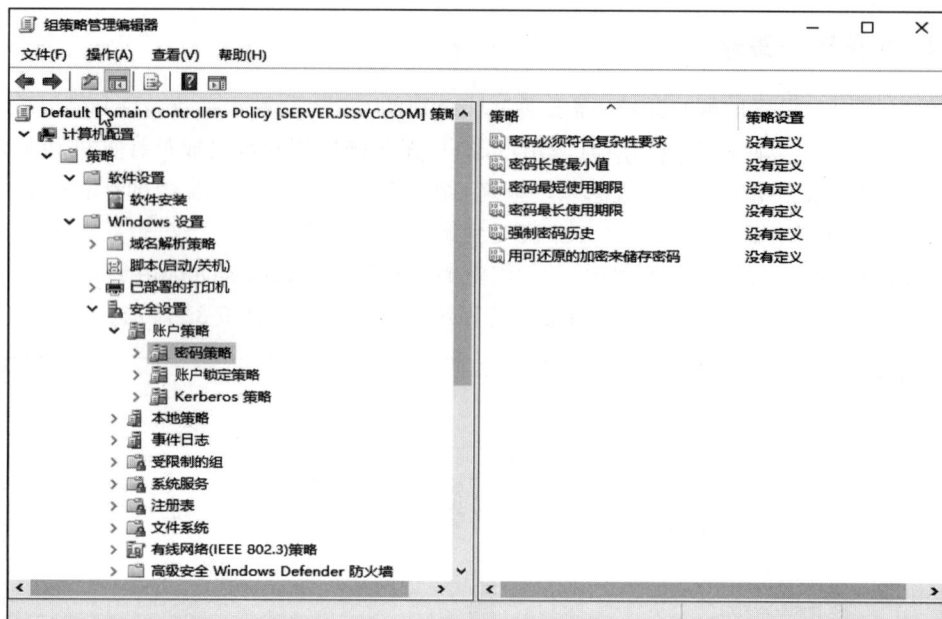

图 9-38 "密码策略"窗口

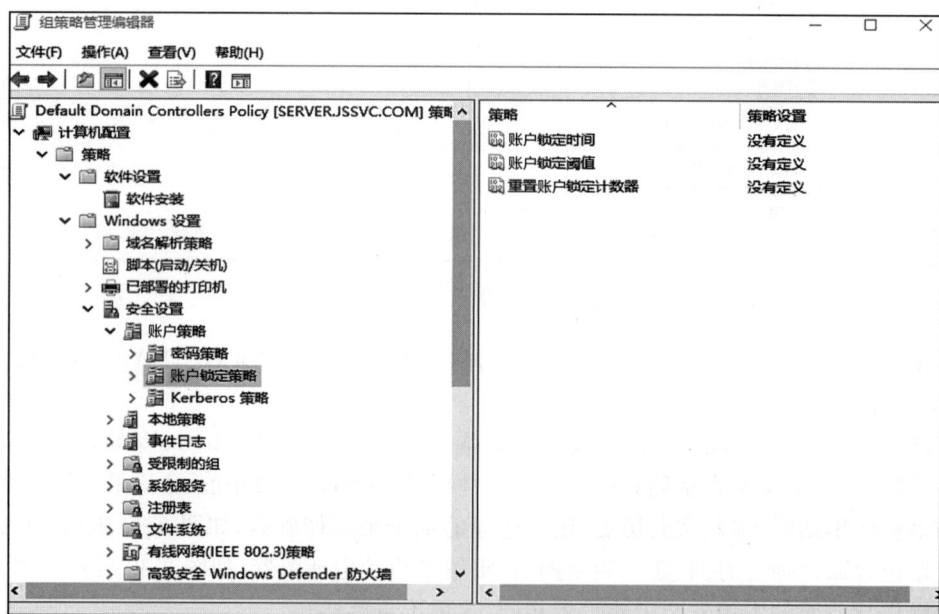

图 9-39 "账户锁定策略"窗口

步骤一 选择"开始"|"管理工具"|"组策略管理"|jssvc.com|Default Domain Controllers Policy GPO,右击选择"编辑"命令,如图 9-40 所示,打开如图 9-41 所示的"组策略管理编辑器"窗口。

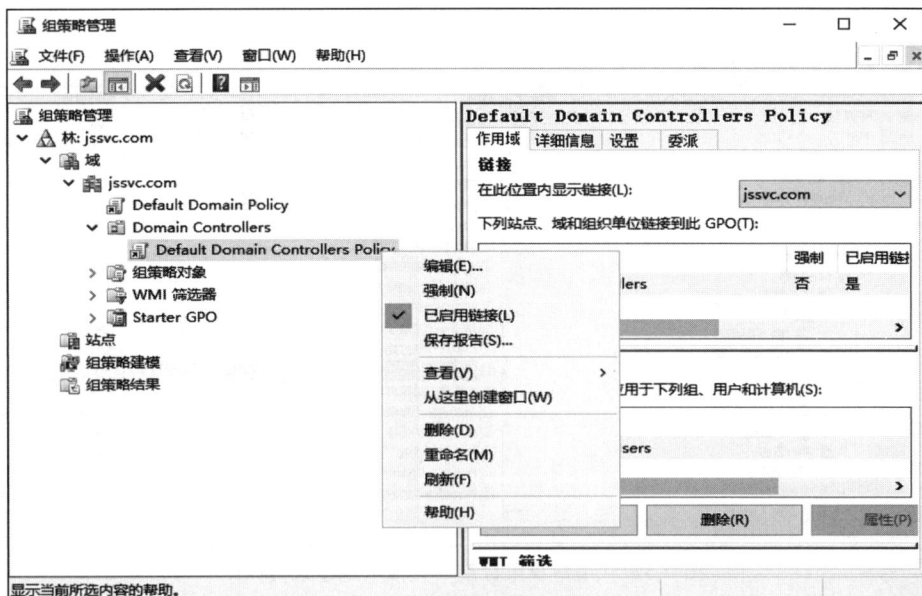

图 9-40　"组策略管理"窗口

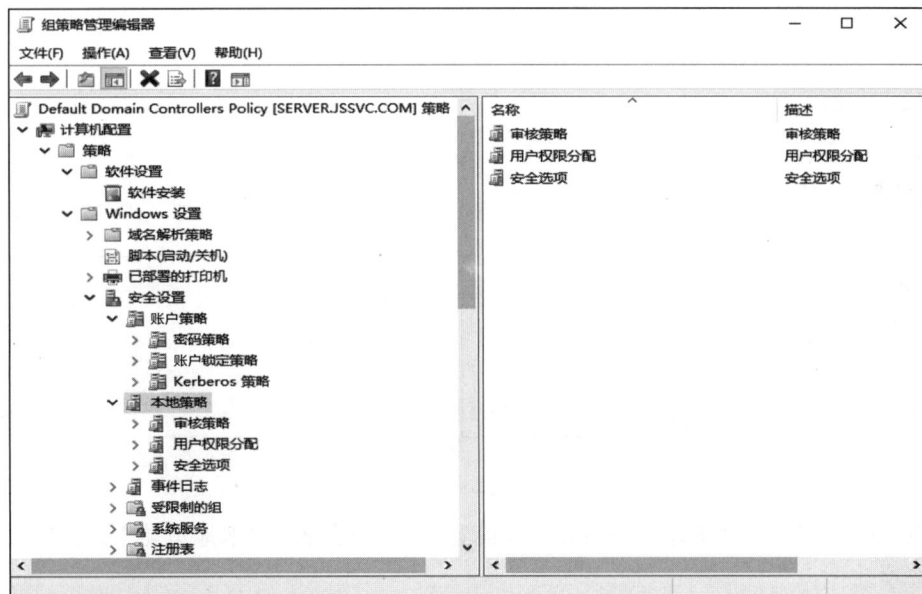

图 9-41　"组策略管理编辑器"窗口

步骤二　在"组策略管理编辑器"对话框内选择"计算机配置"|"策略"|"Windows 设置"|"安全设置"|"本地策略"|"用户权限分配"|"允许本地登录",如图 9-42 所示。

步骤三　在如图 9-43 所示的"允许本地登录 属性"对话框内单击"添加用户或组"按钮,在图 9-44 所示的"添加用户和组"窗口中单击"浏览"按钮,完成添加用户后,单击"确定"按钮完成设置。

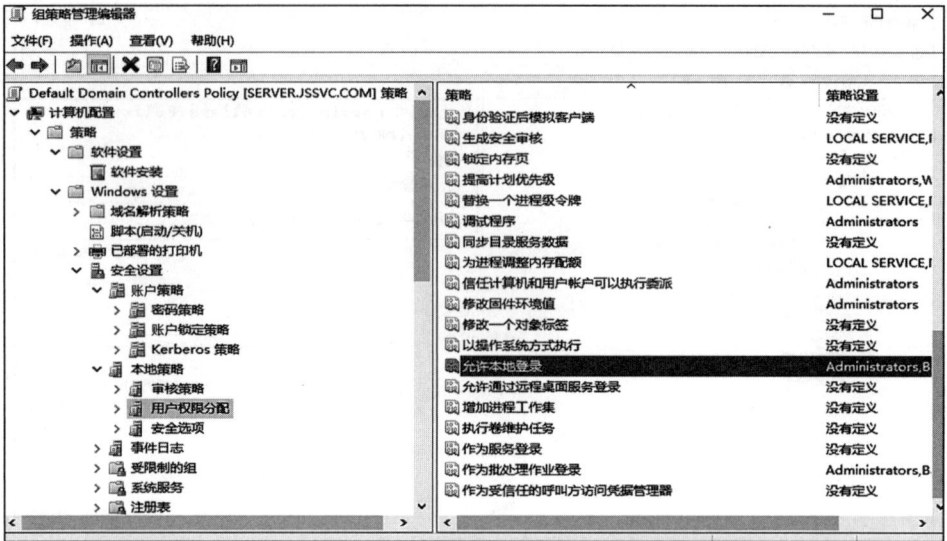

图 9-42　"用户权限分配—允许本地登录"窗口

图 9-43　"允许本地登录 属性"对话框

图 9-44　"添加用户或组"对话框

在"计算机配置"|"策略"|"Windows 设置"|"安全设置"|"本地策略"中主要有以下三个选项。

（1）"审核策略"：审核策略更改、审核登录事件、审核对象访问、审核进程跟踪、审核目录服务访问、审核特权使用、审核系统事件、审核账户登录事件、审核账户管理等，如图 9-45 所示。

（2）"用户权限分配"：允许本地登录、拒绝本地登录、将工作站添加到域、关闭系统、从网络访问此计算机、拒绝从网络访问此计算机等，如图 9-42 所示。

（3）"安全选项"：交互式登录（无须按 Ctrl＋Alt＋Del 组合键）、交互式登录（不显示最后的用户名）等，如图 9-46 所示。

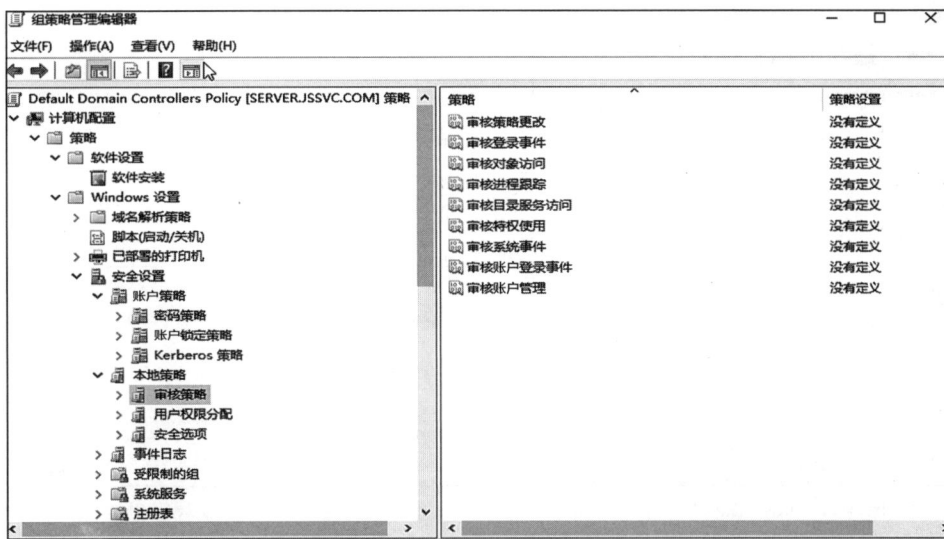

图 9-45　审核策略

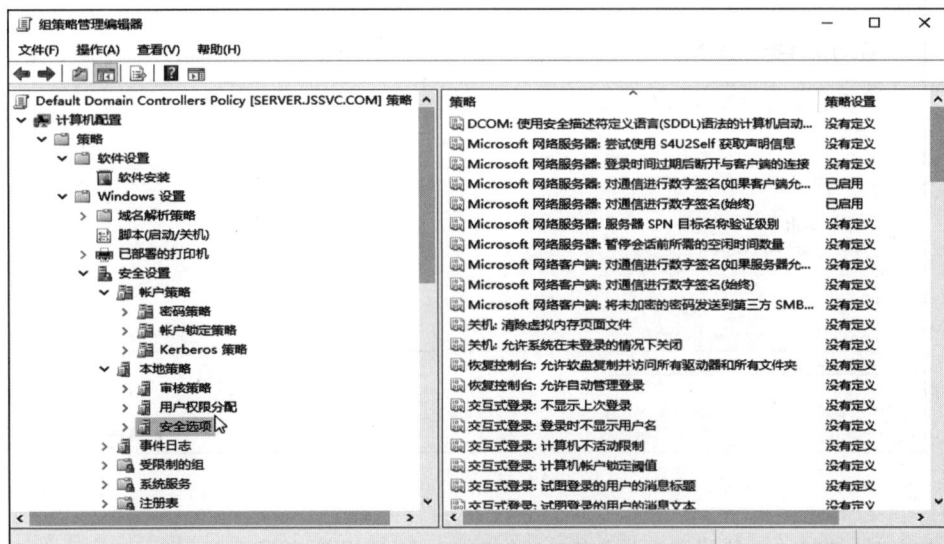

图 9-46　安全选项

这些策略的内容及操作与"本地安全策略"基本相同,这里不再赘述。

9.3.6　软件分配与发布设置

1. 将软件分配给 jssvc.com 域内的所有计算机

步骤一　在域控制器上新建文件夹 soft,将该目录设置为共享,配置 Everyone 的访问权限为读取,将需要发布的软件复制到文件夹 soft 内,如图 9-47~图 9-49 所示。

图 9-47 "soft 属性"窗口

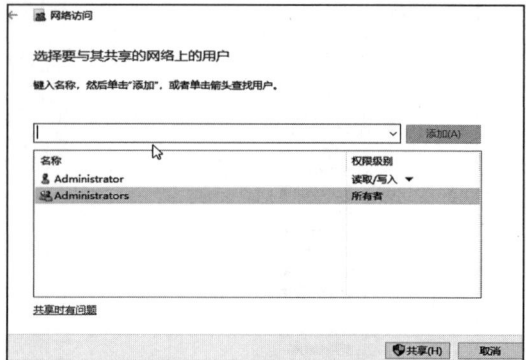

图 9-48 共享权限设置

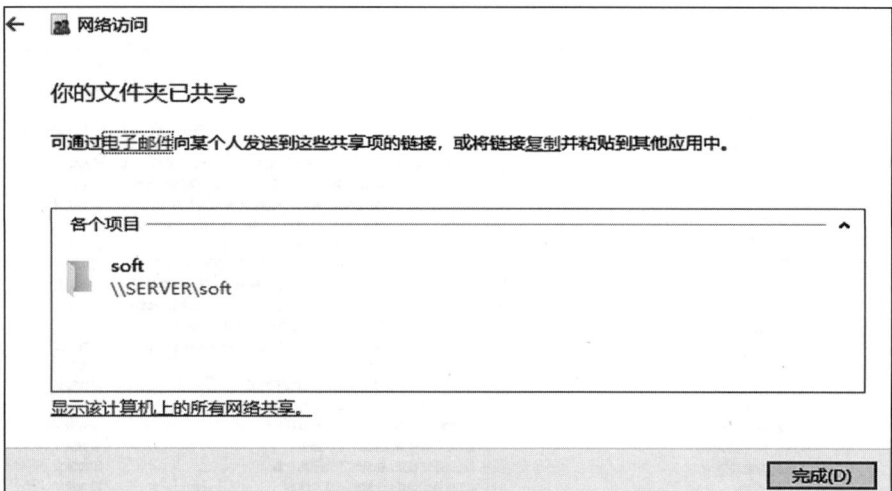

图 9-49 完成共享设置

　　步骤二　打开"服务器管理器"窗口，单击"工具"|"组策略管理"|域 jssvc.com|Default Domain Policy，右击，在快捷菜单内选择"编辑"命令，如图 9-50 所示。

　　步骤三　在随后打开的"组策略管理编辑器"窗口内选择"计算机配置"|"策略"|"软件设置"|"软件安装"，右击，在快捷菜单内选择"新建"|"数据包"，如图 9-51 所示。在随后出现的如图 9-52 和图 9-53 所示的"打开"对话框的"文件名"栏输入前面共享软件的目录地址\\Server\soft，单击"打开"按钮。

　　步骤四　选择需要部署的软件名，双击后，在出现的如图 9-54 所示的对话框内选择"已分配"，单击"确定"按钮。

　　步骤五　使用 gpupdate /target：computer /force 或 gpupdate /force 命令执行用户策略的更新，如图 9-55～图 9-57 所示。

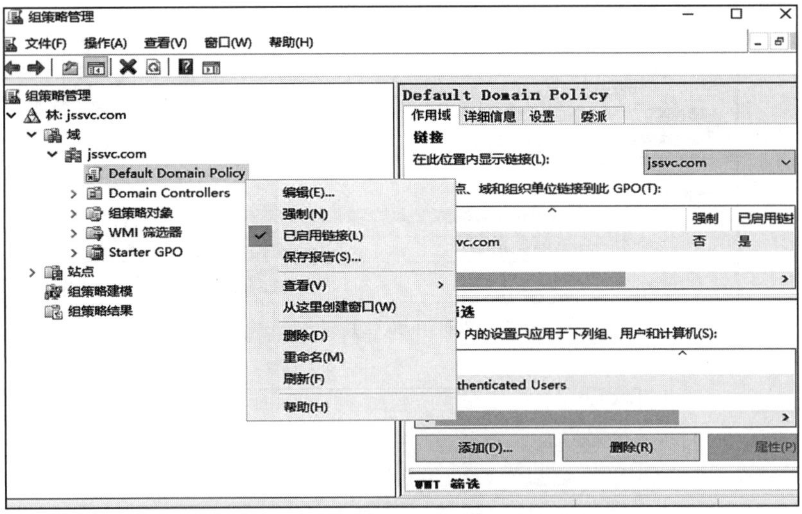

图 9-50   "组策略管理"窗口

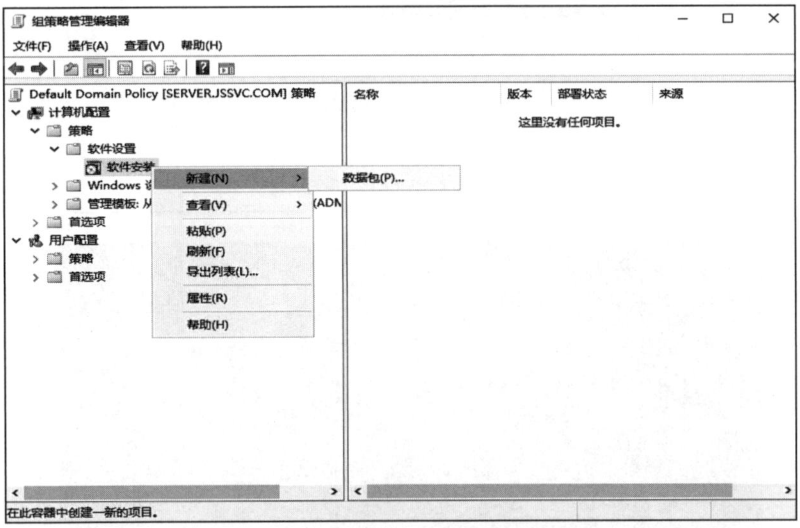

图 9-51   组策略—新建数据包

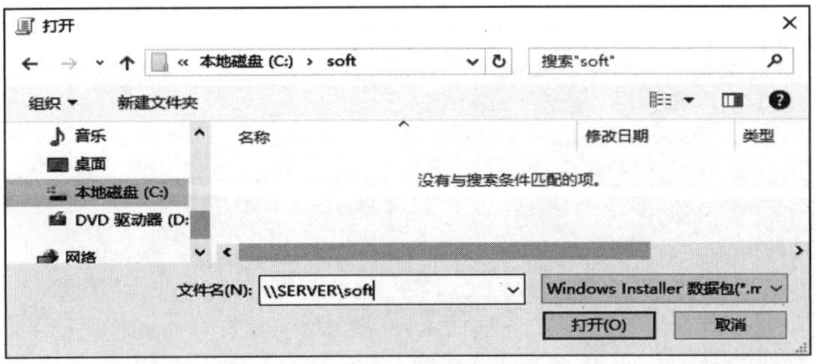

图 9-52   "打开共享软件"窗口 1

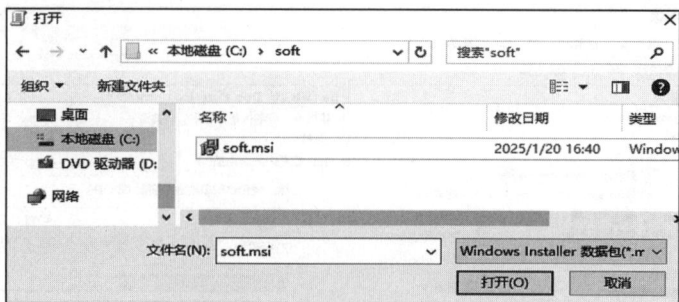

图 9-53 "打开共享软件"窗口 2

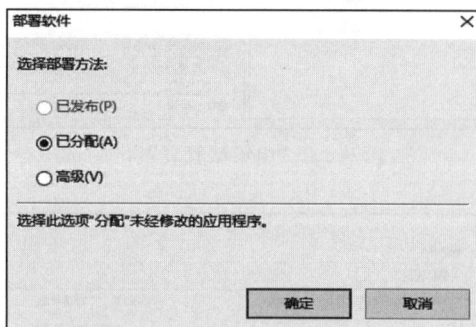

图 9-54 "部署软件"对话框

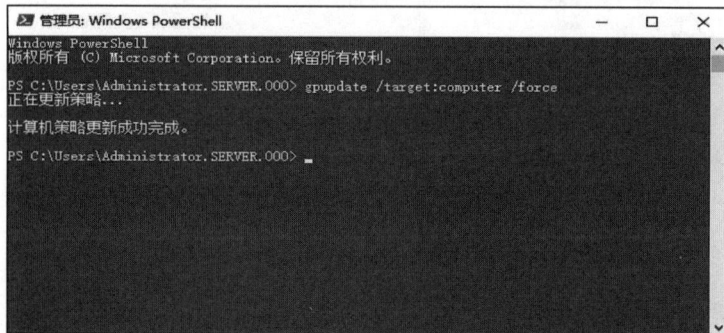

图 9-55 gpupdate /target：computer /force 命令

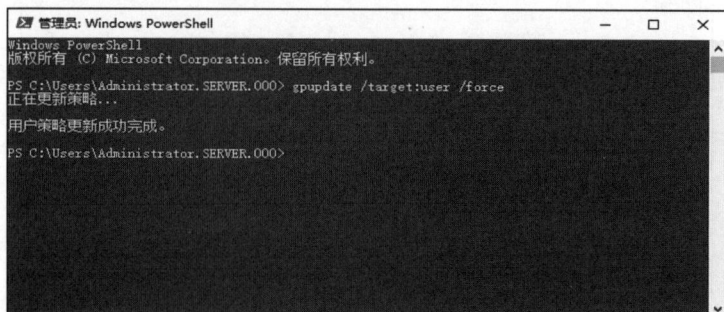

图 9-56 gpupdate /target：user /force 命令

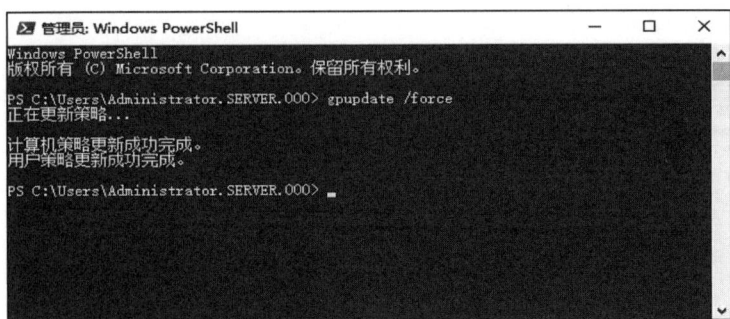

图 9-57　gpupdate /force 命令

2. 用户分配软件部署

步骤一　在"服务器管理器"窗口的"工具"下找到"组策略管理",在"组策略管理"界面可以看到公司内部组织单位"财务部""技术部""人事部""生产部""销售部"。找到"技术部"并右击,在快捷菜单内选择"在这个域中创建 GPO 并在此处链接"命令,如图 9-58所示。

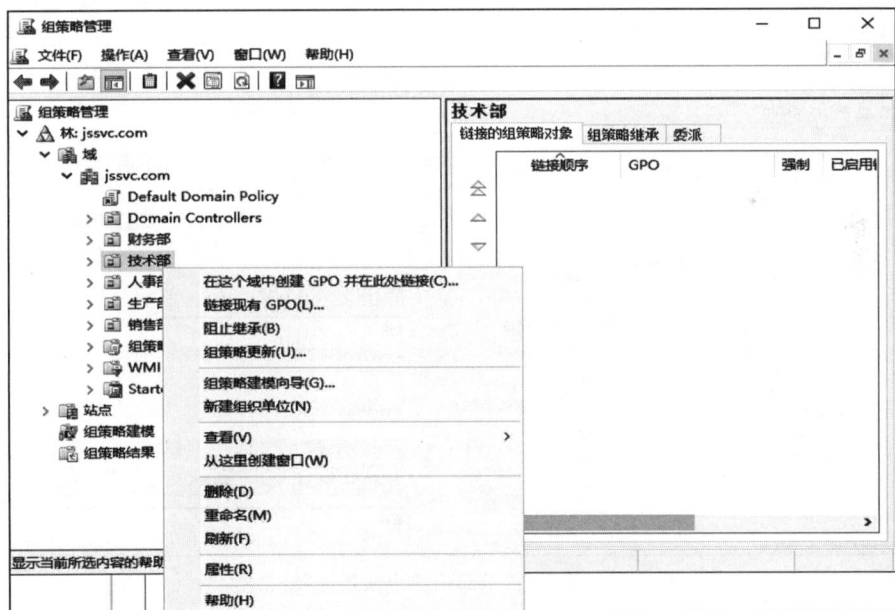

图 9-58　为"技术部"设置组策略

步骤二　在出现的"新建 GPO"窗口中输入"技术部用户指派软件",并单击"确定"按钮,如图 9-59 所示。

步骤三　在"组策略管理"窗口的技术部组织单位内右击"技术部用户指派软件"命令,在快捷菜单内选择"编辑"命令,如图 9-60 所示。

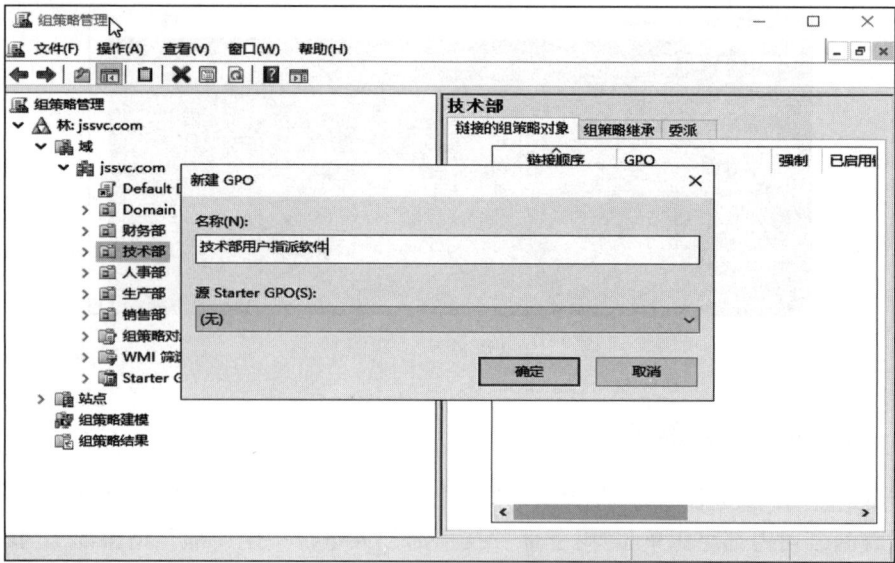

图 9-59　新建 GPO

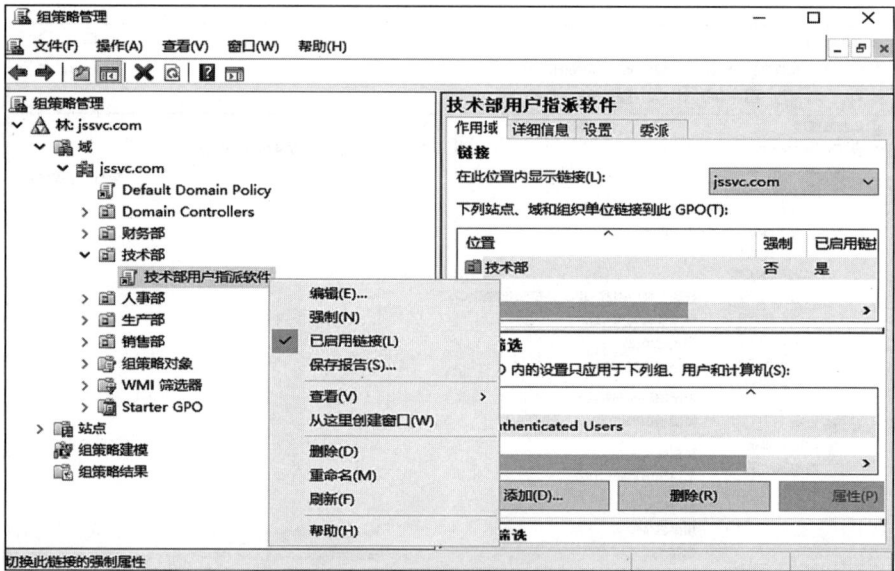

图 9-60　编辑"技术部用户指派软件"组策略

　　步骤四　在随后打开的"组策略管理编辑器"窗口内右击，选择"用户配置"|"策略"|"软件设置"|"软件安装"，在展开的快捷菜单内选择"新建"|"数据包"，在弹出的对话框中选择共享目录地址，找到部署的软件名称并双击，选择"已分配"，如图 9-61 所示。

　　步骤五　使用 gpupdate /target：user /force 或 gpupdate /force 命令执行用户策略的更新，如图 9-55～图 9-57 所示。

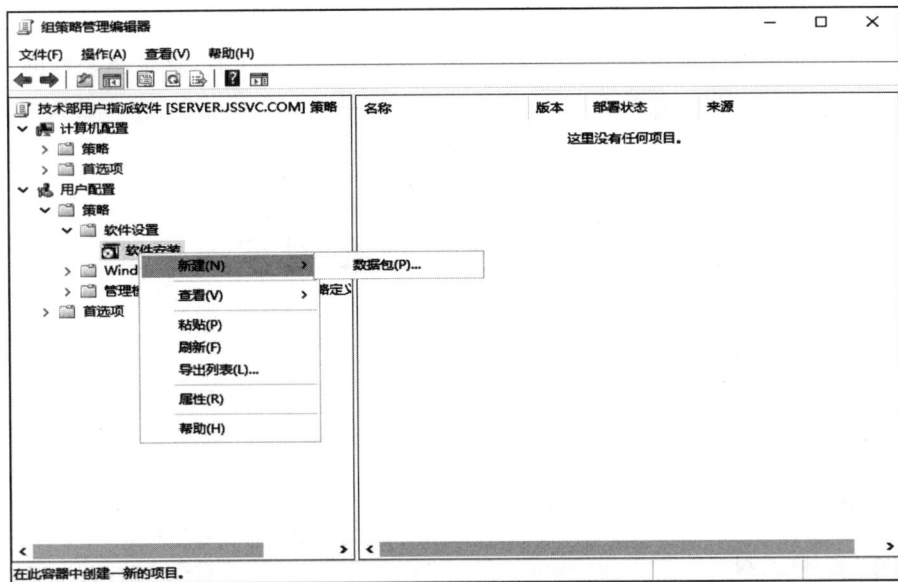

图 9-61　设置软件安装

3. 用户发布软件部署

步骤一　在"服务器管理器"窗口的"工具"下单击"组策略管理"命令,在"组策略管理"界面单击"技术部"|"技术部用户指派软件",右击"技术部用户指派软件"命令,在快捷菜单内选择"编辑"命令。

步骤二　在随后打开的"组策略管理编辑器"窗口内右击,选择"用户配置"|"策略"|"软件设置"|"软件安装",在展开的快捷菜单内选择"新建"|"数据包",在弹出的对话框中选择共享目录地址,找到部署的软件名称并双击,选择"已发布"命令。

步骤三　使用"gpupdate /target：user /force"或"gpupdate /force"命令执行用户策略的更新。

9.4　项目验收总结

本项目主要完成了在企业网络环境中对网络操作系统 Windows Server 2019 的系统安全策略的定义与设置,确保用户账户、操作系统本身以及网络的安全。

用户账户安全是操作系统及网络安全的基础,保护用户账户安全的措施主要有为账户设置密码策略以及账户的锁定策略,即提高密码的复杂度,当出现异常情况时将其锁定。

用户权限分配及安全选项设置了用户访问系统及网络时所具有的权限,这也可以有效地防止一些利用现有的系统功能来破坏系统及网络的操作。

设置事件审核可以帮助管理员及时跟踪系统中发生的一些安全事件,及时发现异常行为的事件，并记录到事件日志中。

事件日志是网络管理员统计和分析系统安全状况的重要工具，将系统和网络中发生的重要安全事件记录到日志文件中，可以为日后的系统维护提供帮助，也可以为网络犯罪的取证提供依据。

9.5　项目巩固及拓展训练

9.5.1　用户账户安全策略设置

1. 实训目的

掌握用户密码策略及账户锁定策略的应用。

2. 设备和工具

Windows Server 2019 系统的本地安全策略、域组策略设置工具。

3. 实训内容及要求

（1）为本地用户账户建立合适的用户账户策略。
（2）为域用户账户建立合适的用户账户策略。

4. 实训总结

分析建立用户安全策略的必要性，总结建立用户账户安全策略的基本方法和应用场合。

9.5.2　用户权限分配

1. 实训目的

了解设置用户权限的目的和使用场景，掌握用户权限分配的方法。

2. 设备和工具

Windows Server 2019 系统的本地安全策略、组策略设置工具。

3. 实训内容及要求

（1）制定本地用户和域用户的权限分配计划。
（2）用户权限分配的实施。

4. 实训总结

分析用户权限分配的目的,总结主要的权限分配策略的作用及其应用环境。

9.5.3　软件分配

1. 实训目的

掌握域内软件分配和发布的应用。

2. 设备和工具

Windows Server 2019 系统的本地安全策略、域组策略设置工具。

3. 实训内容及要求

(1) 设置软件分配给域内计算机。
(2) 设置软件发布给用户。

4. 实训总结

总结在域环境中软件分配给计算机和用户、发布给用户如何设置,总结它们的相同点和区别等。

9.6　课后习题

一、选择题

1. 以下命令(　　)不是用来更新策略的(计算机或用户)。
    A. gpupdate /target：user　　　　　B. gpupdate /force
    C. ipconfig /target：computer　　　D. gpupdate /target：computer

2. 以下命令(　　)可以用来更新计算机策略。
    A. gpupdate /target：user　　　　　B. gpupdate /force
    C. ipconfig /target：computer　　　D. ipconfig /target：force

3. 以下命令(　　)可以用来更新用户策略。
    A. gpupdate /target：user　　　　　B. gpupdate /target：computer
    C. ipconfig /target：computer　　　D. ipconfig /target：force

4. 有关组策略应用时机的说法,正确的是(　　)。
    A. 计算机开机时会自动应用
    B. 组策略设置完后马上就会应用
    C. 计算机不会每隔一段固定的时间自动应用

D. 域控制器和非域控制器的应用时间相同

5. 软件发布或分配给用户时，它的文件类型应该是（　　）。

    A. ＊.msi   B. ＊.mso   C. ＊.mmc   D. ＊.msc

二、填空题

1. GPO 被分为_____和_____，存储在不同位置。

2. 组策略分为两个不同的领域：_____和_____。每个领域又分别有三个部分：_____、_____和_____。

3. 账户策略的密码策略通常包含用可还原的加密来存储密码、强制密码历史、_____、_____、_____和_____。

4. 密码策略中"密码长度最小值"如果设置为0，代表_____。

5. 密码策略中"密码最长使用期限"设置的天数范围是_____，如果设置为0，代表_____；"密码最短使用期限"设置的天数范围是_____，如果设置为0，代表_____。

6. AD DS 域内有两个内置 GPO：_____和_____。

三、简答题

1. 什么是系统安全策略？它在哪方面保障系统的安全性？

2. 保护用户账户安全的策略有哪些？

3. 请简述密码复杂性要求的主要内容。

4. 事件查看器中主要有哪些事件类型？它对检查系统安全有什么帮助？

5. 用户权限分配主要有哪些类型？为何要进行用户权限分配？

6. 软件部署有哪些方式？它们分别如何操作？

附录 A 项目教学活动评价表

项目名称			
项目成员			
时间		地点	
项目步骤	评价内容	角色 • 自我评价 • 小组互评 • 教师评价	
项目需求分析	是否充分满足用户需求?	• A • B • C • D	
项目实施计划	方案和实施计划是否合理?	• A • B • C • D	
项目实施过程	是否按计划实施?	• A • B • C • D	
项目成果	是否完成项目并达到项目既定目标?	• A • B • C • D	
项目组合作	是否发挥了团队合作精神?	• A • B • C • D	
总体效果		• A • B • C • D	
评语(总结)			

附录 B 项目实施计划书

项目名称：

项目组长	姓名		性别		班级职务	
	联系电话		电子邮件			
项目组成员						
姓　名	承　担　任　务				备　注	
项目任务目标						
成果形式						

续表

项目任务具体实施安排		
课　时	任 务 目 标	负 责 人
教师审查意见：		

年　月　日

附录 C 项目组成员工作过程记录及总结

姓名		班级		学号	
项目名称			项目成员		
项目器材					

项目实施步骤：

总结：

年　月　日

注：本表主要记录成员在各自任务中的工作过程，如项目实施步骤、总结等。

附录 D   VMware 软件的安装

步骤一   双击 VMware 安装文件，如 VMware-workstation-full-15.0.0-10134415.exe，开始 VMware 软件的安装，如图 D.1 所示。此时，操作系统开始准备产品安装，如图 D.2 所示。

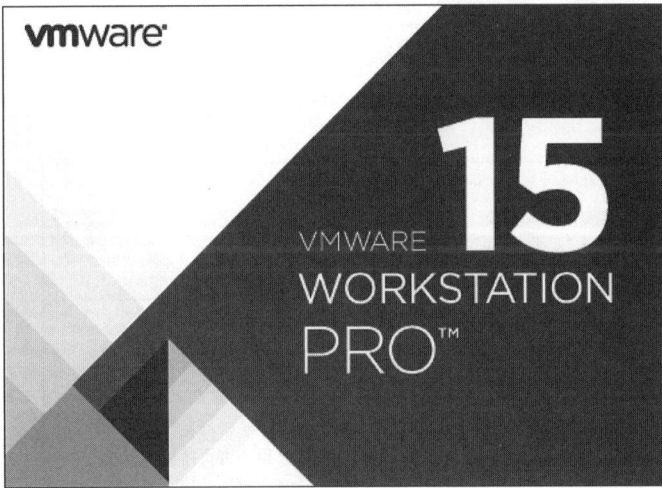

图   D.1

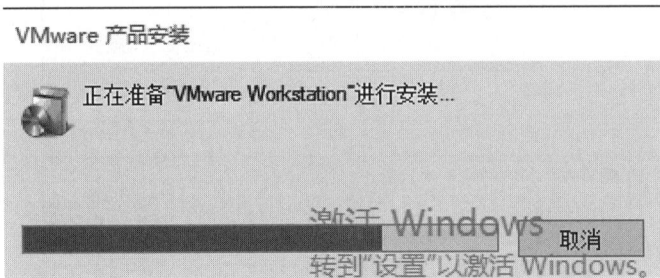

图   D.2

步骤二   出现 VMware Workstation Pro 安装向导，单击"下一步"按钮可以开始安装向导的安装，单击"取消"按钮，取消安装，如图 D.3 所示。

步骤三   选择"我接受协议中的条款"复选框，并单击"下一步"按钮，如图 D.4 所示。

步骤四   系统显示安装该软件的具体目录，如需修改安装路径，单击"更改"按钮。完成配置后，单击"下一步"按钮，如图 D.5 所示。

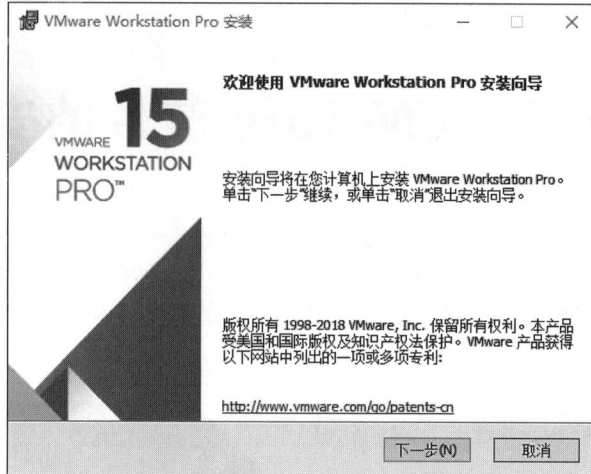

图　D.3

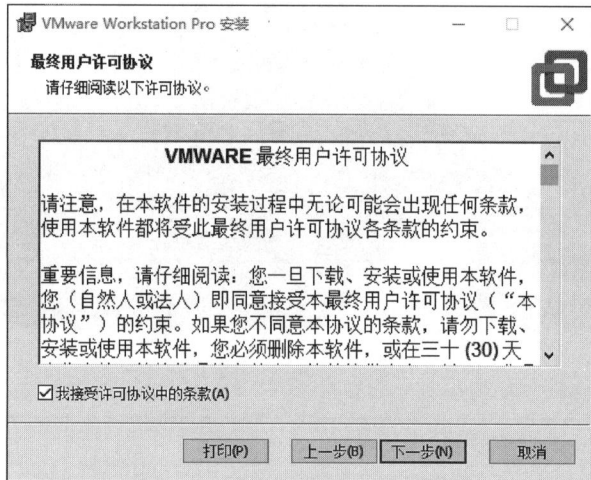

图　D.4

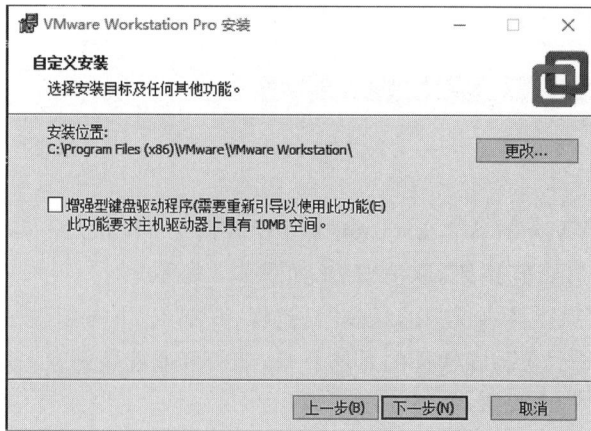

图　D.5

步骤五　选择编辑默认设置提高用户体验,比如选择"启动时检查产品更新",则每次启动软件时会检查该软件是否有新版本,如图 D.6 所示。

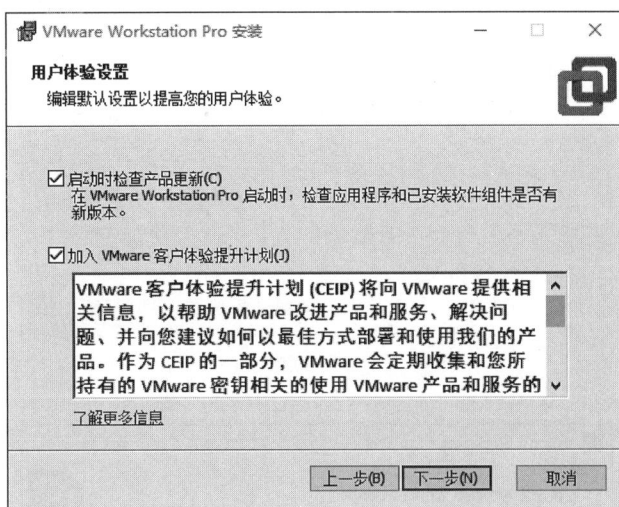

图　D.6

步骤六　创建快捷方式,完成后单击"下一步"按钮,如图 D.7 所示。

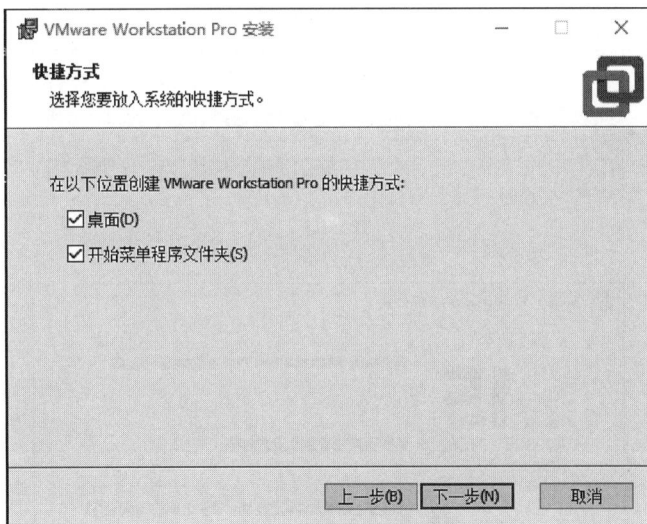

图　D.7

步骤七　完成配置,准备安装,单击"安装"按钮即可,如果需要返回修改前面配置,单击"上一步"按钮,单击"取消"按钮则退出安装,如图 D.8 所示。

步骤八　开始安装 VMware Workstation Pro,如图 D.9 所示。

步骤九　安装完成,单击"完成"按钮,完成安装过程,如图 D.10 所示。

步骤十　双击桌面上的快捷图标,软件启动,此时要求输入 VMware Workstation 15 的许可证密钥,将密钥输入密钥框内,如图 D.11 所示。

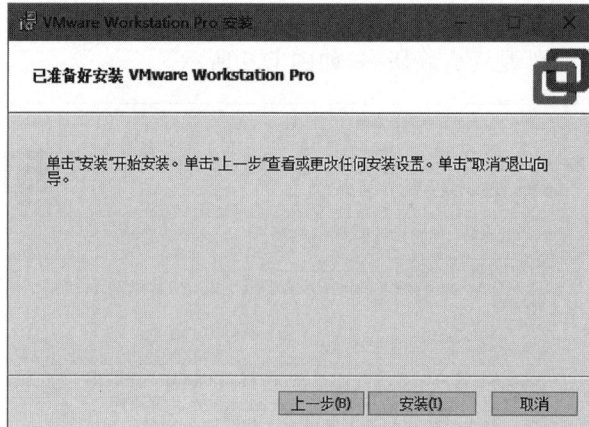

图　D.8

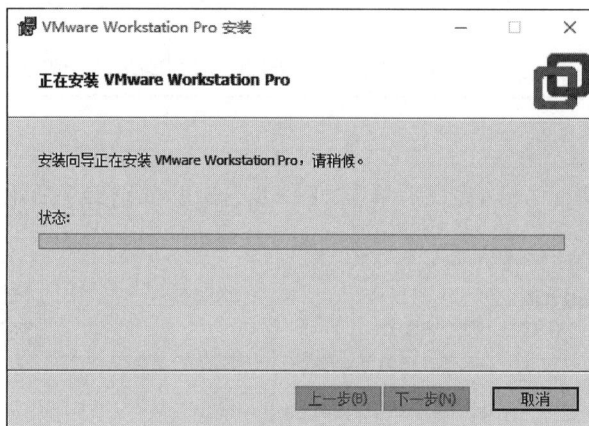

图　D.9

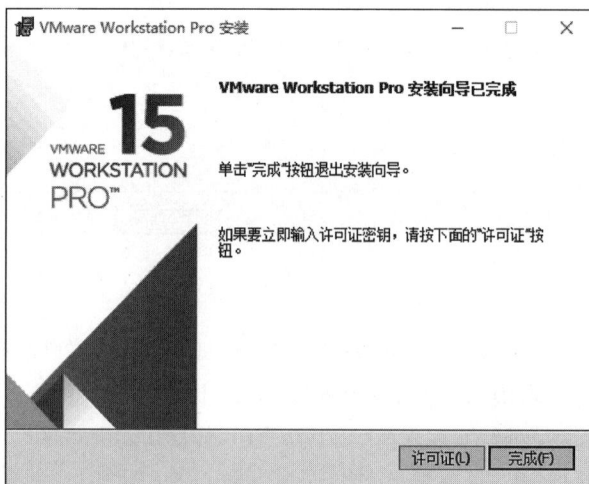

图　D.10

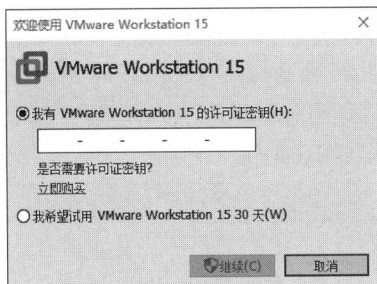

图　D.11

步骤十一　完成输入密钥，单击"继续"按钮，如图 D.12 所示。

步骤十二　完成注册，如图 D.13 所示。

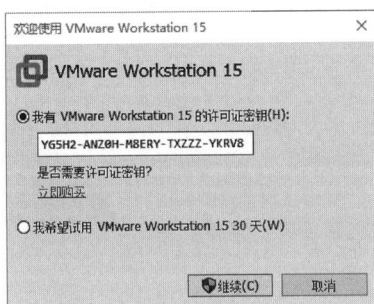

图　D.12

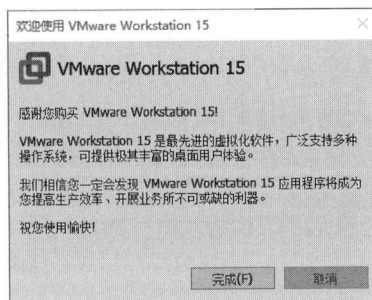

图　D.13

步骤十三　启动软件后，提示软件最新版本，单击"以后提醒我"按钮可以开始使用，如图 D.14 所示。

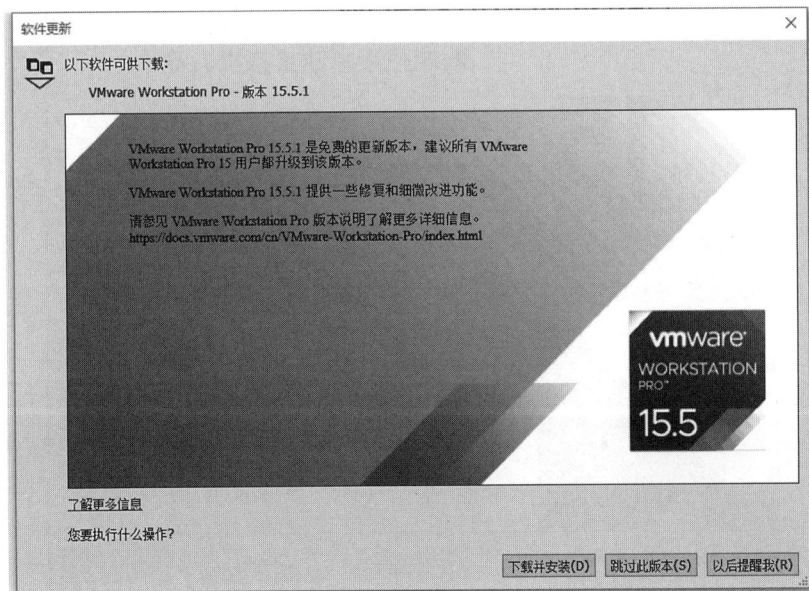

图　D.14

步骤十四　单击"文件"菜单内的"新建虚拟机"，可以开始新的虚拟机的安装，软件界面如图 D.15 所示。

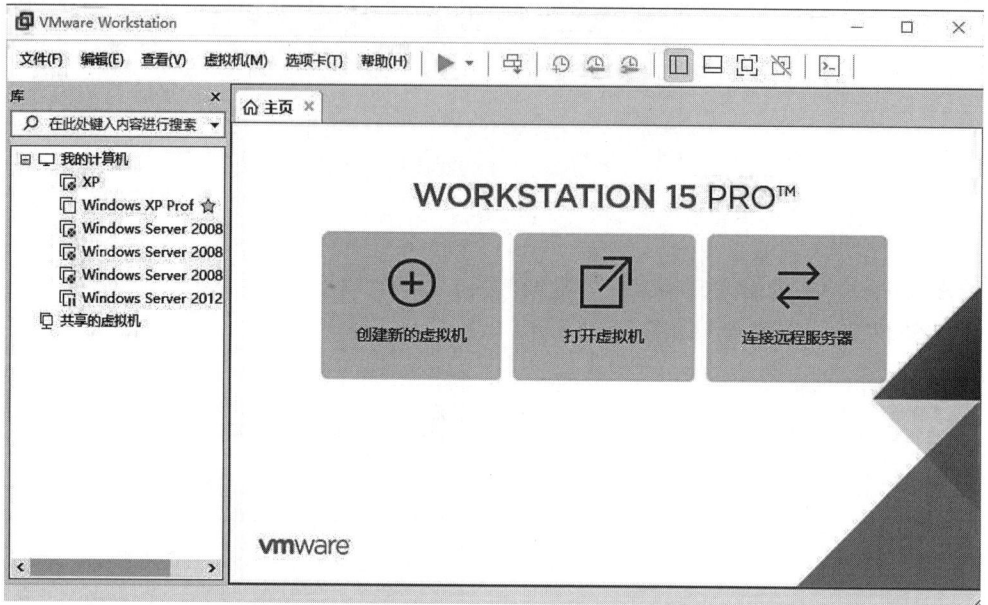

图　D.15

步骤十五　在新建虚拟机向导内单击"典型"安装或者"自定义"安装后，单击"下一步"按钮，如图 D.16 所示。

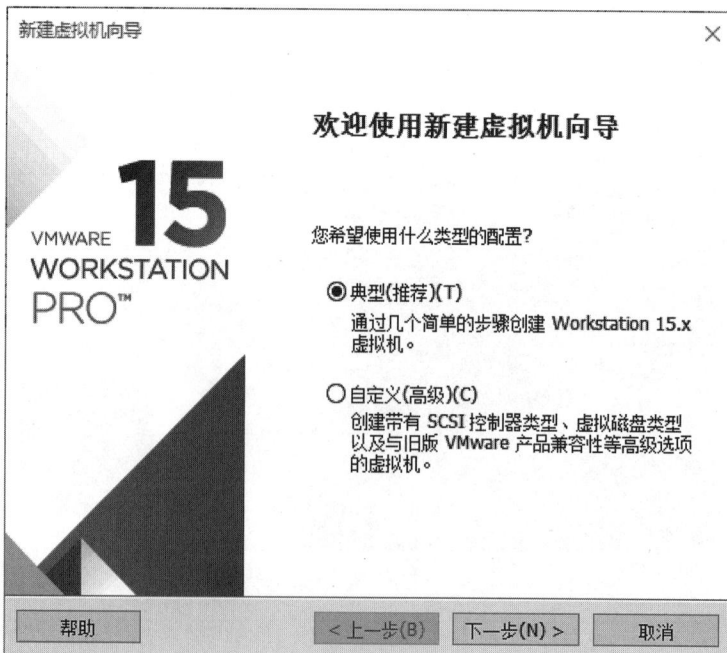

图　D.16

步骤十六　在"安装程序光盘映像文件"下选择 Windows Server 2019 的系统镜像。然后单击"下一步"按钮；也可以选择"稍后安装操作系统"，在最后配置镜像文件，如图 D.17 所示。

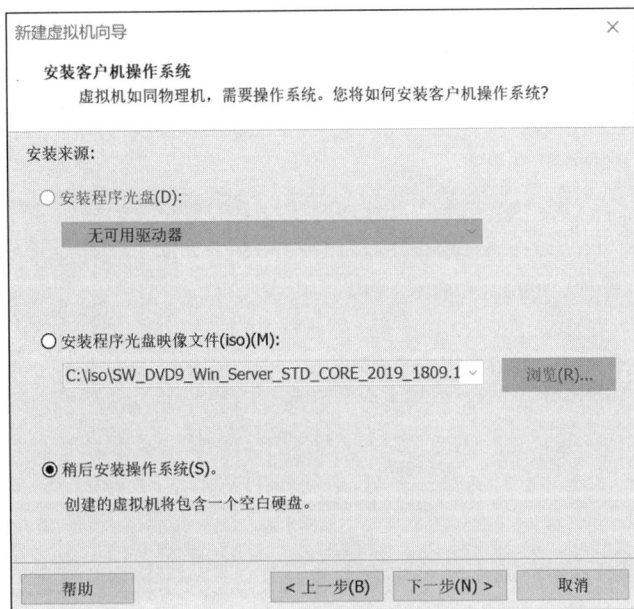

图　D.17

步骤十七　选择操作系统的类型为 Microsoft Windows，版本选择 Windows Server 2019，单击"下一步"按钮，如图 D.18 所示。

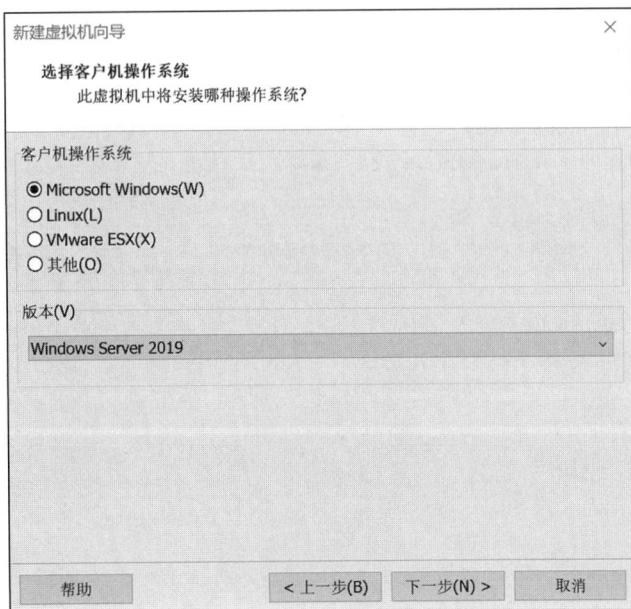

图　D.18

步骤十八 可以为虚拟机进行命名，单击"浏览"按钮可以修改虚拟机文件保存的位置，如图 D.19 所示。

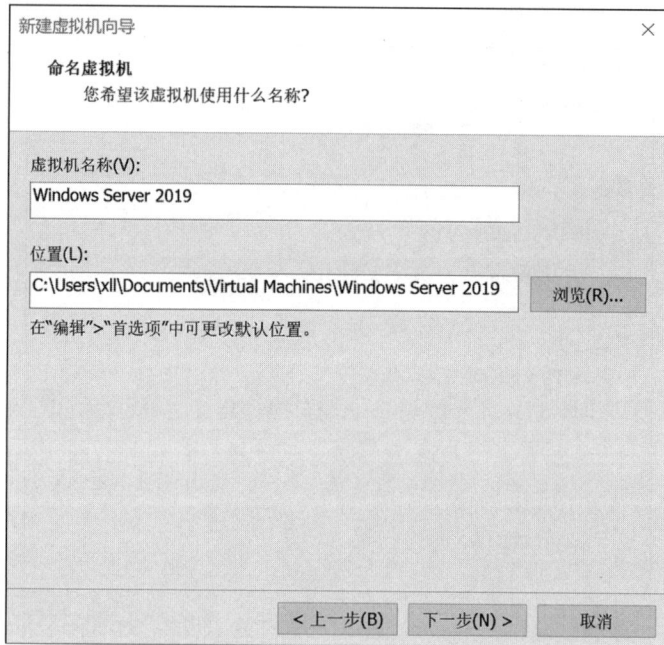

图 D.19

步骤十九 为虚拟机指定磁盘容量，单击"下一步"按钮，如图 D.20 所示。

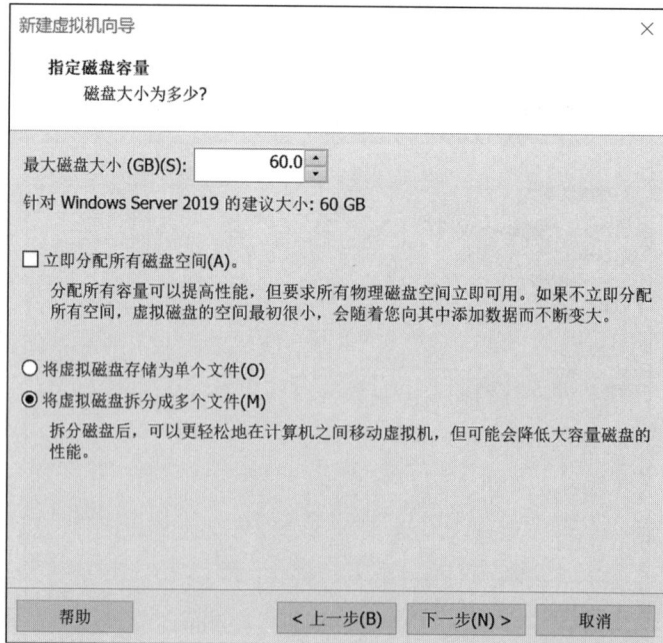

图 D.20

步骤二十　完成虚拟机创建,如图 D.21 所示,单击"完成"按钮。

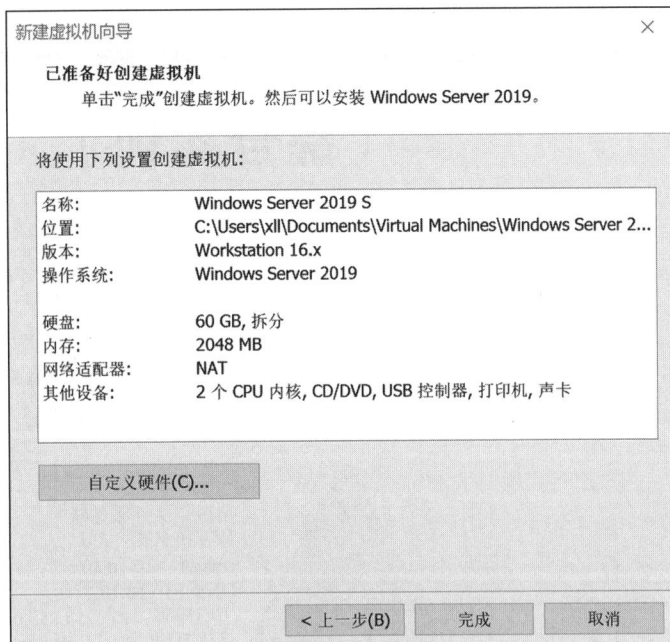

图　D.21

步骤二十一　完成安装,如图 D.22 所示。

图　D.22

附录 E　工作组网络的配置与管理（综合实训）

情景描述

JSJGC 公司内有一个工作组 wlw，为了能很好地完成工作，有一些组内的文件和打印机需要共享。请为这个工作组配置网络，文件和打印机共享，结构如图 E.1 所示。

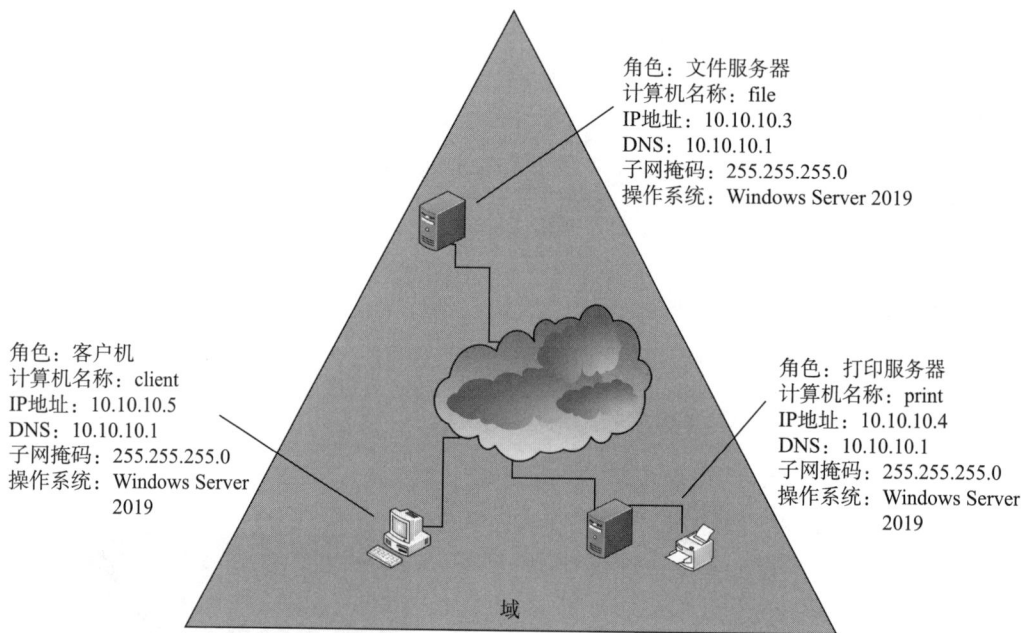

角色：文件服务器
计算机名称：file
IP地址：10.10.10.3
DNS：10.10.10.1
子网掩码：255.255.255.0
操作系统：Windows Server 2019

角色：客户机
计算机名称：client
IP地址：10.10.10.5
DNS：10.10.10.1
子网掩码：255.255.255.0
操作系统：Windows Server
2019

角色：打印服务器
计算机名称：print
IP地址：10.10.10.4
DNS：10.10.10.1
子网掩码：255.255.255.0
操作系统：Windows Server
2019

域

图　E.1

实验要求

（1）为每台计算机设置工作组 wlwGroup 并配置网络

① 计算机名称：file

工作组：wlwGroup

IP：10.10.10.3

DNS：10.10.10.1

② 计算机名称：print

工作组：wlwGroup

IP：10.10.10.4

DNS：10.10.10.1

③ 计算机名称：client

工作组：wlwGroup

IP：10.10.10.5

DNS：10.10.10.1

（2）添加本地用户与组 wlw1

在服务器 file、服务器 print 上添加本地组 wlw，添加两个本地用户 tom 和 jerry。

（3）创建共享文件夹并设置权限

创建文件夹 share，内有 upload、download 两个文件夹，设置共享权限如下。

① download 设置成所有人都能下载，不能更新和删除。

② upload 文件夹 wlw 组可以下载、上传，只有 tom 可以删除。

（4）添加打印机，完成共享打印机的设置

wlw 组可以使用打印机，设置 tom 有优先打印的权限。

附录 F 域网络的配置与管理
（综合实训）

情景描述

JSJGC 公司要架设一个企业内部局域网。局域网内包含了若干服务器，如邮件服务器、FTP 服务器、Web 服务器等。为了能够很好地管理整个网络，该公司打算采用域的工作模式来组建网络。作为网络管理员，你需要创建一台控制器 AD1，同时还需要创建第二台域控制器 AD2 来共同管理整个域 jsj.com，结构如图 F.1 所示。

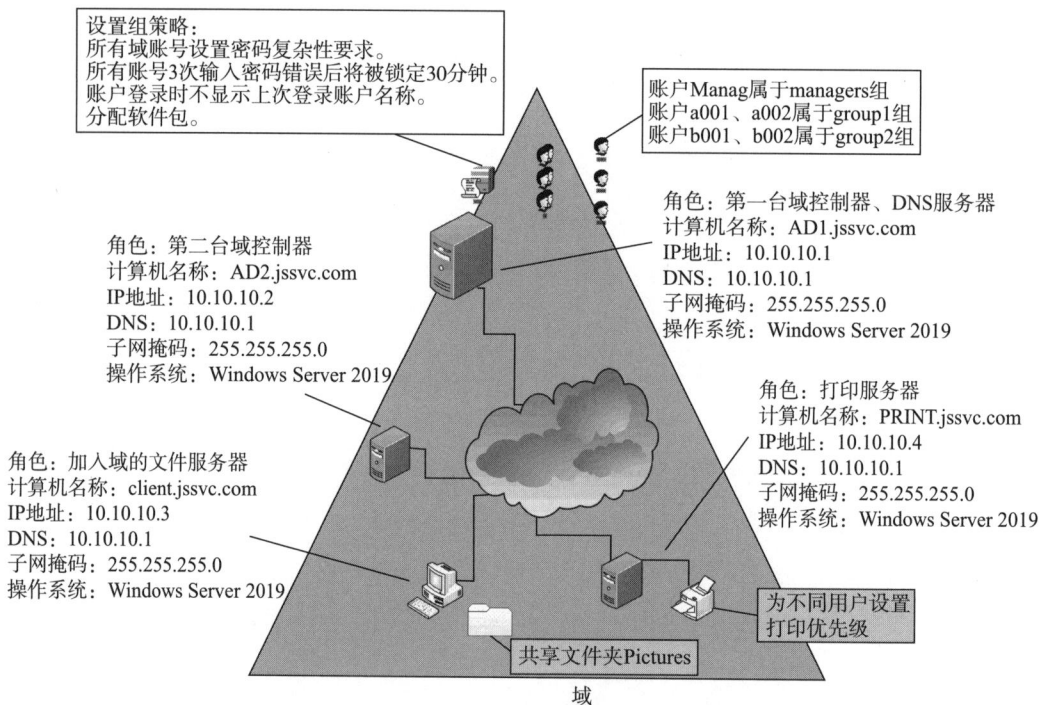

图 F.1

实验要求

（1）掌握域的创建方法，第一台域控制器为 AD1。

（2）掌握第二台域控制器 AD2 的创建方法。

（3）在域内创建三个域组和用户。

① 三个组 Managers、group1、group2。

② 创建账户 Manag 属于 Managers 组。

③ 创建账户 a001、a002 属于 group1 组。

④ 创建账户 b001、b002 属于 group2 组。

（4）为所有域内的账户设置安全策略。

① 所有域账号设置密码复杂性要求。

② 所有账号 3 次输入密码错误后将被锁定 30 分钟。

③ 账户登录时不显示上次登录账户名称。

（5）将打印服务器 PRINT 加入域，并完成网络打印机的配置。Managers 组具有优先打印的权限。

（6）将文件服务器加入域，设置一个共享文件夹 Pictures。

① Managers 组成员具有完全控制的 NTFS 权限，其他小组成员具有修改权限。

② 从网络中访问该共享文件夹的时候，Managers 组成员具有完全控制的权限，group1 小组成员具有修改权限，group2 小组成员具有读取权限。

（7）为域内的所有计算机分配软件包 abc. msi。

（8）在打印服务器上为现有用户设置磁盘配额为 10G，为新用户设置磁盘配额为 5G。

参 考 文 献

［1］ 戴有炜. Windows Server 2019 系统配置指南［M］. 北京：清华大学出版社，2017.

［2］ 杨云. Windows Server 2019 活动目录企业应用（微课版）［M］. 北京：人民邮电出版社，2018.

［3］ 黄君羡. Windows Server 2019 活动目录项目式教程［M］. 北京：人民邮电出版社，2018.

［4］ 杨云，汪辉进. Windows Server 2019 网络操作系统项目教程［M］. 4 版. 北京：人民邮电出版社，2016.

［5］ 邓文达，易月娥. Windows Server 2019 网络管理项目教程版［M］. 北京：人民邮电出版社，2014.